21世纪高等学校本科系列教材

现代电力系统调度自动化

XIANDAI DIANLI XITONG DIAOCU ZIDONGHUA

（第2版）

主　编　周杰娜
副主编　何　宇

重庆大学出版社

内容简介

本书全面论述了现代电力系统调度自动化的有关问题。全书共分6章，主要包括：现代电力系统调度自动化的基本内容；现代电力系统调度自动化系统的构成及原理；电力系统状态估计理论；电力系统安全分析和安全控制方法；电力系统电能质量的控制及经济运行；能量管理系统简介等。

本书可作为高等院校“电力系统及其自动化”专业本科选修课教材和研究生教材，也可供从事电力系统研究、设计、运行和管理的工程技术人员参考。

图书在版编目(CIP)数据

现代电力系统调度自动化 / 周杰娜主编. ——2版. —— 重庆：重庆大学出版社，2021.7
电气工程及其自动化专业本科系列教材
ISBN 978-7-5624-2732-2

Ⅰ.①现… Ⅱ.①周… Ⅲ.①电力系统调度—自动化—高等学校—教材 Ⅳ.①TM734

中国版本图书馆CIP数据核字(2021)第131676号

现代电力系统调度自动化
(第2版)
主 编 周杰娜
副主编 何 宇
责任编辑：杨粮菊 版式设计：杨粮菊
责任校对：何建云 责任印制：张 策
*
重庆大学出版社出版发行
出版人：饶帮华
社址：重庆市沙坪坝区大学城西路21号
邮编：401331
电话：(023) 88617190 88617185(中小学)
传真：(023) 88617186 88617166
网址：http://www.cqup.com.cn
邮箱：fxk@cqup.com.cn (营销中心)
全国新华书店经销
重庆市国丰印务有限责任公司印刷
*
开本：787mm×1092mm 1/16 印张：10.25 字数：256千
2002年10月第1版 2021年7月第2版 2021年7月第8次印刷
ISBN 978-7-5624-2732-2 定价：35.00元

第二版前言

本教材自 2002 年 10 月出版以来，深受读者的广泛欢迎和好评，经过多年的教学实践，证明本教材适应宽口径电气工程类专业人才培养模式的课程要求，是一本具有较大改革力度的教材，得到了广大院校的支持，对本教材给予了充分的肯定，并提出了很多宝贵意见和修改建议，在此表示衷心的感谢。

随着我国电网智能化水平快速提高，现代电力系统调度自动化技术发展迅速，电力调度自动化系统在保障大电网安全稳定运行方面发挥着越来越重要的作用，为此有必要对教材进行修订和调整。此次修订，听取了对第一版教材内容的各方面意见并结合近年来的学科发展、变化进行了修改、充实。

此次修订工作由贵州大学周杰娜主持，贵州大学周杰娜、何宇等老师进行具体修订，在修订过程中，得到了贵州大学电气工程学院的帮助与支持，在此谨致以衷心的感谢。

由于水平有限，书中难免出现一些不尽人意的地方和错误之处，我们诚恳希望广大读者批评指正。

编　者

2021 年 6 月

前言

随着国民经济及人民生活对电力需求的不断增长，我国电力系统的规模日益扩大，已形成跨省的区域电力系统，并逐渐向全国联网电力系统发展；电力系统的单机容量也越来越大，最大的单机容量已达60万千瓦；系统的最高电压等级已达750 kV；系统的结构和运行方式也越来越复杂；电力用户对供电可靠性和电能质量的要求越来越高。所有这些都对电力系统的运行提出了更高的要求。原来的调度运行方式已完全不能适应现代电力系统的运行和控制。随着计算机技术的迅猛发展，为了保证电力系统运行的安全性和可靠性，保证电力系统的供电质量，提高电力系统运行的经济性，近十多年来，我国大多数电力系统都已分别建立了规模不同的电力系统调度自动化系统，使得电力系统运行人员能及时且正确地获得电力系统的实时信息，完整地掌握电力系统的实时运行状态，并部分或完全地实现调度自动化。随着电力系统自动化水平的不断提高，在很多省级电力系统中还建立了将SCADA系统、自动发电控制和网络应用分析等功能有机联系为一体的“能量管理系统(EMS)”，使电力系统从经验型调度提高到分析型调度，全面提高了电力系统运行在安全、经济、质量和环境保护方面的水平。

本书的主要内容着重阐述电力系统调度自动化系统的基本要求和构成，以及其基本理论和方法。由于电力系统调度自动化涉及电力系统分析和运行理论、现代控制理论、计算机科学、通信技术等很多领域，本书不可能对所有问题都详细阐述。读者如需对某些问题作进一步了解，请参考有关的专门书籍和资料。“能量管理系统(EMS)”将电力系统调度自动化系统置于“管理系统”的层面，它包含了更高层次的自动化运行管理水平。但本书的宗旨是着重阐述电力系统调度自动化系统的基本要求和构成，以及其基本理论和方法，因此，对“能量管理系统(EMS)”仅作简单介绍，读者如需详细了解，请参考有关的专门书籍。

本书可作为高等院校“电力系统及其自动化”专业的选修课或研究生教材，也可供从事电力系统规划、设计、运行和管理的工程技术人员参考。

胡国根教授审阅了全部书稿，提出了许多宝贵意见，作者在此表示衷心的感谢。

由于作者水平有限，书中难免存在缺点和错误，敬请专家、读者指正。

作　者

2002年6月

目录

第 1 章 绪论

1.1 电力系统的运行状态和调度控制的基本内容

为了调度控制电力系统，需要对电力系统的运行状态进行分类，并了解在不同运行状态下应如何对电力系统实行控制。在讨论电力系统的调度控制功能以前，先来分析一下电力系统运行的各种状态及其条件。

1.1.1 电力系统的运行状态

电力系统的运行条件一般可用三组方程式组来描述。一组微分方程式组用来描述系统元件及其控制的动态规律；两组代数方程式组则分别构成电力系统运行的等式和不等式约束条件。所谓等式约束条件就是系统发出的总的有功和无功功率应在任一时刻都与系统中随机变化着的总的有功和无功负荷(包括线损)相等，这是电力系统正常运行的必要条件，可用下列代数方程表示：

$$\sum_i P_{Gi} - \sum_j P_{Lj} - \sum_s \Delta P_s = 0 \tag{1.1}$$

$$\sum_i Q_{Gi} - \sum_j Q_{Lj} - \sum_s \Delta Q_s = 0 \tag{1.2}$$

式中 P_G, Q_G—— 发电机或其他电源设备发出的有功和无功功率；

P_L, Q_L—— 各种负荷的有功和无功功率；

$\Delta P_s, \Delta Q_s$—— 电力系统中各种有功和无功功率的损耗。

所谓不等式约束条件就是在系统正常运行条件下涉及系统安全运行的某些参数(如母线电压，线路潮流等)，应处于系统或设备安全运行的允许范围之内(上限及下限)。

例如：

$$\left.\begin{aligned} f_{\min} &\leqslant f \leqslant f_{\max} \\ U_{i\min} &\leqslant U_i \leqslant U_{i\max} \\ P_{Gi\min} &\leqslant P_{Gi} \leqslant P_{Gi\max} \\ Q_{Gi\min} &\leqslant Q_{Gi} \leqslant Q_{Gi\max} \\ S_{ij\min} &\leqslant S_{ij} \leqslant S_{ij\max} \end{aligned}\right\} \tag{1.3}$$

式中　f、$f_{\max}$、$f_{\min}$——系统频率及上、下限值；

U_i、$U_{i\max}$、$U_{i\min}$——母线电压及其上、下限值；

P_{Gi}、$P_{Gi\max}$、$P_{Gi\min}$——发电机有功出力及其上、下限值；

Q_{Gi}、$Q_{Gi\max}$、$Q_{Gi\min}$——发电机等无功电源的无功出力及其上、下限值；

S_{ij}、$S_{ij\max}$、$S_{ij\min}$——线路 $i-j$ 的功率潮流及其上、下限值。

目前，电力系统的运行状态一般分为正常运行状态、警戒状态、紧急状态、系统崩溃和恢复状态。图1.1表示了电力系统的运行状态及其相应的转换关系。

(1) 正常运行状态

在正常运行状态下，电力系统满足所有上述约束条件，表明电力系统能以质量（电压和频率）合格的电能满足负荷的用电需求，也就是说，电力系统中总的有功和无功出力能和负荷总的有功和无功功率的需求达到平衡；同时电力系统的各母线电压和频率均在正常运行的允许偏移范围内；各电源设备和输变电设备又均在规定的限额内运行。在这种状态下，发电设备及输变电设备均有足够的备用余量，使系统具有适当的安全水平，能承受正常的干扰（如无故障断开一条线路或发电机），而不致进一步产生有害的后果（如设备过载）。在正常的干扰下，系统能达到一新的正常运行状态。电力系统运行的目的就是尽量维持正常运行状态。

在正常运行状态下，电力系统对每时每刻的不大的负荷变化的反应，可以认为是电力系统从一个正常状态连续变化到另一个正常状态，运行的主要目的就是使发电的出力与负荷（包括线损）的需要相适应，同时，还应在保证安全的条件下，实现电力系统的经济运行。

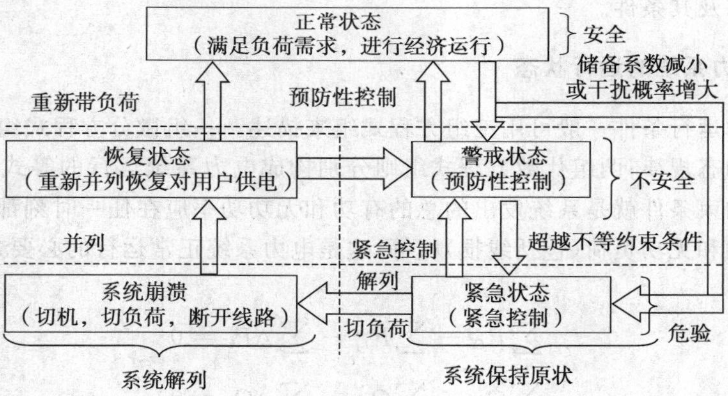

图1.1　电力系统运行状态示意图

(2) 警戒状态

当负荷增加过多，或发电机组因出现故障不能继续运行而计划外停运，或者因发电机、变压器、输电线路等电力设备的运行环境恶化（如计划外负荷的增加、燃料供应不足、发电机计划外的停运以及外界条件（如循环水温升高）等原因而使发电机出力降低；由于辅机故障而使发电机出力减少；计划外的输电线或变压器的断开；负荷的不正常分配；由于高温等自然现象而减少送电能力；变更检修计划；风暴、水灾、地震等自然灾害，以及社会治安等因素使电力系统中的某些电力设备的备用容量减少到使电力系统的安全水平不能承受正常干扰的程度时，电力系统就进入了警戒状态。

在警戒状态下，电力系统运行的各种等式和不等式约束条件均能满足，仍能向用户供应质量合格的电能。从用户的角度看电力系统仍处于正常状态，但从电力系统调度控制来看，警戒状态已经是一种不安全状态。警戒状态与正常状态是有区别的，两者的区别在于：警戒状态下的电能质量指标虽然仍是合格的，但与正常状态相比与不合格更接近了；电力设备的运行参数虽然在允许的上、下限值之内，但与正常状态相比更接近上限值或下限值了。从电力系统调度控制的角度来看，警戒状态下，系统的安全储备系数大大减少了，对外界干扰的抵抗能力削弱了。所以，在随后一个不能预测的干扰或渐进性的负荷增长条件下，就有可能使某些不等式约束条件越限（如某些设备过载、某些母线电压低于下限值等），而使系统的安全运行受到威胁和破坏。因此，在运行中要注意并尽早发现电力系统由正常运行状态向警戒状态的转变，并应及时采取预防性的控制措施，使系统尽快恢复到正常状态。例如，增加和调整发电机出力，调整负荷的配置，切换线路等。

(3) 紧急状态

一个处于正常状态或警戒状态的电力系统，如果在受到一个足够严重的干扰（例如短路故障，切除大容量机组等），系统则有可能进入紧急状态。在紧急状态下，某些不等式约束条件将遭到破坏，如线路潮流或系统其他元件的负荷超过极限值，系统电压或频率超过或低于允许值等。这时的等式约束条件仍能得到满足，系统中的发电机仍能继续同步运行，可不切负荷。

紧急状态下的电力系统是危险的，电力系统调度控制应尽快消除故障的影响，及时正确地采取一系列紧急控制措施，则仍有可能使系统恢复到警戒状态或正常状态。

(4) 系统崩溃

在紧急状态下，如果不能及时采取适当的控制措施，或者这些措施不够有效，或者初始的干扰及其所产生的连锁反应十分严重，则系统有可能失去稳定。在这种情况下，为不使事故进一步扩大并保证对部分重要负荷供电，电力系统中的自动解列装置可能动作，调度人员也可以进行调度控制，将一个并联运行的电力系统解列成几个子系统。这时电力系统就进入了崩溃状态。此时，由于各子系统出力和负荷间的不平衡，不得不大量切除负荷及发电机，从而导致全系统的崩溃。图1.2是发生故障后系统崩溃过程的例子。

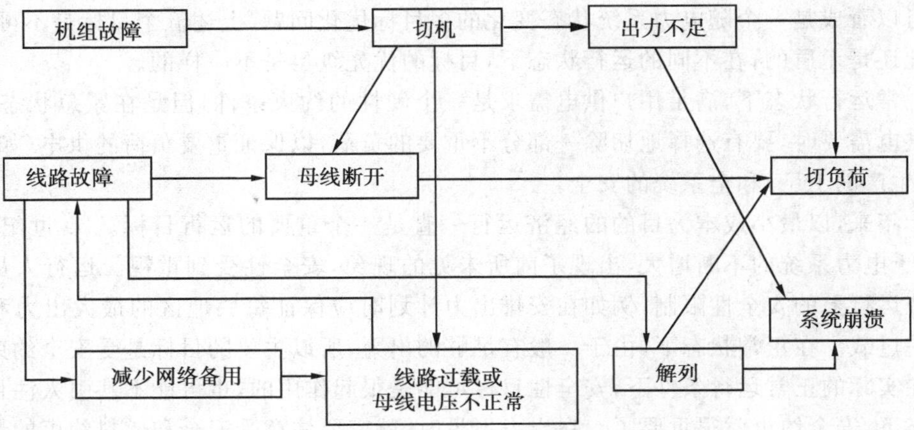

图1.2 电力系统故障后系统崩溃过程的例子

系统在崩溃状态下，解列成的各子系统中等式及不等式约束条件均遭到破坏。一些子系统由于电源功率不足，不得不大量切除负荷；而另一些子系统则可能由于电源功率大大超过负荷而不得不让部分发电机组解列。

系统崩溃时，电力系统安全控制的功能应尽可能避免连锁性的事故发展，挽救系统各解列部分，使其能维持部分供电，避免系统瓦解。电力系统瓦解是由于不可控制的解列而造成的大面积停电状态。

(5) 恢复状态

在系统崩溃后，借助继电保护和自动装置将故障区隔离，使事故停止扩大。待电力系统大体上稳定下来后，如果仍有部分设备运行于额定能力范围之内，或者若干设备已重新启动，则系统可进入恢复状态。这时，对于仍接在系统中的设备，等式约束条件已能满足，但部分用户停电，或者部分发电机或线路(变压器)处于断开状态，或者电力系统已分解成几个部分。这时，应采取各种恢复出力和送电能力的措施，迅速平滑地对用户恢复供电，使分开的系统重新并列。根据系统的实际情况，从这种状态可恢复到正常状态或警戒状态。

上面介绍的五种运行状态也只能是一种分类的方法，至于从一种状态转移到另一种状态也有很大的假定性。但是，通过这种电力系统运行状态的分析，可以使我们比较清楚地了解电力系统运行的概念及在各种情况下控制的特点，为下面各部分内容的叙述打下基础。

1.1.2　电力系统调度控制的基本内容

电力系统调度控制的基本任务，就是根据电力系统实时的运行状态和相应的运行目标提出调度控制任务和措施。在上述每种电力系统运行状态下，都将提出不同的调度控制目标。在电力系统运行中，一般有下列几个主要的目标：

1) 满足用户供电需要，包括供电的数量和质量(电压和频率)；

2) 系统安全性，保证连续的系统功能；

3) 最小成本(发电和传输)；

4) 环境保护(使其对环境和生态的影响最小)；

5) 节约燃料和其他资源。

在不同的电力系统运行状态下，对上述各调度控制目标的要求是不同的，所以电力系统调度控制可以看成是一个随电力系统状态变化的多目标优化问题。上述五个目标是不可相比的，有时彼此还是矛盾的，在不同的运行状态下，目标的优先级也是不一样的。

在正常运行状态下，满足用户供电需求是一个硬性的约束条件，但是在紧急状态下，当不能满足供电需要时，要有选择地切除一部分不重要的负荷，以保证重要负荷的供电(如交通、医院、连续生产的工厂)和全系统的安全。

几十年来，以最小成本为目的的经济运行一直是一个重要的运行目标。20 世纪 60 年代后期，由于电力系统的不断增大，出现了前所未见的现象，安全性受到重视。运行人员意识到加在经济运行上的安全性限制，例如在安排出力计划时应保证每一地区的最大出力和避免主要干线的过载。在正常状态下，由于一般有足够的出力，所以主要的目标是受安全约束的最小成本。在实际的正常运行条件下，安全性目标可能是很起作用的，也可能不甚引人注目。但在警戒状态下，安全约束就很重要了。在出力不足时，就需要注意受安全和燃料约束的最大供电负荷。在紧急状态下，需要使全系统得到最大的安全性，而在解列状态，则要保护设备。在这些情况下，最小发电成本将不是主要的目标。

在现代化调度控制中，已提出电力系统运行对环境和生态的影响问题，这就使问题更加复杂化了。环境影响问题主要应在设计阶段考虑。但在运行过程中对环境也有一定的影响。因为发电厂在生产过程中将产生相当数量的固体和气体废料，导致空气和水的污染，所以要控制诸如：烟(囱)气成分(SO_2、CO_2、NOx、粒子含量)、温度、扩散速度、冷却水的流出温度和流速、噪音等，要注意的是上述量的瞬时水平或速率，或者平均水平。

节约燃料与燃料的供应条件、价格等因素有关，并与国家的能源政策有关，例如由于燃油的限制而改为烧煤等。

上述各种运行目标在各种运行状态中的要求仅仅作为例子，但足以表明电力系统状态及其相应的运行目标的可变性。

电力系统的调度控制就是在电力系统的不同状态下为达到相应的运行目标而进行的工作，其基本内容可分为三个方面。

1)从几个小时到几个月的短期运行计划，是在考虑出力资源的可用性、负荷预测、出力计划和机组开停机计划、交换功率计划、无功功率计划、网络配置和开关操作计划等条件下制订的调度计划，其目的是在保证供电质量及系统安全可靠的前提下，使系统的运行费用为最少。

负荷预测应考虑社会工农业发展趋势及天气预报等。

能源资源的可用性包括燃料的供应条件，价格的变化，水源情况等。

在运行计划中还要考虑：负荷分布及网络的限制，检修计划，机组的可用率及出力容量的限制，在有水电厂的系统中还包括水流来量的预测，环境限制，所需调节容量积聚的快慢等。

2)瞬时运行是为了实现预定的计划，并监视和控制电力系统，使符合实时的需要，包括对出力、负荷、电压的监视(包括上、下限值的校核)，以及保护系统的动作、设备的损坏等的监视，通过操作和控制，调整和重新安排出力及网络结构。要保证瞬时的功率供需平衡，使电能保持额定频率，这也叫频率控制，是系统稳定运行的必要条件。

为保证电力系统的电压水平，控制中心要监视电压并调节或操作切换无功功率电源(如发电机励磁系统，并联电容器等)。控制中心的作用除正常监视有功和无功功率负荷外，要准备系统经受可能出现的事故。每一个电力系统均有各自的设计判据和安全运行准则，一般要求系统能承受：①发电机组的断开；②输电线或变压器的断开；③瞬时故障。

在故障情况下，控制中心的运行人员应采取相应的措施，如改变出力，变更网络结构等。在故障消除后，则要迅速恢复系统的正常供电。

3)运行报表及事故处理。前者是为了向运行人员及有关机构提供运行报告和统计资料与数据。事故记录可按事故发生的时间及性质分类，使运行人员能及时确定故障发生的地点及其原因。此外，事故数据的记录(如电压、潮流)有助于事故后的系统恢复，以及事后的分析。

1.2 电力系统监控及调度自动化系统的发展

为了合理监控和协调日益扩大的电力系统的运行方式和处理影响整个系统正常运行的事故和异常情况，人们在形成电力系统的最早阶段，就注意到电力系统的远程监控问题，并提出必须设立电力系统的调度控制中心。在开始阶段，由于通讯设备等技术装备的限制(如只有电话)，上行、下行信息都是通过电话传送，调度人员需要花很多时间才能掌握有限的代表电力系统运行状态的信息。为了保证电力系统运行的可靠性，在事故情况下，除了继电保护装置、电源和负荷的紧急控制装置外，大多依靠调度人员和发电厂、变电所的运行人员根据这些有限的信息和运行经验，作出判断，再进行电力系统的调度和操作。在这一发展阶段，电力系统的很大一部分监视和控制功能是由电力系统的所属发电厂和变电所的运行人员直接来完成的。所以，在这一阶段，电力系统监视和控制的快速性和正确性都受到一定的限制。

随着电力系统的进一步扩大和复杂化，要求调度人员利用原有的技术装备，在很短的时间里掌握这样复杂多变的电力系统运行状态，并作出正确的判断是很困难的，甚至是不可能的。20世纪50年代兴起了远动技术，并很快应用于电力系统。远动技术和通讯技术的发展，使电力系统的实时信息直接进入调度控制中心成为可能，远动技术使远方仪表读数和信号继电器的位置信息及时传送到调度中心，显示在模拟盘上。调度人员可根据这些信息迅速掌握电力系统的运行状态，及时对电力系统运行方式的改变做出决定，并能及时发现和迅速处理所发生的事故。但是，在复杂的事故情况下，要求调度人员能及时地掌握和分析这么多信息，并能迅速地作出正确的判断往往是困难的。在某些情况下，反而由于大量信息的出现，使调度人员不知所措，以致延误事故处理的时间，甚至会做出错误的决定，导致事故的进一步扩大。同时，无人值班的发电厂和变电所的发展也加重了调度控制中心的任务。因此，电力系统的运行实践向人们提出了使电力系统监视和控制进一步自动化的要求。

在20世纪60年代，开始应用数字式远动设备来代替传统的模拟式远动设备，使信息的收集和传输技术在精度、速度和可靠性上都有了一个很大的提高，使调度控制中心能正确、迅速而经济地得到调度控制用的电力系统实时数据。远动装置从1对1发展为1对N的集中控制方式，使统一处理收集到信息成为可能，并为计算机用于信息处理和调度自动化奠定了基础。

20世纪70年代初，计算机直接用于电力系统调度，使电力系统的监控大为改观。在开始阶段，计算机与相应的远动装置及通讯设备组成的系统，主要用来完成电力系统运行状态的监视（包括信息的收集、处理和显示）、远距离开关操作、自动出力控制及经济运行，以及制表、记录和统计等功能，一般称为监视控制和数据收集系统（SCADA—Supervisory Control and Data Acquisition）。20世纪60年代后期，国际上出现许多大面积停电事故以后，电力系统运行的安全性已成为人们注意的中心。解决电力系统运行的安全问题，不仅要从电力系统的结构、设备的质量及其维护、各种保护措施和自动装置等方面进行努力以外，关键在于加强全系统的安全监视、分析和控制，在出现任何局部故障以后，能迅速处理和恢复正常运行，不使任何局部的故障扩大为全系统的事故。同时，应尽可能做到"防患于未然"，即应在计算和分析当前运行状态的基础上估计出各种可能发生的故障，采取预防性措施，以尽可能避免事故的发生和发展。在原有SCADA功能的基础上，增加了安全分析与安全控制功能以及其他调度管理和计划管理功能。这个系统被称为能量管理系统（EMS—Energy Management System）。利用这个先进的自动化管理系统，运行人员的工作已从过去监视记录为主转变为较多地进行分析判断和决策，而日常的记录工作则由计算机取代。

目前，电力系统已应用了以计算机为核心的调度自动化系统。

大容量、高速度的大型计算机和微型计算机及其网络系统在电力系统中的应用，充分显示了计算机存储信息量大、综合能力强、决策迅速等许多优点。日益提高的计算机性能价格比为计算机在电力系统自动化方面的普及应用创造了条件，也为电力系统调度自动化提供了更加优越的物质保证。现在世界上已出现了把电力系统实时运行的能量管理系统（EMS）和配网调度控制中使用的自动控制系统（配网自动化系统DAS—Dispatch Automation System）以及在电力工业各有关部门中用于管理和规划的管理信息系统（MIS－Management Information System）结合起来的综合自动化系统，把不同层次的电力系统调度自动控制功能和日常生产的计划管理功能在信息共享和功能互补上很好地结合了起来，使电力系统运行的安全性、经济性提高到了一个新的水平。

1.3 电力系统调度自动化系统的基本结构

1.3.1 电力系统的分层调度

从理论上讲，可以对电力系统实行集中调度控制，也可以实行分层调度控制。所谓集中调度控制就是把电力系统内所有发电厂和变电站的信息都集中在一个调度控制中心，由一个调度控制中心对整个电力系统进行调度控制。从经济上看，由于电力系统的设备在地理位置上分布很广，通过远距离通道把所有的信息传输并集中到一个点，投资和运行费都比较高；从技术上看，把数量很大的信息集中在一个调度中心，调度人员不可能全部顾及和处理，即使使用计算机辅助处理，也会占用计算机大量的内存和处理时间；此外，从数据传输的可靠性看，传输距离越远，受干扰的机会就越大，数据出现错误的机会也就越大。

鉴于集中调度控制的缺点，目前世界各国的大型电力系统都是采用分层调度控制。国际电工委员会标准（IEC870—1—1）提出的典型分层结构就是将电力系统调度中心分为主调度中心（MCC）、区域调度中心（RCC）和地区调度中心（DCC）。这些相当于中国的大区电网调度中心（简称网调）、省调度中心（简称省调）和地区调度所（简称地调）。分层调度控制将全电力系统的监视控制任务分配给属于不同层次的调度中心。下一层调度根据上一层调度中心的命令，结合本层电力系统的实际情况，完成本层次的调度控制任务，同时向上层调度传递所需信息。按照电力系统调度的分层控制管理办法，电力系统调度由各网调、省调、地调对系统的运行进行统一调度指挥，使电力系统的运行能随时满足发、供电要求，保证供电质量，并提高系统运行的安全性和经济性。电力系统调度自动化系统基本上是和调度体制的分层分级结构一致的，即分为网调、省调、地调的调度计算机系统。在技术上这样的分层分级调度控制也是有利的，其优点是：

1）便于协调调度控制　电力系统调度控制的任务有全局性的，亦有局部性的，但大量的则是属于局部性的。分层调度控制将大量的局部性调度控制任务由下层相应的调度机构完成，而全系统性或跨地区的调度控制可以由上层相应的机构完成。这种结构模式便于协调电力系统的调度与控制。同时，电力系统不断扩大，运行信息大量增加，分层调度控制各层次的调度控制中心根据各自分担的调度控制任务采集和处理相应的信息，可以大大地提高信息传输和处理的效能。

这样的分层分级调度自动化系统和电力系统本身的组织结构一致，能适应电能生产的内部特点。一般地，高压电网输送的功率大，对电网的全局的影响较大；而低压网络主要起分配电能的作用，低压网络事故对全局的影响较小。另外，高压网络的结构简单，但调度人员对它却倍加注意；低压网络虽然结构复杂，线路繁多，但相对重要性差得多，分层以后，便于把更大力量加强到重要层次的调度自动化系统上，以提高系统运行的自动化水平。

2)便于提高系统运行的可靠性　调度自动化系统是连续工作的，采用分层调度控制方式，每一个调度控制中心或调度所都有一套相应的调度自动化系统收集自己管辖范围内 电力系统运行状态信息，完成所分工的调度任务。当某一调度所自动化系统出现故障或停运时，只影响它分工的那一部分，而其他调度控制中心的调度自动化系统仍然照常工作。这就提高了整个系统的可靠性。

3)提高实时响应的速度　电力系统调度控制的实时性是很重要的，事故处理、负荷调度、不正常运行状态的改善和消除都必须在一定的时间内完成。电力系统的规模大，结构复杂，分层之后可以把任务分散，每层的调度自动化系统只处理自己所管辖的区域的调度控制任务，同一层次的调度自动化系统可以平行地同时独立工作，每个子系统任务减轻了，实时响应速度可以大大提高。

4)灵活性增强　调度自动化系统分层分级以后，系统扩大、变更、改变功能都可以分层分散进行，不必牵动全局，系统变更的灵活性增强了。

5)提高投资效率　下层系统就是上层系统的基础，逐级地建设调度自动化系统不需重复设置；对主电网(如省级电网)投入多的资金设置性能好、功能强的调度自动化系统，对非主电网(如地区级电网)不必过分追求高性能的系统。

1.3.2　调度自动化系统的基本结构

以远动系统为基础，以计算机为核心，组成了电力系统调度自动化系统。以计算机为中心的电力系统调度控制自动化系统的基本结构如图 1.3 所示，在这个系统中可根据其完成功能的不同，分为四个子系统：①信息收集和执行子系统；②信息传输子系统；③信息处理子系统；④人机联系子系统。

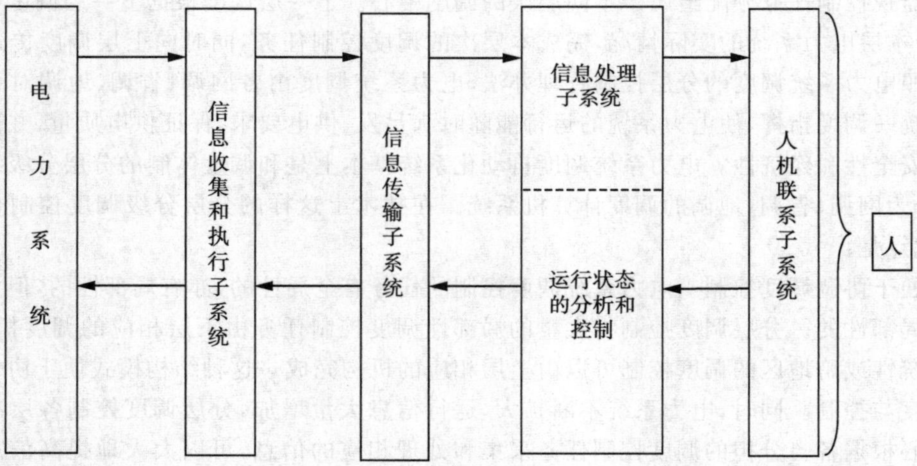

图 1.3　电力系统调度控制自动化系统的基本结构

(1)信息收集和执行子系统

信息收集和执行子系统的作用是在电力系统中各发电厂、变电所或线路上收集各种表征电力系统运行状态的实时信息，并根据运行需要向调度控制中心提供各种监视、分析和控制电力系统所需要的信息。电力系统的运行状态(如频率、电压、功率潮流、断路器状态等)将通过远动装置传送到调度控制中心。在现代化的电力系统调度控制系统中还应包括与电力系统运行有关的周围环境的信息，如温度、湿度、云层覆盖度等。所有这些信息可以是直接由远动装置所在的厂(所)收集的，也可以是下一级控制中心转送来的信息。现在，一般在厂(所)都设有以微机为核心的远方终端(RTU－Remote Terminal Unit)，因此所传送的信息都是已经处理和加工过的信息。

该子系统同时接受上级控制中心根据运行的需要而发出的操作、调节或控制命令，例如开关操作、启动机组、发电机功率调整、电压调整、电容器电抗器投切等。在接到命令后，可直接作用于操作机构，也可按一定规律将命令转发给各有关装置的操作和调节机构。

上述功能通常在厂(所)端由综合远动装置实现，或由远方终端 RTU 实现。一般 RTU 具有当地信息处理和显示功能。信息收集和执行子系统属电力系统的厂(所)基础自动化工作，量大面广，最好是在建设发电厂或变电所的过程中加以考虑。该子系统相当于调度控制自动化系统的耳、眼、手和脚，如果该子系统不可靠，任何高级的电力系统的调度控制自动化系统功能都无法实现。

(2)信息传输子系统

信息收集子系统收集到的信息应及时、无误地通过信息传输子系统传送给调度控制中心。现代电力系统中的信息传输系统主要采用电力线载波通讯、数字微波通讯和光纤通讯，光纤通讯为主、数字微波通讯为辅将成为我国电力通信主干网络的发展方向。

信息传输子系统也是调度控制自动化系统的一项基础设施，犹如调度控制自动化系统的神经系统，由于电力系统在地域上分布辽阔，信息传输子系统也分布广，建设的投资量十分大，而且受天气、环境及其他意外事故的影响。因此，既要保证信息传输的可靠性、快速性和准确性，又要尽可能地节省投资，合理布局，这就要合理地做好规划。

(3)信息处理子系统

信息处理子系统是调度自动化系统的核心，以计算机为其主要组成部分。它要完成的基本功能有：

1)实时信息处理　对采集到的信息需要进行加工处理，因为在实时信息中不可避免地包含有误差(测量误差、传输误差、外界干扰等)，加上设备条件的限制，不可能收集到所有需要的运行参数，所以要利用收集得到的多余信息，通过状态估计等技术，消除误差，改进原始信息，使其得到精确和完整的运行参数，并将其存储在反映电力系统实时状态的数据库中。数据库将向所有电力系统调度、监视和运行控制计算提供统一的正确数据。在信息处理过程中，还可以根据预先设定的参数上、下限值，校核实时信息，当超出上、下限时，将通过故障显示或报警来引起运行人员的注意，以便及时采取相应的控制措施。

2)离线分析　为了预报电力系统近期和远期的未来运行状态，可以根据数据库中保存的历史记录数据及实时信息，进行未来的负荷预测计算，为未来的经济运行和安全分析提供依据；同时可以编制发电计划、检修维护计划、水库调度计划以及进行各种统计数据的整理分析。

3)电能质量的分析计算　电能质量的分析计算功能包括两部分：一部分是控制发电厂出力的分配，以达到维持系统频率为额定值和联络线的交换功率为给定值。这种过程大约几秒钟要执行一次，计算的结果将对所控制的机组发出增加或降低出力的控制信号。现在这将由自动发电控制(AGC—Automatic Generation Control)来完成。另一部分电能质量分析计算的功能是实现电压和无功功率的自动控制，它是通过调节发电机励磁、变压器分接头和并联电容器(或电抗器)来调节电压，并使线损为最小。在实际运行中，定期地校验电压，当发现电压偏移超出规定范围时，就去启动控制电压的计算，还可以定期地进行最小线损计算和控制。

4)经济调度计算　一般几分钟进行一次，由计算机确定各发电厂的经济负荷分配，使全系统的发电成本为最小，或由计算机作出决策，如何调整系统中的可调变量，使系统运行在最经济的状态。

5)运行状态安全性的分析和校正　它包括安全监测、安全分析和安全校正三种功能。安全监测是调度员经常要做的工作，它的功能是在线识别和显示电力系统的实际运行状态（正常、警戒、紧急、恢复和崩溃状态）。最一般的监视方法是校核有关运行参数的上、下限，以确定是否临近危险的运行方式。在操作后（操作信号可由运行人员通过人机联系设备直接给出，或者通过下一级调度中心或发电厂、变电所运行人员执行），可以通过安全监视来验证操作的正确性。

安全分析的功能是确定电力系统当前运行状态是否安全。预防性安全分析就是在一组假想事故分析（例如在断开一台发电机后）的基础上，确定电力系统的安全性。在安全分析中可分为静态安全分析和动态安全分析两种。目前一般仅限于静态安全分析，用以校核设备的过负荷及频率和电压水平的偏移，看在预想事故下系统是否仍然处于安全运行状态，如果出现不安全运行状态，由安全校正功能确定使电力系统保持安全的校正措施，以便在发生故障的情况下提出处理的对策，在故障后的恢复期间提出合理的恢复步骤。

(4)人机联系子系统

计算机分析的结果如何以对调度员最为方便的形式显示给调度员，这是通过人机联系子系统来完成的。通过人机联系子系统，为调度员提供完整的电力系统实时状态信息，调度员随时可以了解他所关心的量，随时掌握系统运行情况，通过各种信息作出判断，并以十分方便的方式下达决策命令，实现对系统的实时控制。通过人机联系子系统使调度人员与电力系统及其控制和调度自动化系统构成一个整体，使运行人员在充分利用现代化监控手段的基础上充分发挥其对电力系统的调度和控制作用。

人机联系子系统包括模拟盘、图形显示器、控制台键盘、音响报警系统、记录打印绘图系统。更现代的图形显示系统可以像摄像机一样放大和缩小画面，开窗口，十分方便。

虽然可以将整个电力系统调度控制自动化系统分为上述四个子系统来讨论，但是在实际运行中只有把注意力放在整个系统上，才能充分发挥调度自动化系统的全面作用和其实用性，缺少任何一部分系统就不是完整的，就不能正常运转。例如，如果只注意计算机系统的配置，而忽视了其他子系统的配置，那么，计算机系统所取得的信息，不是数量上不足，就是精度不完全达到标准，因此人机联系子系统所提供的信息就不能作为调度、分析计算或统计工作的依据。

第2章 电力系统调度控制自动化系统

2.1 电力系统的信息收集和执行系统

在一个现代化的电力系统中，为了能正确和及时地掌握每时每刻都在变化着的电力系统运行情况，控制和协调电力系统的运行方式，处理影响整个电力系统正常运行的事故和异常情况，保证电力系统的安全和经济运行，必须具备一个完善的电力系统信息收集和执行系统，将分散在几十公里、几百公里以至上千公里以外的各发电厂和变电所的大量表征电力系统运行状态的信息，迅速、正确、可靠地送到调度控制中心，同时将控制中心的控制和调节命令传送到各发电厂和变电所，实现对电力系统的自动监视和控制。

在电力系统发展的初始阶段，由于通讯等技术装备的限制(如只有电话)，调度人员只能掌握有限的表征电力系统运行状态的信息。一般来讲，这些信息又是历史性的(不是实时的)和不一致性的(不是同一瞬间所取得的信息)。调度人员只能根据这些有限的非实时的信息，凭着他们的运行经验，做出对电力系统运行状态的判断，再进行调度和操作。在这一发展阶段，电力系统中很大一部分监视和控制的功能是由电力系统中所属发电厂和变电所的运行人员直接就地完成的。在事故情况下，除了继电保护装置、电源和负荷的紧急控制装置外，大多是依靠运行人员的判断和人工操作的。所以，在这阶段，电力系统安全监视和控制的快速性和正确性都受到很大的限制。

电力系统不断扩大的结果是系统结构的日益复杂和运行方式的复杂多变；另一方面，对电能质量和供电安全性及经济性的要求也日益提高。在这种情况下，要求运行人员利用原有的技术装备，在很短的时间里，掌握这样复杂多变的电力系统运行状态的信息，并做出正确的判断，是很困难的，甚至是不可能的，而且往往因延误时机和处理错误，导致事故的扩大。

远动技术和通讯技术的发展使这种要求成为现实和可能。

2.1.1 电力系统实时信息的种类和采集方法

电力系统运行中，有大量的实时数据，它们分别从不同侧面指示了电力系统的运行状况。要实现对电力系统的调度控制，需要及时了解有关的信息。但要了解电力系统的全部信息不但没有必要，而且也不可能。因此，通常的做法是把运行人员最关心的、最能反映系统运行状况的、或对计算机分析认为是最必要的信息采集出来，并转送到调度中心。

通常电力系统调度需要采集的信息有：

1)远程测量(遥测，Telemetering)信息　通常是模拟量。在表 2.1 中列出了电力系统运行中所需的主要遥测信息。

一般在电力系统中的各发电厂、变电所母线及线路两侧设有遥测点，用来测量母线电压、频率和通过线路(或变压器)及注入母线(发电机出力或负荷)的有功功率和无功功率，有时也测量通过线路(或变压器)的电流。在某些线路上，也测量线路的功率角。这些测量值或者是周期性的扫描收集(全部量测量按固定周期统一扫描，或者将量测量分成不同扫描周期组)，或者根据每一量测量的变化情况进行信息传送，即设定一变化范围，当量测量与上次收集的值相比超过这一规定的变化范围时才进行第二次的收集，后者常用于低速信道的情况。

发电厂、变电所的电量信息，可以用脉冲计数器得到，它有两个寄存器，一个是连续计数，另一个是时间寄存器，根据本身的时钟或请求，将计数器中的信息传送出去。

在需要进行水库调节的电力系统中，还应有水库水位等非电测量的信息。

在一些先进的调度控制中心，为了预测未来的负荷，分析自然现象对运行安全性的影响，还需要收集各地区的气象信息(如雨量、风力、温度等)。

表 2.1　电力系统运行所需主要信息

传送方向	类别	信息名称
发电厂和变电所或下级调度控制中心 ↓ 调度控制中心	遥测信息	线路潮流(有功、无功功率)或电流(包括联络线功率)
		变压器潮流(有功、无功功率)或电流
		发电机(发电厂)出力(有功、无功功率)，负荷的有功、无功功率
		母线电压(电压控制点)
		变压器分接头位置
		频率(每一可能解列的部分)
		功率角
		水库水位
		气象信息(温度、雨量等)
	遥信信息	断路器合、分状态
		隔离开关合、分状态
		继电器和自动装置动作状态
		发电机组开、停状态
		发电机出力上、下限，变压器分接头上、下限等设备状态
	其他	遥信变位
		遥测变化(变化到一定程度才传送)
		事件顺序记录和各类报表
		转发厂(所)送来的信息
		对时信号
		厂(所)端设备的某些限值资料和可变参数
		调度控制中心要求执行任务的结果

2)远程信号(遥信,Teleindication,Telesignalization)信息　通常是开关量。在表 2.1 中也列出了电力系统调度中所需的主要遥信信息。

为了进行电力系统结构状态的监视,检测电力系统结线的变化,需要有表示各断路器和隔离开关合闸和分闸状态、机组的开停状态等的遥信信号。在事故情况下,为了及时了解事故的性质、地点和范围,使运行人员能正确判断和及早处理事故,以免其扩大,也应将主要设备继电保护装置的动作信号传送到控制中心。一般在出现状态变化时,才传送遥信信号。在控制系统启动或重新启动时则要进行一次完整的扫描。某些系统中也采用周期性收集所有遥信信号的方案。

远动装置不仅把信息收集起来,经过处理,为运行人员进行电力系统安全监视提供可靠而完整的信息,同时在运行人员或计算机系统做出决策后,将控制和调节信号通过信道传送到各发电厂(或变电所)的被控对象。

电力系统运行中主要的控制和调节信息有:

1)远程切换(遥控,Teleswitching)信息　对具有两个确定状态的运行设备,改变其状态的控制命令,如断路器的合闸/断开命令,机组的启/停命令等。表 2.2 中列出了电力系统运行中的主要遥控信息。

为了避免误操作,要求遥控信息的传递非常可靠。因此,对于这类信息的传送采用“回送复核”方式,以提高操作的可靠性。例如,要断开某一断路器,控制中心先发“断开”的性质码和该断路器的地址码。接收端在收到这个遥控命令后,并不立即执行,而是将这命令先寄存下来,同时向控制中心回送一个表示收到的回答信号。控制中心将这个回答信号与原来发出的命令核对无误后,再向接收端发执行命令,去断开该断路器。

通常遥控表示执行个别控制命令。某些先进的控制系统中,可执行顺序控制,就是发一个命令后,可按事先规定的次序执行一系列操作,并包括相应的安全校核和时滞,例如,在倒换母线时的一系列操作。

2)远程整定(遥调,Teleadjusting)信息　对具有不少于两个设定值的运行设备,连续或断续改变其运行参数的信息,如改变发电机出力的大小等。表 2.2 也列出了电力系统运行中的主要遥调信息。

遥调一般有遥测信息的反馈,因而不采用“回送复核”方式。接受端收到命令后,就可按地址码选好调节对象,并按给定值进行调节。

遥控和遥调信息可以是人工给出的,也可自动按事件或规定时间启动。死循环控制是完全自动执行命令,如自动调频,它的作用是调节发电机的出力,以满足频率值和维持联络线功率。根据测得的系统频率、发电机出力和交换功率,可以算出合适的控制量,传送到各发电厂。

2.1.2　电力系统远动装置的配置与功能

电力系统的远动装置在 20 世纪 60 年代和 70 年代主要使用 WYZ(无触点远动装置)、SZY(数字式综合远动装置)型远动装置。它们是由晶体管或集成电路构成的布线式远动装置,也称为硬件式远动装置。70 年代中后期出现了基于计算机原理构成的软件式远动装置。目前,微机远动装置已在电力系统调度自动化系统中广泛应用。

(1)电力系统远动简介

1)硬件远动装置的构成及工作原理

表 2.2 电力系统运行的主要控制和调节信息

传送方向	类别	信 息 名 称
调度控制中心↓发电厂、变电所或下级调度控制中心	遥控信息	断路器操作命令
		隔离开关操作命令
		机组启动或停止等操作命令
		投入或切除并联电容器的操作命令
	遥调信息	发电厂或机组有功出力的给定值
		发电厂或机组无功出力的给定值
		变压器的分接头值
	其他	对时信号
		索取和查询各种信息的命令
		厂(所)的远方诊断所需信息
		厂(所)远动装置软件的某些控制和计算参数

图 2.1 和图 2.2 是硬件远动装置的原理框图。这种装置的特点是一套远动装置分成两部分,一部分安装在发电厂或变电站,称为厂站端;一部分安装在调度所,称为调度端。图 2.1 中遥测量包括电量和非电量,经变送器后通常变为 0~5V 直流电压,输入模数转换器。

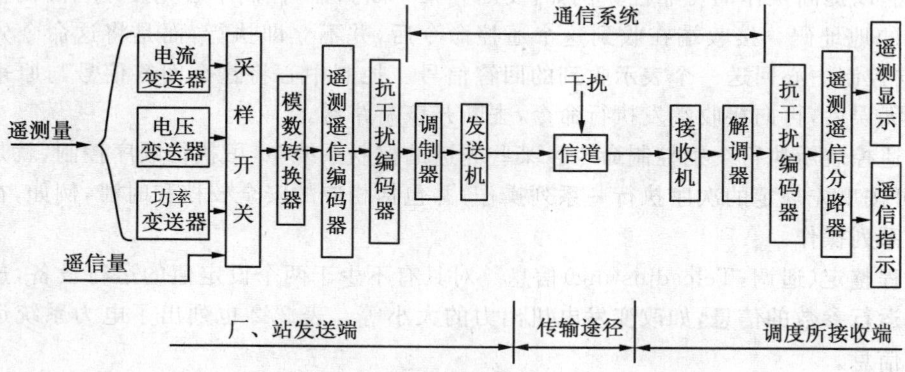

图 2.1 遥测、遥信原理图

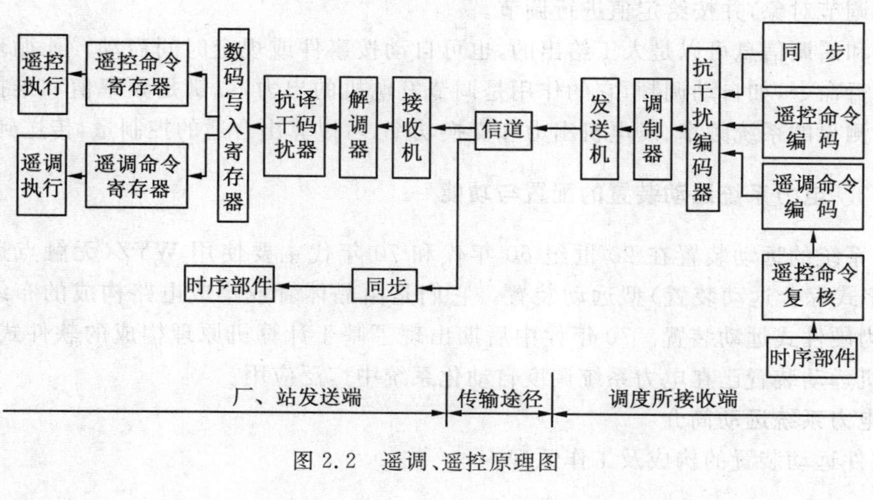

图 2.2 遥调、遥控原理图

模数转换器将输入的模拟电压转换成数字电量送给遥信、遥测编码器，编码器将输入的并行数码编成在时间上依次顺序排列的串行数字信号。遥信量是开关量，不需经过模数转换器而直接输入遥测、遥信编码器。远动系统中传送的信号在传输过程中会受到各种干扰而发生差错。为了提高传输的可靠性，对遥测、遥信的数字信号要进行抗干扰编码。数字脉冲信号一般不适于直接远距离传输。例如，利用电话线路作为传输信道时，线路的电感、电容会使脉冲信号产生很大的衰减和畸变，所以要利用调制器把数字脉冲信号变成适合于远距离传输的信号。经过调制的信号再经过发送机送往信道，就将厂站端的遥测和遥信信息送往调度所了。在调度所由接收机接收从厂站端传送过来的信息。然后解调器把已调制的信号还原成调制前的信号，再由抗干扰译码器进行检错，检查信号在信道上传输时是否因干扰产生错码。检查出错误的码组就放弃不用，正确的码组则经遥测、遥信分路器将遥测和遥信分割开，分别去显示或指示。

调度所调度员或调度计算机做出的对电力系统实行控制和调节的命令通过图 2.2 所示遥控和遥调装置送往发电厂和变电站，对电厂和变电站的设备进行调节和控制。遥控和遥调命令的传输原理与遥信和遥测是相同的，只是两者的传输方向相反。需要指出的是，遥控和遥调命令的传输可靠性要求比遥信和遥测高，而遥控要求的可靠性更高。

2）微机远动的构成

图 2.3 是微机远动的原理框图。它主要由以下三部分组成：厂站端远动装置，也称为远动终端设备，即 RTU(Remote Terminal Unit)；调度端远动装置，也称为主站或主控机，英文缩写为 MS(Main Station)；信道，主要是调制器和调解器。不论 RTU 还是 MS 都是由微处理芯片构成的微型计算机和远动功能软件完成特定功能的。

3）远动信息的传输方式

电力系统中信息远距离传输方式可分为三种：循环数字传送式(CDT)和问答传送式(Polling)以及微机远动问世以后出现的循环式与问答式兼容的传送方式(CDT-Polling，英文缩写为 C-P)。

在循环数字传送方式中，发送端将要发送的信息分组后，按双方约定的规则编成帧，从一帧的开头至结尾依次向接收端发送。全帧信息传送完毕后，又从头至尾传送。这种传送方式实际上是发送端周期性的传送信息帧给接收端，而不顾及接收端的需要，也不要求接收端给予回答。故称它为循环数字传送方式。这种传送方式对传输可靠性要求不很高，因为任一错误信息可望在下一循环中得到它的正确值。在电力系统中，采用循环数字传送方式以厂站的远动装置为主，周期性地采集信息，并周期性地以循环方式按事先约定的先后次序依次向调度端发送信息，常用在点对点(1 对 1)的远动装置中。

问答式传送方式的特点是由调度端向厂站端发送一定信息格式的查询(召唤)命令，厂站端按调度端发来的命令传送信息或执行调度命令。在未收到查询命令时，厂站端的远动装置处于静止状态。用这种方式，可以做到调度端需要什么，厂站端就送什么，即按需传送。

循环与问答兼容的传送方式兼有 CDT 和 Polling 两种方式的特点，是随着微机技术的发展针对上述两种制式的特点而出现的。

(2)远动装置的配置及其功能

按照调度端和厂站端远动装置配置的数量可分为(1∶1)、(1∶N)和(M∶N)三种方式。(1∶1)工作方式是基本工作形式，它是指厂站端装一台远动装置，在调度端也与之相对应地装一台远动装置。(1：N) 工作方式是指调度端的一台远动装置对应着被控制的 N 个发电厂和变电站内的 N 台远动装置。(M：N) 工作方式是指调度端的 M 台远动装置对应厂站端的 N 台远动装置，通常 $M=2$。

1) 远动主控机(调度端机)

传统的远动装置以 1：1 方式工作，调度所内调度端机的数量很多。

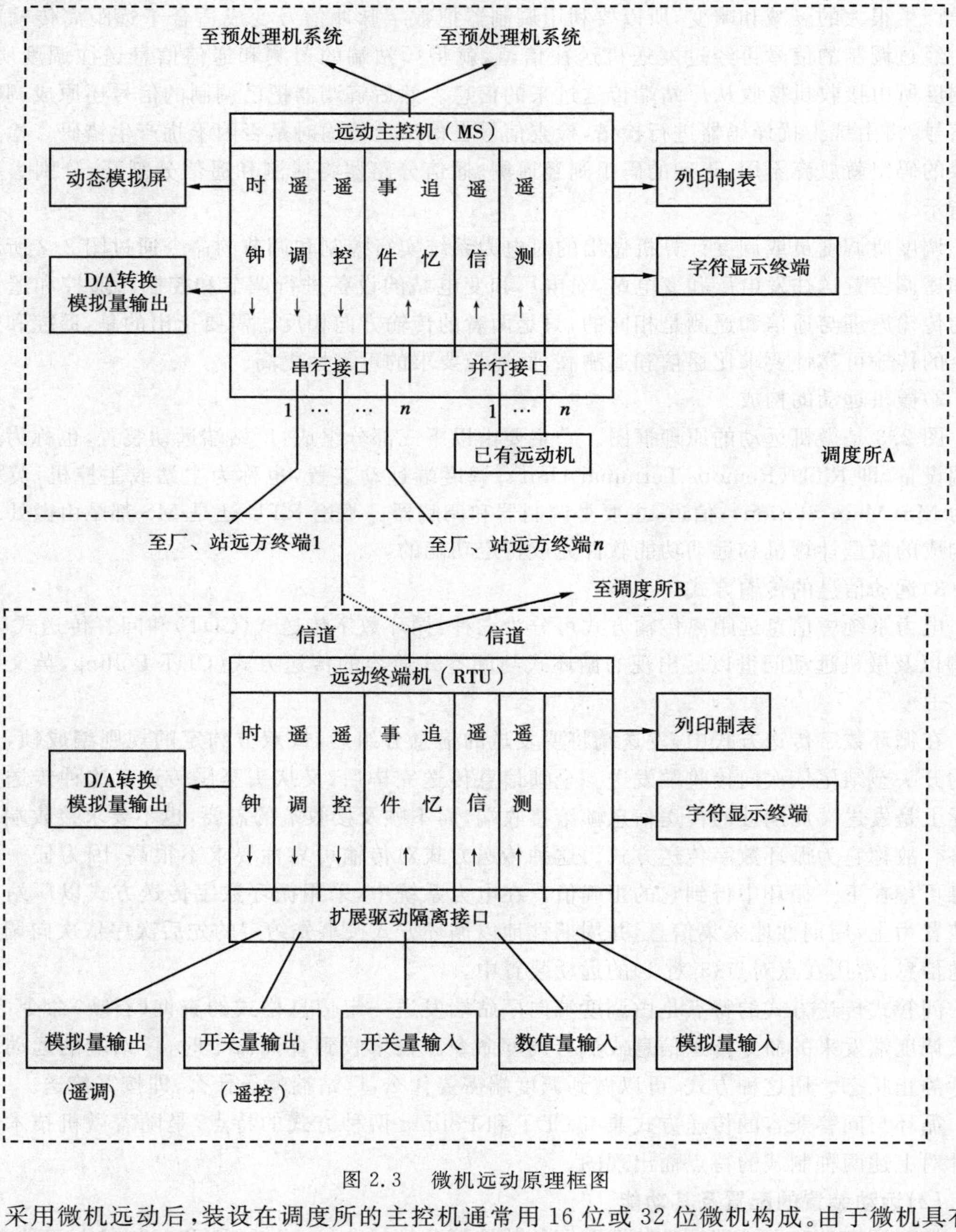

图 2.3 微机远动原理框图

采用微机远动后，装设在调度所的主控机通常用 16 位或 32 位微机构成。由于微机具有相应的通信接口与数据处理能力，容易实现 1：N 方式。终端机数量 N 取决于主控机 CPU 的处理能力，同时还必须满足信传速率的要求。MS所对应控制的RTU的数量不可能太大。例如，用字长16位的微机作主控机，其信传速率为1 200bit/s时，$N \leqslant 16$；而信传速率为600bit/s和1 200bit/s各半时，$N \leqslant 32$；如果多数终端机的信传速率为600bit/s时，主控机CPU的剩余处理能力显然可以用来增大N值，但过多地提高N值不利于提高可靠性。所以，这种剩余的处理能力主要还是应该用来增强数据处理和人机联系的能力。

在一般情况下，对于小型调度所、梯级水电站调度所、作为控制中心的发电厂或变电站，其主机MS的数量M取1；当由于终端机的数量较大或必须双重化时，M取2。对于大中型调度所(一般指电网总调和省调)取$M \geqslant 2$。

微机型调度自动化系统的功能可见图2.3，其中微机型调度端机应具有以下功能：

① 对N个终端机实现遥测、遥信、遥控和遥调时，容量应满足调度自动化对各类发电厂、变电站实现监控的要求；

② 向N个终端机发送统一的时钟，并能发送自诊断指令；

③能适应远动通信规约的要求，对各类终端机可以实现循环传送、问答传送、循环和问答兼容传送的信传方式，并能满足两端同步或异步运行的要求，不同的运行方式皆依靠改变程序的方法，并通过相应的硬、软件模块来实现；

④能在调度端并行接口或直接串行接口连接m台已有的布线逻辑型的CDT方式工作的远动装置；

⑤具有接收事件顺序记录的功能，事件分辨率应控制在10ms内(指厂站端的分辨率)；

⑥具有自动剔除不良资料与信息的能力，为此应具有标准预校验模块；

⑦具有与动态模拟屏接口总线和与在线监控前置计算机的接口总线；

⑧具有充分的开发能力，主控机应满足数据处理、运行、维护等方面的要求(一般应有黑白或彩色屏幕显示器、宽行打印机接口的能力，达到增强人机联系的目的。对于未配置上一级计算机的调度所，主控机可增加CPU板，用以达到加强管理字符和图形显示终端以及打印机的目的，以适应调度监控的需要)；

⑨与各终端机收发信息的调制器和解调器应符合通信规约，应首先满足1 200、600、300及200bit/s信传速率的要求，为了提高信息传输的可靠性，应具有信道自动检测和切换能力。

2)远动终端机(厂站端机)

远动终端机(RTU)安装在发电厂和变电站，是电力系统调度自动化搜集资料和信息、执行控制与调节命令的基础设备。与主控机相比，RTU对微机的要求低一些。采用通用微机或单板微机做成的远动终端机，一般都能完成所需的各项功能。大多数情况下，字长8位的微机即可满足要求，对大型厂、站也可考虑使用功能更强的16位微机。随着单片微机的大量普及及价格的下降，单片微机构成的远动装置已显示出了强大的生命力。

RTU的功能可见图2.3。微机远动终端机应具有如下功能：

①满足发送遥测、遥信和接收遥控、遥调四种功能的要求；

②具有一收多发或一发多收功能(一收多发是指接收一个厂站的信息后，可以将收到的信息以不同的方式、规约和速率向一个以上的调度所发送。一发多收是指可以接收多处传来的信息，如两个调度所传来的信息，然后将收到的信息发给一个厂或站)；

③适应CDT、Polling和C-P方式传送信息；

④实现事件顺序记录，在厂、站内事件的分辨率应控制在10ms以内或更高；

⑤具有频率和水位的数字接口，具有电度量接口；

⑥允许接入一套或几套字符与图形显示终端机（一般为黑白 CRT，对于功能强、性能好的微机可以采用彩色 CRT）、点式宽行打印机（其作用一是为了减轻厂、站值班人员监盘与定时抄表工作；二是显示电气主结线及有关资料、表格等实时画面，用以提高运行管理水平。这也是采用微机远动之后给厂、站运行带来的一大好处）；

⑦依靠软件实现完善的自检功能；

⑧自带不停电电源，保证在厂站供电电源中断时能继续工作；

⑨可扩展性能好，容量可以灵活增减。

3）远动转发机

远动转发机分为调度端转发机和厂站端转发机。远动转发机多用作单向转发，即只转发遥测和遥信信号。但有时也用作双向转发，既转发遥测、遥信信号，也转发遥控和遥调信号。不论调度端还是厂站端远动转发机，都是在满足主控机或 RTU 功能的基础上增加转发功能。

厂站端转发机一般在以下三种情况下采用。

①梯级水电厂　图 2.4 是一个梯级水电厂调度所远动转发机配置示意图。图中河流上利用水流落差共修建了 6 座水电厂。同时在水电厂 2 内设置了对这 6 座水电厂实施调度控制的梯级调度所。每一座水电厂内安装一台 RTU，在水电厂 2 内设有一套远动转发机 TFS（Transformation Station）。该机有三种功能：a. 作为水电厂 2 的终端机；b. 作为控制这条河流上 6 座梯级水电站的主控机；c. 转发信息，根据电力系统调度的需要将梯级水电站的有关资料和信息向上一级调度所的主控机转发。

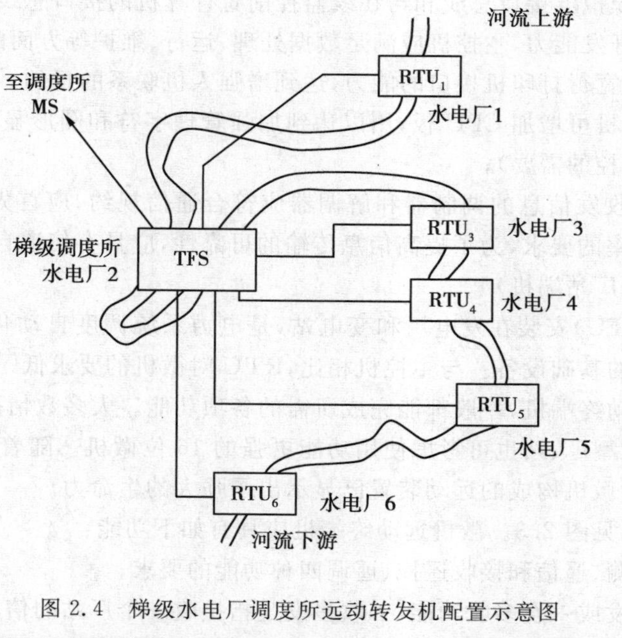

图 2.4　梯级水电厂调度所远动转发机配置示意图

②火电厂群　在能源基地，常修建几座火电厂。这些火电厂相距比较近，即所谓的火电厂群。为管理方便，常将火电厂群作为“一座火电厂”，并将其中一座电厂作为厂部。远动转发机就安装在厂部。转发机的功能和配置与梯级水电厂调度类似。

③枢纽变电站　枢纽变电站的电压等级较多，送、变电容量较大，在它周围有许多较小的

变电站(这些变电站与枢纽变电站对应可称为“一般变电站”)与之连接,在电力系统中处于重要地位。对周围这些一般变电站,枢纽变电站相当于一座基地调度所。在枢纽变电站配置远动转发机,将本站及周围一般变电站的有关信息转发到上级调度所,并接受上级调度所的命令转给周围变电站。这样可以简化信息传输网络,配置如图 2.5 所示。

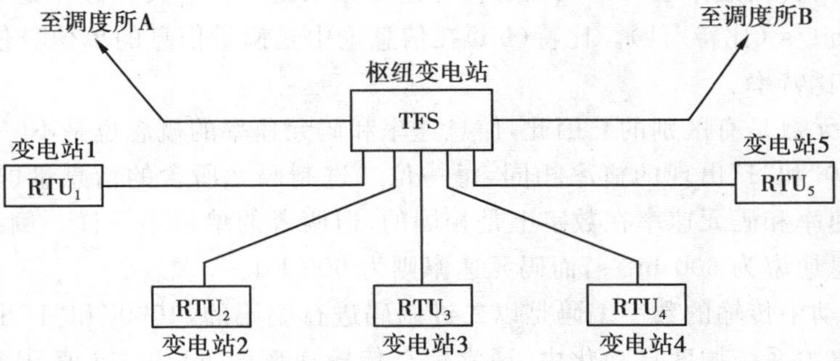

图 2.5　枢纽变电站 TFS 配置示意图

2.2　电力系统的信息传输系统

如图 2.1、图 2.2 所示,各厂、站与调度所间的信息交换,要由远动装置通过各种信道(或信息传输媒介)组成的信息传输系统来完成。所以,联系电力系统各部分的信息传输系统是十分重要的,其运行性能直接影响着整个自动控制系统的功效。

2.2.1　信息传输系统的主要质量标准

电力系统调度自动化对信息传输系统的质量要求主要有可用率(或可靠性)、误码率(或信息传输质量)和传输速度(或响应时间)三种。

(1)可用率(可靠性)

$$可用率=\frac{运行时间}{运行时间+停用时间}\times 100\%$$

信息传输系统的运行时间指整个系统保证基本功能正常的持续时间。如果运行中某个设备坏了,但不影响调度自动化的基本功能,“坏了”的时间也应算在运行时间之内。停用时间是系统丧失基本功能而不能运行的时间,包括故障时间和维修时间。信息传输系统的可用率应大于电力系统调度自动化系统的可用率。

根据 IEC—TC57 标准,可用率级别:$A_1 \geqslant 99.00\%$,$A_2 \geqslant 99.75\%$,$A_3 \geqslant 99.95\%$。

(2)误码率(准确性)

尽管目前广泛应用较不易受干扰的二进制数字传输系统,但仍然不可避免地会受到干扰,引起误码。通常以传输的码元中发生错误码元的概率作为传输质量的一个指标,称为误码率。一般要求误码率不大于 10^{-5},即平均每传输 100 000 个二进制码出现 1 个误码。

(3)传输速度(实时性)

传输速度通常以码元传输速率来衡量。码元传输速率定义为每秒钟传输码元的个数,单位为 Bd(波特)。例如每秒钟传输 600 个码元,码元的传输速率即为 600 Bd。码元传输速率也称为码元速率和波特率。它仅表征每秒传输码元的个数,并未表明是二进制的码元,还是哪一种多元制的码元。目前,波特率已日益趋向标准化,一般低速信道为 300 Bd 或 600 Bd,高速信道为 900 Bd、1 200 Bd,乃至 2 400 Bd、4 800 Bd 和 9 600 Bd。

数字通信中的传输速率也可以用信息传输速率来表征。信息传输速率定义为每秒传输的信息量,单位为 bit/s (比特/秒)。比特(bit)在信息论中是衡量信息的单位。信息传输速率又称为信息速率或比特率。

信息量和码元数是有区别的。因此,信息速率和码元速率的概念也是不一样的。但是,如果在二进制中,“0”和“1”出现的概率相同,每一位二进制码元所含的信息量即为 1 bit。在这种情况下,信息速率和码元速率在数字上是相同的,但两者的单位不一样。例如每秒传送 600 个二进制码,信息速率为 600 bit/s,而码元速率则为 600 Bd。

电力系统远动中传输的数字编码是以二进制码进行编码的,其“0”和“1”出现的概率也基本相同,所以在电力系统调度自动化中,通常信息传输速率的 bit 和 Bd 值是一样的。电力系统调度自动化要求 RTU 与调度中心的信息传输速率为 600～1 200 bit/s,远程计算机之间的信息传输速率为 1 200～9 600 bit/s 或更高。

根据 IEC—TC57 标准,总传送时间:遥测量为 3～10 s;遥信量＜3 s;遥调遥控＜3 s。同时性要求保证数据一致;电度量要对时准确,但发送时间可延时几分钟。

2.2.2 实时信息的编码

电力系统采集到的量测信息,通常都经变送器变换成了标准直流电压信号。通过采样开关对各收集到的量测量和信号按规定的次序逐个采样。开关量是两态的,用“0”和“1”两个信号表示。由于直接用直流电压表示的模拟量进行信息传输容易受外界干扰及衰减等而发生变形,引起误差,因此现代技术通常采用数字式传输,即用 A/D(模/数)转换器把模拟量转换成 0、1 表示的数字量,形成一个数据流。为了能正确地传输这些实时数据,要对实时数据进行编码。

(1)实时信息抗干扰编码

在现代化信息传输系统中要注意防止在传输过程中由于不可避免的干扰而引起的错误,以保证信息传输的可靠性。一般低速音频信道的误码率为 10^{-5},即每传输 100 000 个二进制码,就可能出现一个误码。传输速度越高,即每秒传输的二进制代码越多,则每个码所占用的时间就越短,波形也越窄,因而受到干扰后发生错误的可能性也就越大。在电力系统实时系统中,如果出现一个误码,就有可能导致错误的操作,而使系统正常运行遭到破坏,所以,要求有很高的传输正确率。为此,需要采取必要的检测和校正误码措施。常用的办法是,在传输信息的同时,通过编码器按照一定的规则增加若干冗余的校验码,这些校验码与有效的信息码之间具有一定的关系。这样,在接收端收到信息后,由译码器检验它们之间的关系是否符合原定的规则。在确认信息可靠无误后,就可将其输出。如果发现信息受到干扰而有错误时,则应做出必要的处理,拒绝接收、要求重新发送或设法纠正错误。

用一个简单的例子可以说明抗干扰编码的原理,若要传输一个两态位置信号,只要一个码元就行。0、1 分别表示开、闭。若无冗余监督码,在传输过程中如发生误码,接收时是无法检测的。如用一个监督码,00、11 分别表示开、闭,当受干扰产生一个误码时,它们将变成 01、10,

这种组合在发送时不存在，可以断定有误码，但哪一个是错误的不知道。这叫可检测(detection)，但不可辨识(identification)，当然也无法纠正。若有两个误码，则会被错误地接受。当加入两个监督码时，用 000、111 表示开、闭，若有一个误码，数码系列变为 001、010、100 和 110、101、011，很容易检测出来。如果认为发生一个误码的可能性比两个大，则上述结果也容易区别哪一位码是误码。产生两个误码时，虽然也能检测出来，但无法辨识，不能按上述方法纠正，否则会产生错误的结论。

上述方法是为了说明问题而引入的，因为这种方法所用的码元较多，效率较低，实际并不使用。常用的编码方法很多，这在通讯专业是一项重要的研究课题。最简单的校验编码是奇偶校验码，它是在被传输的信息上另加一位校验码，使信息码和校验码中“1”的总个数保持为偶数(或奇数)。例如要传输 5 个由 8 位二进制数码组成的信息，每 8 位二进制后加一个奇偶校验码，使每行“1”元素总和为偶数(或奇数)，如：

	信息码	横向校验码	“1”元素的个数
	00000001	1	2
	10011010	0	4
	00110010	1	4
	11100011	1	6
	00001011	1	4
纵向校验码	01000001	0	2
“1”元素的个数	22222044	4	

也可以在 5 个信息码后再加一个位数与信息码相同的纵向校验码，横向、纵向配合就能辨识出信息码中哪位码错了，并将其纠正过来。横向和纵向不满足偶数规则的交叉点即是误码。

通讯中研究最多的“循环码”，其冗余码和信息码元之间不是简单的奇偶关系，而是一定的数学关系，具有效率高、抗干扰能力强的特点。

(2)信息的表达形式和信息传输的同步

将编码后的信息送到传输媒介，为了使接收端知道这时要接收的信息含义，必须要标明信息的开头和结尾，这种措施叫“同步”。有两种不同的同步方式：

1)非同步方式　这种方式在发送端与接收端有自己独立的不同步时钟，所以在收到任何信息前应使这两时钟同步。为此，在每一条信息的前后各加一起始码和结束码。在传送信息前要先发送起始码，接收端接收到起始同步码后再接收信息，直至收到结束码。信息的结构如图 2.6(a)，在一组信息结束后要有一结束码，这样信道就回复到空闲状态，等待接收下一个信息。所以，这种传输方式又叫起止同步方式，在信息的开头和结尾分别标上特殊的位，以整个信息为单位取得同步。在整个信息中每一位均被事先定义了的，或者整个信息被定义为一特定的信息(或功能)的内容。图 2.6(a)所示的例子中，在起始码后是 5 位的远方终端地址码，7 位功能码表示该信息所代表的内容，10 位数据码代表信息量，6 位校验码用以进行错误校验。

2)同步方式　这种方式是在一个信息字块(若干组信息)的开头部分标上同步字符标记，或称为帧头标志 01111110(国际标准)，然后是信息字块，最后还是帧头标志。空闲不传输信息时，连续传送帧头标志。如图 2.6(b)所示为国际标准化组织(ISO—International Standard Organization)高层数据链控制(HDLC—Higher-Level Date Link Control)规约传送帧信息的格式。其第一部分是8位的帧头标志01111110;其后是8位的目的站地址;再后面是8位控制区,用以定义功能;接着是以8为倍数的信息区,可以任选长度;再后是16位的校验码;最后还是帧头标志。在空闲状态,当没有信息传输时,将连续传送帧头标志。同步传输的设备较贵,但适宜于高速传输的情况。

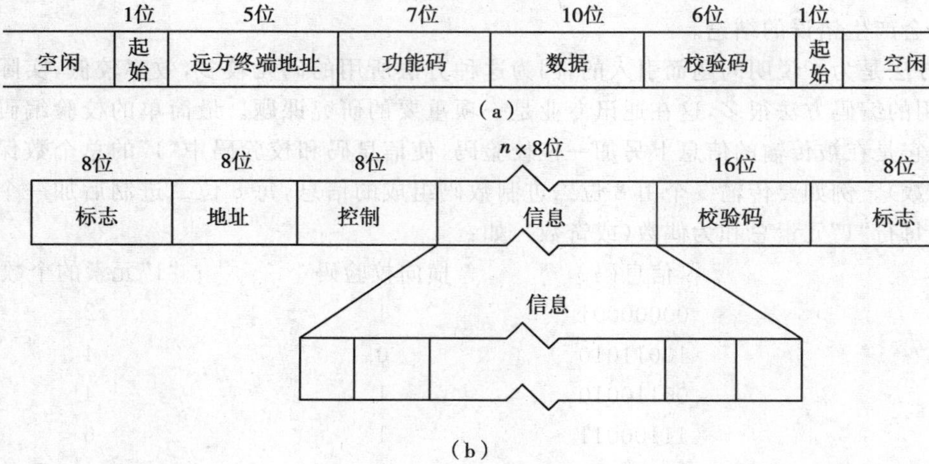

图2.6　传输信息的例子

(a)非同步方式;(b)同步方式

2.2.3　调制和解调

二进制的信息"0"或"1"要通过调制将其加于交流高频信号上。在接收端接到信息后,则要从交流信号中进行解调,恢复原有信息。在双工或半双工传输方式时,由同一设备完成调制和解调功能。主要有三种调制方式:

1)振幅调制　这是最简单的调制方式。如图2.7(a)所示,在一固定频率的载波交流信号上用不同的振幅分别表示"1"和"0",最特殊的振幅调制是在无信号时代表"0";有信号时代表"1"。由于这种调制方式很易受传输过程中的干扰或衰减等作用影响其振幅,而出现错误,所以现在一般很少采用。

2)频率调制　利用载波信号的频率变化来传输数字信息。如图2.7(b)所示,"0"和"1"分别用两个不同的频率来表示。其抗衰减性能比下述相位调制好,但其抗起伏干扰的性能不及相位调制,且占用频带较宽,频带利用不经济。

3)相位调制　利用载波信号的相位变化来传输数字信息,如图2.7(c)所示,在每一"0"和"1"的转变处,相位变化180°。在某些相位调制器中有几种不同的相位移,以便在一次相位变化中传输几位信息。这种调制方式在恒参数信道下具有较高的抗干扰性能,可更经济有效地利用频带,是比较优越的调制方式,特别在超过2 400 Bd的高速传输情况下。

2.2.4　远动信息传输通道

远动信息传输通道简称信道。它包括调制器、通信线路和解调器。调制器的作用是把不

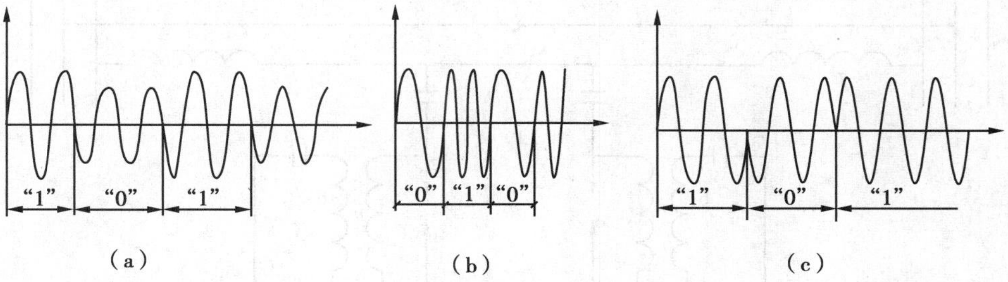

图 2.7　调制方式

(a)振幅调制;(b)频率调制;(c)相位调制

适合在通信线路中远距离传输的数字脉冲信号加到载波上,变成已调制信号,以便在通信线路上远距离传输。解调器的作用是把通信线路传过来的已调制信号在接收端恢复成送端调制之前的信号。

(1)信道媒介

目前电力系统调度自动化系统使用的信道媒介有以下几种:

1)远动与载波电话复用电力载波信道(载波)

图 2.8 是远动与载波电话复用信道的信息传输系统图。电话话路频率范围为 0.3～3.4 kHz。为了使远动信号与载波电话复用,通常规定载波电话话路占用 0.3～2.3 kHz 的音频段,远动信号占用 2.7～3.4 kHz 的上音频段。远动的数字脉冲信号在送入载波机之前,要经过调制器调制成 2.7 ～3.4 kHz 的正弦波数字信号,然后送入载波机与电话信号合并成 0.3～3.4 kHz 的音频信号。这个合并后的信号经过电力载波机中频(12 kHz)和高频(40～500kHz)二次调制之后,再经功率放大器将信号放大和用结合设备隔离高压,将信号送到高压输电线路上去。图 2.8 中阻波器是为了阻止高频信号流向母线,防止已载波的高频信号产生功率损失,只让高频信号沿输电线路传向接收端。在接收端,已载波的信号经结合设备进入载波机,经 300 kHz 、12 kHz 两次解调后变成 0.3～3.4 kHz 的音频信号。0.3～2.3 kHz 的滤波器将电话信号滤出,2.7～3.4 kHz 滤波器将远动信号滤出,再经接收装置本身的解调器还原成数字脉冲信号。图 2.8 中,1、2、8 是远动装置的部件,其他是通信装置的部件。部件 2 是高通滤波器,用于防止远动信号与电话音频的上音频间的串扰。

由于电力载波信息传输是利用电力线路作通信线路,不需另外增加投资,而且结构坚固、运用方便,所以被远动广泛采用。但是,它有频道拥挤、杂音电平高、频率特性差等缺点。

2)无线信道(微波)

无线信道是将远动信号调制成微波或其他无线电波在空间传送。目前电力系统远动主要与微波通信复用。

微波信息传输系统是用频率 300MHz～300GHz 的无线电波传输信息。微波是直线传播的。由于地球是个球体,使微波的直线传输距离受到限制。一般在平原地区,一个 50m 高的微波天线通信距离为 50km 左右。为了增加传输距离要设立微波中继(接力)站。微波传输信息的优点是频带宽,一套设备可传输多路信息,信息传输稳定,方向性强,保密性好,每公里话路成本比有线通信低,因此适合做电力系统通信网的主干线通信。图 2.9 为微波信息传输系

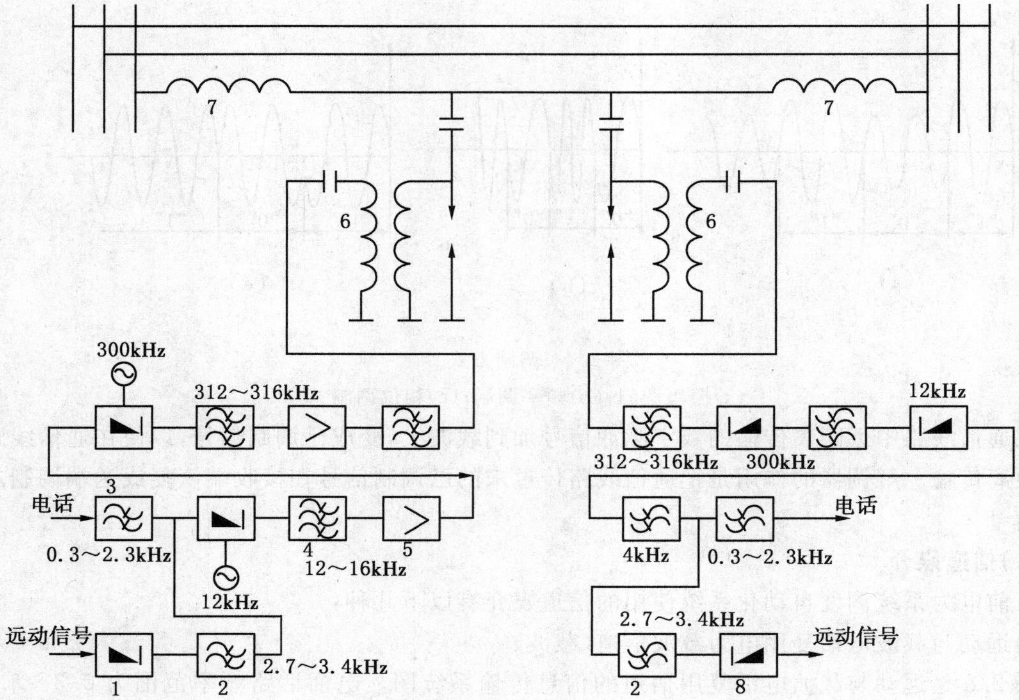

图 2.8 远动与载波电话复用电力载波的信息传输系统图

1.调制器;2.高通滤波器;3.低通滤波器;4.带通滤波器;5.放大器;6.结合设备;7.阻波器;8.解调器

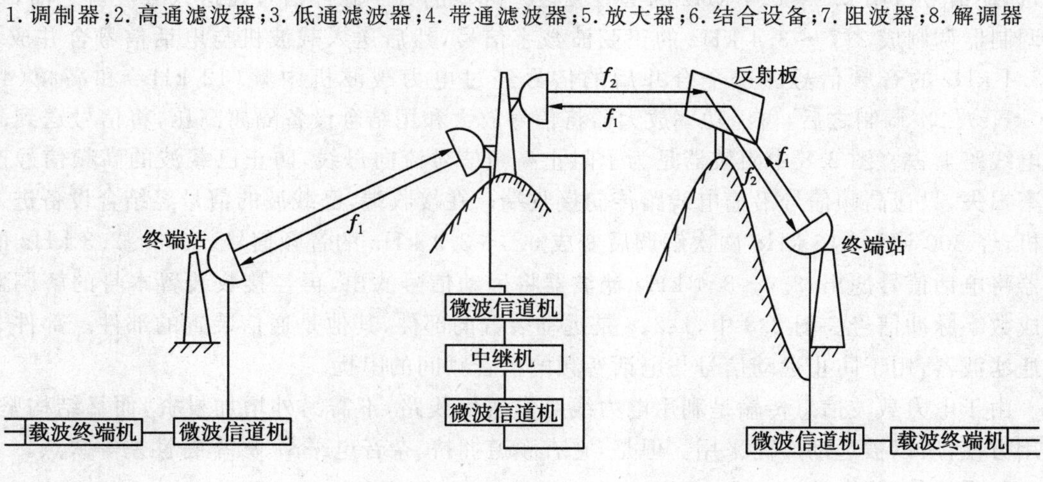

图 2.9 微波信息传输系统的构成示意图

统的构成示意图。电话和远动信号经过终端机形成多路复合信号，再经过信道机调制成微波，经波导管馈线，由抛物面天线向空间辐射微波。在微波中继站，中继机把在传播中损耗了的信号加以放大并向下一个微波中继站转发。在接收端，先用信道机将信号解调成多路信号，再用终端机进一步解调，分别取出电话和远动信号，各自传送给电话交换机、记录器或计算机系统。我国目前将 2GHz 用于电力系统微波信息传输的主干线，8GHz 用于分支线，11GHz 用于近距离的局部系统。卫星信息传输也是利用微波进行，微波中继站设在同步卫星上，因此不受地形和距离的限制，传输的信息容量大、稳定、可靠性高。我国目前使用的频率为 5 925～6 425MHz(地球发往卫星)和 3 700～4 200MHz(卫星发往地球)。

还有用于视距范围内传输信息的特高频无线信息传输。

3)光纤通信

光纤通信是以光纤为传输介质(信道)的通信方式。

光纤也称为光导纤维，是用于传输光信号的介质，由玻璃或塑料制成。用于通信系统的光纤的主要原料是纯度很高的二氧化硅玻璃。光纤主要由纤芯和包层组成。纤芯是很细的玻璃丝，纤芯的外面是包层。纤芯和包层是同心的玻璃圆柱体。光纤很细，直径在 5～100μm。光纤虽然能传输光信号，但由于是由玻璃材料制成的，容易因表面损伤而断裂，而且直径过细，不能承受较强的力。因此，光纤不便直接使用，必须将光纤制成光缆。光缆是以一根或多根光纤制成，用于传输光信号，是符合一定光学、机械及环境要求的线缆。光缆一般由光纤、被覆层、加强芯、护套等部分组成。

光纤通信系统的基本构成如图 2.10 所示，主要由光发送机、光缆、光中继机和光接收机等组成。光发送机的作用是将电信号转换成适于在光缆中传输的光信号。光接收机的作用是将光缆中传来的光信号还原成电信号。光信号以光的形式在光缆中传输是会衰减的。为了补偿光信号在传输过程的衰减，在光通信的信道上需要设置光中继机。在光中继机中先将光信号转换成电信号，并进行放大、再生，然后再以光的形式将信号发送到下一段光缆中去，依此逐段传输直到终点。

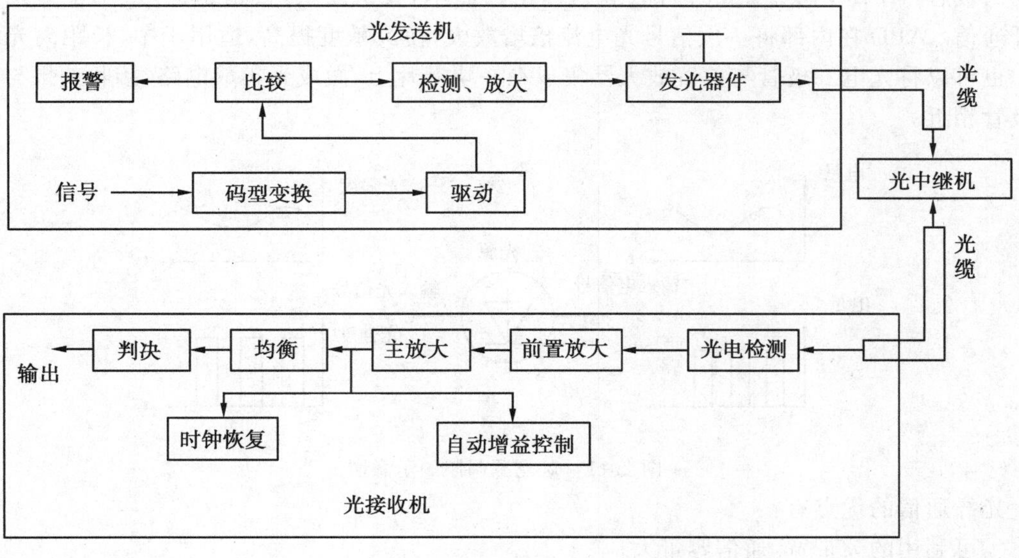

图 2.10　光纤通信系统的基本构成示意图

按照信号的调制方式，光信号传输分为模拟式和数字式两种。模拟式传输方式是在光发送机中以模拟电信号对光源进行调制，光信号的强度与模拟电量(幅值、频率或相位)的瞬时值成正比。这种方式的电路比较简单、信息容量小，适用于短距离模拟电视及调频信号传输。数字式传输方式在光发送机中以数字脉冲电信号对光源进行调制，将光变成数字脉冲形式(即数字量光信号或称光脉冲信号)。数字式传输方式信息容量大、抗干扰能力强，适于长距离高速脉冲码制通信系统。目前,光纤通信系统多采用数字式。

图 2.10 光发送机中的"信号"是已经经过编码的电信号。该信号再经过"码型变换"变换成适合于在光缆中传输的归零信号。驱动电路的作用是使发光器件发出光脉冲(即对光源调制)注入光缆。发光器件的背向光由本机检测、放大、比较,控制驱动电路,实现输出光功率及驱动电流的自动控制。发光器件采用半导体激光器(LD)或发光二极管(LED)。LD 输出光功率大、光谱宽度窄、与光纤的耦合效率高,对控制、保护电路的要求高,适合于长距离、大容量的光纤通信系统。LED 温度稳定性好,对保护电路要求低,光谱宽度宽,色散大,但与光纤的耦合效率低,入光纤功率小,适合于短距离小容量光纤通信系统。发光波长一般为 0.85μm 或 1.3μm,与光纤的两个低衰减窗口相对应。

光是以波的形式传播的,它的参数有振幅(即强度)、频率和相位。目前,只能对光的强度进行调制,还不能调制频率和相位。图 2.11 是用电信号对光源进行强度调制的示意图。

图 2.10 光接收机中,从光缆传来的光信号由"光电检测"变换为电信号,经"放大"补偿信号传输过程中的衰减,用"均衡"电路去补偿"光电检测"和"放大"电路产生的失真,然后送入"判决"电路。在判决电路中将接收来的信号恢复为发送输入端原来的编码电信号。光接收机中的"自动增益控制"是为了使输出信号稳定;从接收来的信号中提取时钟信号是为了满足判决的需要。光电接收机的主要技术指标有接收灵敏度、接收信号动态范围及响应速度。光电检测器的性能对接收器的性能有重要影响。对光电接收器的要求是:对采用的光波长灵敏度高,响应速度快,噪声小,温度稳定性好。目前广泛使用的光电检测器有光电二极管(PIN)及雪崩二极管(APD)两类。PIN 内部无增益,结构简单,灵敏度低,价格也低,适用于短距离的光纤通信。APD 在内部将一次信号光电流倍增放大,使灵敏度提高,适用于中、长距离光纤通信。也可以将光电二极管与前置放大器集成在一块基片上,做成光集成电路,接收效果与雪崩二极管相近。

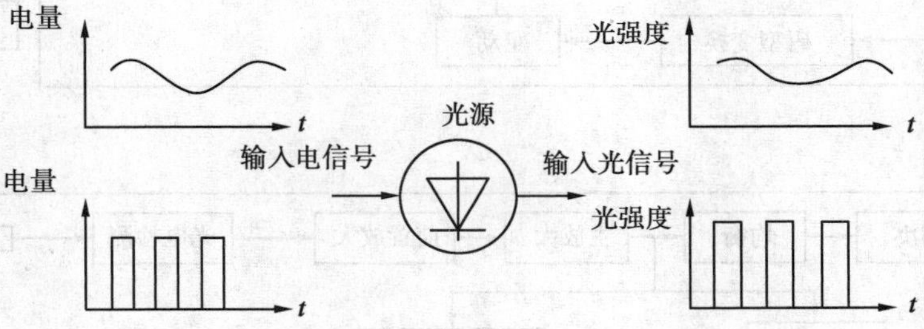

图 2.11 对光源调制的示意图

光纤通信的优点有:

①可利用的频带宽,通信容量大;

②抗电磁干扰能力强;

③光纤是绝缘体,通信两端可以实现完全的电隔离(全电隔离)。

④光纤损耗小,中继距离长;

⑤光纤细,质量轻,构成光缆后容易敷设等。

由于光纤具有上述诸多优点,光纤通信已成为一种新型的、发展迅速的通信手段。尤其光纤通信所具有的抗干扰能力强和可以实现通信两端的全电隔离等优点,使得它在电力系统通信中获得了广泛的应用。我国从 1981 年起，相继在福建、山西、河南等地的电力系统内建起实用化的光纤线路，到 1991 年底，光纤通信线路已建成约 50 条。目前，光纤通信已不限于调度所与发电厂和变电站之间的长途通信，就是变电站、发电厂和配电网自动化系统中自动化设备或装置之间的短距离通信也已使用光纤通信。

4)架空明线或电缆传输远动信息

架空明线或电缆传输信息时常用的传输介质有铜线、铁线或铅线。信息传输过程中，信息能量沿传输介质传输。这些能量被约束在传输介质周围有限的空间内，不易扩散，保密性较好。

架空明线和电缆通信也称有线通信。在电力系统中，有线通信是一种重要的通信手段。它多用于地区通信或短距离通信枢纽站之间的通信。为了更多地传输信息，在有线通信中常将音频信号和直流脉冲信号调制成不同频带的高频信号或编码形成脉冲编码调制信号，然后将这些调制后的信号叠加起来在一对通信线路上传输，以实现通信线路的多任务。现在电力系统通信更多地使用架空或地下电缆线路。电力系统常用的信息传输方式汇总在表 2.3 中。

表 2.3　电力系统常用的信息传输方式

类别	通信方式	常用频段(Hz)	常用开通路数	应用范围
无线通信	数字微波中继	2 000 M	480	干线
		6 000 M		
	模拟微波中继	2 000～11 000 M	120	干线
	小微波	2 000～1 1000 M	24、60	短程干线
		150 M		
	特高频	400 M	1、3、12	供电部门流动通信
	卫星	＞1 000 M	24	远程干线
	散射	30～60 M	12	远程干线
		60～100 M		
电力载波通信	电力载波线	40～500 k	1	电力调度通信
	绝缘地线载波	10～40 k	1、3	电力调度通信、检修通信
有线通信	明线载波	＜150 k	3、12	短程通信
	架空与地下电缆	音频	根据芯线对数决定	短程通信
	对称电缆载波	12～252 k	12、60	短程通信
	小同轴电缆	60～4 188 k	300	短、长途干线
	数字光缆		32/120/480	短、长途干线
	模拟光缆	＜200 k	6、12	短距离通信

(2)信道的工作方式

信道的工作方式可以分为单工、半双工和双工三种。单工方式是信息只能向一个方向传输(图 2.12(a))；半双工方式是信息可以上、下两个方向传送，但在同一时刻只能一个方向传送(图 2.12(b))；双工方式是同时可以在两个方向传输(图 2.12(c))。不同的传输方式其传输

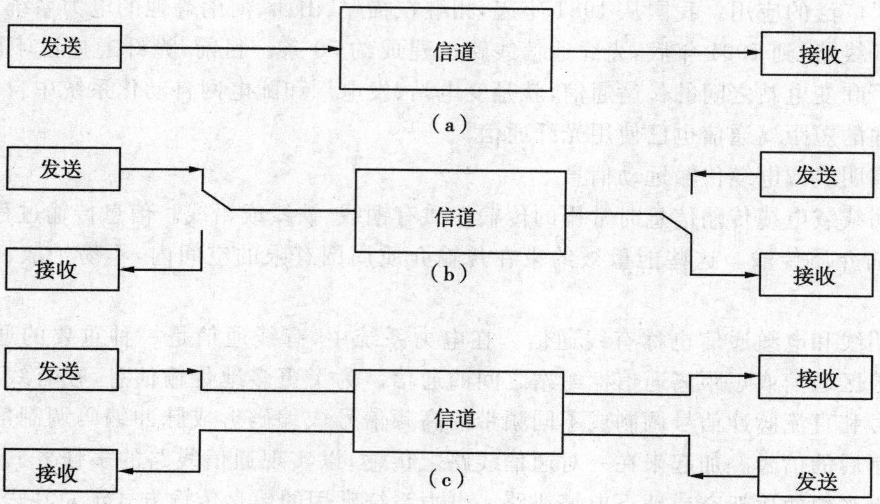

图 2.12 信道工作方式

(a)单工;(b)半双工;(c)双工

的效率是不同的。当然,使用双工方式最方便有效,但费用也最昂贵。

(3)信息传输网络的基本类型

电力系统中远动系统的主站(MS)与子站(RTU)之间通过信道传输远动信息。若干远动站通过通信线路连接起来,组成一个远动通信网络。远动通信网络有如图 2.13 所示的以下几种基本类型:

1)点对点配置　一站与另一站通过专用的传输链路相连。这是一种最基本的一对一方式,如图 2.13(a)所示。

2)多路点对点配置　调度控制中心或主站与若干被控站通过各自的链路相连,如图 2.13(b)所示。在这种配置中,主站能同时与各个子站交换信息。

3)多点星形配置　调度控制中心或主站与若干被控站相连,如图 2.13(c)所示。在这种配置中,任何时刻只允许一个被控站向主站传送信息。主站可选择一个或若干个被控站传送信息,也可向所有被控站同时传送全局性的报文。

4)多点共线配置　调度控制中心或主站通过共享线路与若干被控站相连,见图 2.13(d)所示。在这种配置中,同一时刻只允许一个被控站向主站传送信息。主站可选择一个或若干个被控站传送信息,也可向所有被控站同时传送全局性的报文。

5)多点环形配置　所有站之间的通信链路形成一个环形,如图 2.13(e)所示。在这种配置中,调度控制中心或主站可用两个不同的路径与各个被控站通信。因此,当信道在某处发生故障时,主站与被控站之间的通信仍可正常进行,通信的可靠性得到提高。

将以上几种基本配置组合起来,可构成各种混合配置。

(4)通信规约

在电力系统远动中,主站与远方终端之间进行实时数据通信时必须事先做出约定,制订必须遵守的通信规则,并共同遵守。这必须共同遵守的规则和约定就是通信规约。按照远动信息不同的传送方式,远动通信规约分为循环式(CDT—Cyclic Digital Transmission)规约和问答式(Polling)规约两种。一套布线式远动装置可以按以上两种规约中的任一种进行通信,但

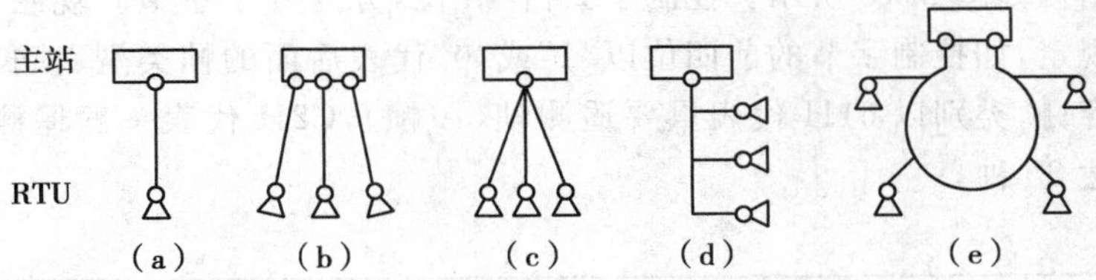

图 2.13　远动系统的配置

(a) 点对点式；(b) 多路点对点式；(c) 多点星形式；(d) 多点共线式；(e) 多点环形式

是一旦确定后就不能改变了。微机远动通信规约的实现取决于应用程序，与硬件独立，所以可以实现各种规约。在一个电力系统中通信规约必须统一。我国已经颁布电力行业标准 DL451—91“循环式远动规约”。它是参照国际电工委员会(IEC—International Electrotechnical Commision)的建议，并考虑微机和数据通信技术新成就而制订的全国统一的远动通信规约。

1)CDT 方式通信规约

CDT 方式通信规约适用于点对点的通信结构，信息以循环同步方式传送，传完一帧紧接着再传送新的一帧，如此循环不已。这种方式的主要缺点是只适用于单工条件，不管接收端的情况。若同时需要上行和下行传送，则需要双工通道。这种方式也不适用于共线式通道。

传送的格式采用帧结构和字结构。帧结构如图 2.14 所示。每一帧都以同步字开头，都有控制字，是否有信息字和多少信息字则依据不用的帧类别而定。有些帧可以没有信息字，而只有同步字和控制字。帧长可以是固定的，也可以是变化的，一般帧长由系统规模而定。根据信息的性质和重要程度，将相同类别的信息字安排在同一帧中，以帧的类别来区分。

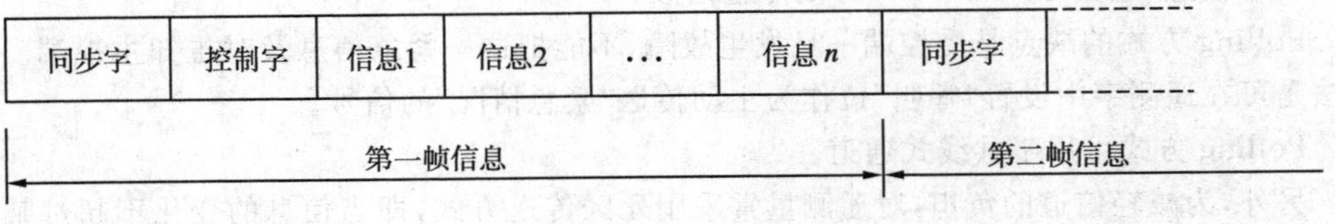

图 2.14　帧结构示意图

字结构是帧结构中每个字的结构。每一个字也称为一个码字，由 8 位二进制元码为一个字节来构成。码字用(N，K)表示，其中 N 为码字的字长，K 为信息位，一般是 BCH(BCH 是 Bose、Chaudhuri 和 Hocguenghem 这三个人名字的缩写。他们在 1959—1960 年之间分别提出了一种最有效的纠多个独立随机错误的循环码，称为 BCH 码)码或其缩短码。对于远动装置，可用性好的码字为(48，40)、(40，32)、(32，24)等几种。下面以(48，40)为例来说明字的结构。

同步字的结构如图 2.15 所示，每个同步字的编码为 EB90H，共 16 位。同步字要连续发三遍，共占 48 位。

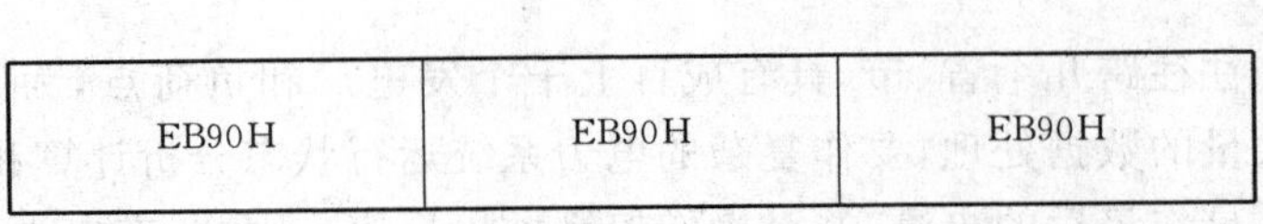

图 2.15　同步字的结构

控制字的结构如图 2.16 所示。控制字共占 48 位,分为 6 个字节。规约中对每个字节的内容都有明确规定,如控制字节的前四位以"1"或"0"代表后面的帧类别、帧长、源地址和目的地址是否有内容;帧类别以 61H 代表重要遥测帧(A 帧),C2H 代表一般遥测信息,等等。帧的类别最多可达 30 种。

控制字节	帧类别	帧长	源地址	目的地址	监督字节

图 2.16　控制字的结构

信息字的结构如图 2.17 所示。信息字共占 48 位,分为 6 个字节:1 个功能码字节,4 个信息码字节,1 个监督码字节。功能码共有 256 种。信息码字节有时间字、遥测字、遥信字、事件记录字、水位字、频率字和电度字等等。根据不同的需要选择不同的信息字结构。

功能码	信息 1	信息 2	信息 3	信息 4	监督码

图 2.17　信息字的结构

2)Polling 方式通信规约

Polling 方式是由主控端(MS)发召唤代码,受控端(RS)响应后传送信息,主动权在主控端。典型的遥测问答式传送方式可以逐个信息地响应,即主控端发所需要的信息的地址,受控端送回相应的信息;也可以信息批量传送,即主控端发提取批量信息的命令,受控端按序连续整批传送信息,这类方式与 CDT 的帧传送相似。

Polling 方式的缺点是受控端一旦发生故障,不能把这一紧急信息及时告知主控端。补救办法是可在遥测字中设置"呼叫"位作为主动传送"紧急情况"的信号。

Polling 方式可用于共线式通道。

另外,为减轻信道的负担,对遥测量常采用死区传送方式,即当信息的变化不超过某一给定范围(死区)时则不传送,例如规定遥测量变化不超过 0.25%时不传送,则可减轻信息传输 90%的负担。遥信量则采用变位传送的方式,即当遥测量状态发生变化时才传送。当发生故障时,有大量的信息需要传送,这时常采用优先级传送。

我国目前 Polling 方式远动规约还在不断完善之中。这种规约比较复杂,具体内容可参见有关资料。

2.3　电力系统的信息处理系统

现代电力系统往往跨几个省、市,具有成百上千个发电厂和负荷点,为了实现自动监视和控制功能需进行大量的数据处理,要作复杂的电力系统运行状态分析计算和逻辑判断,然后将结果提供给运行人员作最后的决策,并对操作控制做出反应。因此,在电力系统控制调度自动化系统中设有以大容量、高速度计算机为核心的信息处理系统。

2.3.1　设计调度自动化计算机系统应考虑的原则

1)可靠性　电力系统控制调度自动化系统中的计算机及其外围设备必须十分可靠。必须从各部件、单机、系统等多层次来保证较高的可靠性,提高硬件和软件的抗故障能力。因为任何一个环节的故障都会影响整个电力系统的正常供电,所以除了要求制造厂家提供很可靠的硬件设备外,在计算机系统设计中必须考虑充分的备用,使在任何一台计算机发生故障或检修时都不致造成整个系统失去作用。计算机外围设备的可靠性一般比主机的可靠性低,所以为了提高整个计算机系统的可靠性,也必须使外围设备有充分的备用。

计算机系统中每个设备的可靠性一般用平均故障间隔时间(即两次偶然故障的平均间隔时间)来表示,而整个计算机系统的可靠性通常用“可用率”来表示:

$$\text{系统可用率}=\frac{\text{运行时间}}{\text{运行时间}+\text{停用时间}}\times 100\%$$

上式中停用时间包括故障时间和维修时间。影响可用率的主要因素有:设备硬件和软件模块的质量、维护检修情况、环境条件、电源供应、备用的程度等。为了确保较高的可用率,应在单个设备零件故障时,仍能保持重要的系统功能,即使在最严重的双重故障情况下,也应尽可能限制全部功能的丧失。结构的模块化使系统各部分相对独立,可以减轻故障的影响。

在国际上,由于技术水平和运行维护水平的不断提高,目前双机系统的可用率可达99.9%。

2)可用性　不仅要从可靠性上来提高系统的可用率,并且要使系统的功能符合每个实际电力系统的运行特点和要求,适应实时控制的环境。例如,在我国的自动化系统中实现全汉化,可使画面和打印记录便于阅读和保存,人机会话操作步骤减少而且方便等,这样就从各方面调动了运行人员使用自动化系统的积极性。

3)可维护性　在系统结构中有一定的装置冗余度和功能转移能力,以确保故障装置在检修时或在改进功能时不影响系统运行。其次,从逻辑设计上考虑,既可对系统进行离线检修,也可利用备用机进行在线检修。在线检修时应隔离对主机系统的可能干扰。此外,采用硬件和软件的模块化设计,可便于故障时更换模块,迅速清除故障。

4)可扩充性　利用软件及硬件的模块化可保证系统的可扩充性(逐步扩大容量和功能)。选用有发展前途的系列化机型,可保证向上的可扩充性。

5)高速性　因为该系统是工作于实时环境中,所以要求有尽可能快的反应速度(从要求完成某一功能开始到得到结果的时间),以适应系统变化和控制的要求。从运行人员来看,反应速度往往是系统性能的主要表现。

影响反应时间的因素有:计算机及其附件设备的性能及其结构,计算机的工作负荷,操作系统的性能,数据库和数据存取,应用软件的结构和组织等,特别在电力系统发生故障时,由于增加了事件的数目和运行人员的活动,所以增加了系统信息传输和信息处理的负荷,这将影响反应速度,所以反应时间常常是对某特定负荷条件而言的,表2.4所示为某一信息处理系统的实例。

表 2.4　某一信息处理系统的反应时间

项　目	正常运行负荷	故障运行负荷
过 程 事 件	每 30s 1 次	10s 内 400 次
运行人员显示要求	每 30s 1 次	5s 内 1 次
运行人员输入的平均响应时间(s)	0.5	0.8
显示要求的平均响应时间(s)	2	3

2.3.2　实时调度计算机系统的硬件配置

根据需要调度控制的对象及控制功能的要求不同，实时调度计算机系统的硬件配置也不同。一般有下列几种配置形式：

1)无备用的单机系统　对于小型的调度中心，可以只用一台小型机或高档微机并配置简单的信息收集和监控设备。这种系统有两种不同的设计方法。第一种是主机直接与控制系统的各种设备相连(如图 2.18 a)，担负数据采集和处理的任务。这种设计的主要问题是：当外围设备完成一信息请求，或者要求存储或调用数据时，主机需要中断去处理与外设有关的数据传递任务，使得主机的负担很重。为了减轻主机的负担，加快主机的响应时间，也可以采用第二种设计方式，即让通信与显示系统有专用的处理设备。典型的配置是用一台前置机作为与通信系统的接口(如图 2.18 b)，完成数据采集、部分数据处理和人机联系等简单而频繁的功能，而通过直接访问内存(DMA—Direct Memory Access)方式，将数据高速存入主机内存，减少主机中断。处理人机联系的计算机则用以就地存储显示内容，处理数据更新，以尽量减少改变显示内容所需的时间，也可用 DMC 方式访问内存。人机联系部分也有用专门的计算机或微机处理数据，使画面能快速调出。

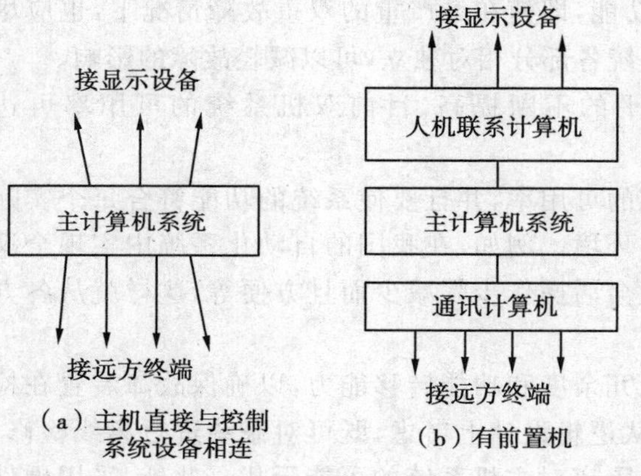

图 2.18　单机系统的不同设计方法

2)双(多)重化系统　为了提高运行的可靠性，重要的措施是采用多重化系统，即设置几台相同的计算机(同类型机，能共享资源及相互兼容)及相应的外围设备。因为外围设备的可靠性一般比计算机的可靠性低，所以为了提高整个计算机系统的可靠性，必须充分考虑外围设备的备用。在大部分情况下，这种双重化只包括计算机本机系统、前置机、显示器等，而通讯设备、远方终端设备等有双重化当然很好，但不一定在所有情况下都有。

典型的双重系统如图 2.19 所示。纵向两套系统完全相同，两台相同的计算机都有各自的 CPU、内存和外存以及输入/输出设备。所以，两台主机的功能完全相同。但在运行时，两台计算机的分工可以不同，主要根据可用性的要求来确定。可采用主机—备用机方式和并行方式。主机—备用机方式是用得较多的工作方式，它采用一台机作为主机在线运行，另一台机处于离线热备用状态，备用机必须保存与主机相同的某些数据，所以，主机应定时或连续地将数

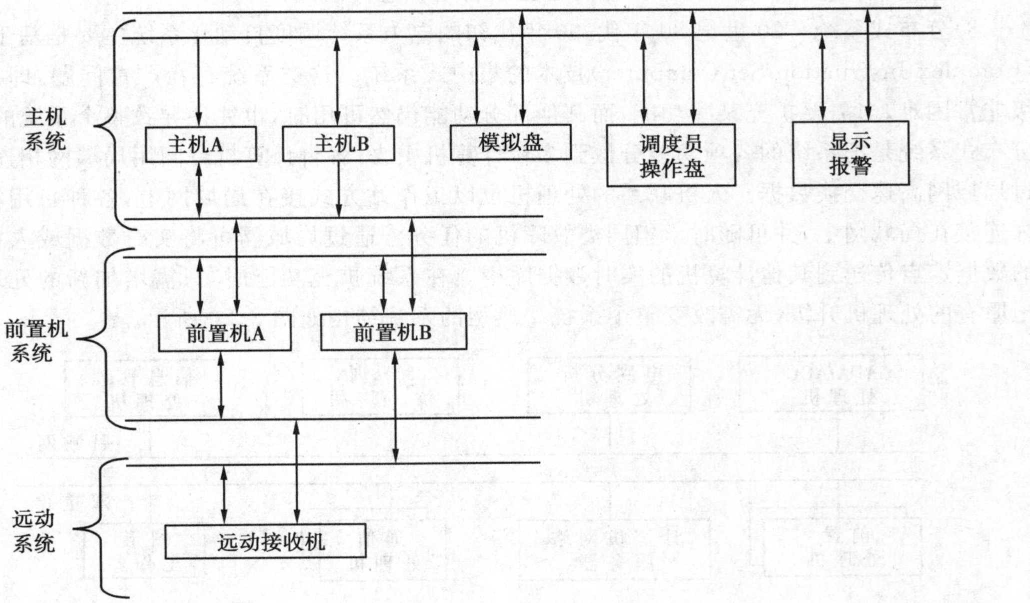

图 2.19　典型的调度计算机双机系统

据库的数据通过两机间的通讯联络向备用机传送，备机上的程序和主机上的相同，只不过不是处于运行状态而是休眠状态。当通过监视定时器（Watch dog）检测出主机发生故障时，备用机立即自动投入运行，承担起主机的全部功能。这一般应在 30～60 秒内完成，如果时间过长就会丢失重要数据。采用这种运行方式时，备用机还可以用于其他目的，如可以用来开发程序和维护软件，对运行人员进行培训（使他们熟悉实际的控制调度自动化系统的功能），模拟各种系统故障，通过显示器进行仿真操作等，一旦主机故障，这些工作立即停止，使其全部承担主机的功能。

在某些情况下（例如一台主机不能承担全部功能，包括重要的、不重要的或辅助功能），可将全部功能分配给两台计算机，其中重要的实时功能分配给一台主机，而将一些不重要的实时功能和离线功能分配给另一台副机。当主机发生故障时，能自动或手动地使副机立即承担主机的全部实时功能，而暂停一些离线和辅助的处理功能。对于这种系统的配置，为了保证在一台机故障时仍能保证系统完整功能，也可以再增加一台备用机。

并行方式是两机同时完成同样的工作，并可互相核对各自的结果。这种工作方式的优点是十分可靠，任何一台机发生故障，都不会影响系统的正常工作，没有主机向副机转换的时间和主机向副机传送数据时可能出现的误差。其缺点是在正常工作时两机都忙于工作，不能利用一台机进行程序的开发和维护，以及人员的培训，除非再增加第三台备用机。

计算机系统的双重化将大大增加可用率。但是，仅仅使用计算机双重化还不能保证系统很高的可靠性，因为其他因素如电源、信道等都会影响可用率。

和单机系统一样，为了加快主机的响应时间，减轻主机的负担，增设前置机来完成数据收集和处理、人机联系等简单而频繁的功能。前置机也可以是双机，有的系统用四台前置机。四大电网从英国西屋公司引进的调度计算机系统主机是 2×VAX11/785，前置机是 4×PDP11/

73,在线运行的是两台 PDP11/73,另两台处于备用状态。

3)分布式系统　20 世纪 80 年代,90 年代初的电力系统调度自动化系统主要是基于 CISC (Complex Instruction Set Computer)技术的集中式系统。这类系统存在严重问题,即系统升级非常困难,当需要扩充某些功能,而其他部分功能仍然可用时,也往往导致整个系统的更新。分布式系统是把系统的各项功能分散到多台计算机中去,各台计算机之间用局域网相连,并通过局域网高速交换数据。人机联系的处理机也以工作站方式接在局域网上,各种备用机也同样连接在局域网上,并可随时承担同类故障机的任务。通过局域网可将实时数据或人工输入的数据定点传送到其他计算机的实时数据库中。在系统扩充功能时,只需增加新的处理机或把原有的处理机升级,无需改变整个系统。典型的系统结构如图 2.20 所示。

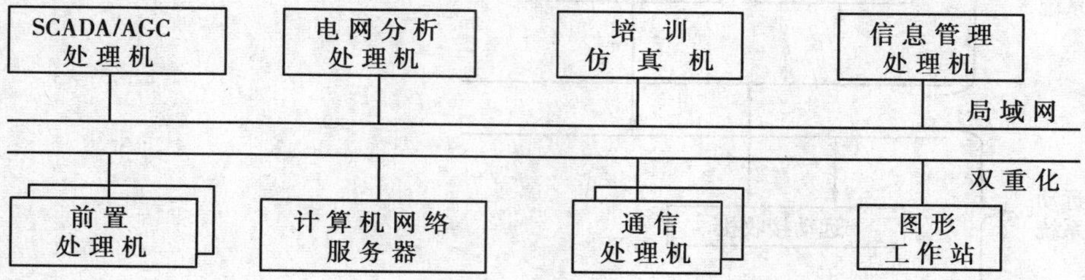

图 2.20　分布式系统配置

2.3.3　调度计算机系统的基本硬件配置

基本硬件包括中央处理器 CPU、主存储器、外存储器、输入和输出设备。

1)中央处理器:中央处理器 CPU 是计算机的控制中心。CPU 运算速度通常用 MIPS 表示。微机一般小于 2MIPS,约为 0.5—2MIPS,中、小型机为 3—5MIPS,RISC 工作站为 20—300MIPS 。

2)内存:微机内存基本配置现已达 128MB,还可扩充到 256MB 以上;中、小型机内存可达几百 MB。

3)外存:外存主要用于存储操作系统、应用程序、历史文件、数据库等。常用的外存设备有硬盘,磁带等。

4)输入/输出(I/O)设备:包括 CRT、键盘、打印机、大屏幕显示器、大屏幕投影仪、绘图仪、音响设备及各模拟量、数字量和开关量等的输入输出装置、计算机间接口、主机与通讯网接口、计算机与远动接口等。

2.3.4　调度计算机系统的基本软件

软件的功能直接决定了计算机所能发挥的功能。软件开发的费用一般比硬件费用高。实时调度计算机系统的软件有以下特点:

1)软件系统庞大复杂,执行速度要求很高。在线任务很多,各任务的执行要在统一的管理程序指挥下协调工作。

2)一般采用分时操作系统,例如 VMS 各任务有自己的优先级,分时地被执行。最新发展采用 UNIX 和 Windows NT 操作系统。

3)有很强的人机联系能力。

4)控制功能可以不断改进和增加,可修改原有程序或增加新程序而不影响其他程序。

软件分三类:系统软件、支撑软件、应用软件。

(1)系统软件

实时操作系统:实时分配计算机资源,分时操作系统可同时处理几个任务,但同一时刻只执行一个任务。每个任务都有自己的优先级,操作系统按优先级决定先执行哪个任务,对时间响应要求很高的任务可用中断方式处理,中断处理优先级很高。

程序语言:C、C++、FORTRAN、Delphi 和 Java 语言等。

公用系统程序:编辑程序,编译程序,连接程序,文件管理程序,调试程序等。

(2)支撑软件

在调度计算机系统中,还有一个介于操作系统和应用软件之间的支撑软件,它为电力系统调度自动化的各种应用程序以及数据库的结构提供了一个面向用户的框架。在这个支撑系统的支持下,电力系统的工程师在编制应用软件时就更为方便。它也给用户提供了一个实时数据库系统,用户可以共享数据,也可以建立自己的数据库。支撑软件包括:

1)任务调度程序:控制应用程序的执行,使之更适合实时应用。

2)画面管理程序:完成所有显示程序的公共功能,处理显示请求,控制画面更新速度,处理显示信息的格式等。

3)数据库管理程序:完成检索和存放数据的任务,完成数据在内外存储器中的交换,数据库的管理在实时应用软件开发中起重要作用,设计一个好的数据库是整个调度自动化系统水平的标志。数据库的修改和应用程序的修改应互相独立。

(3)应用软件

应用软件是完成各种电网在线分析计算功能的程序。它要求执行速度快,程序维护量小,使用方便,有较强的人机会话功能。

按计算用输入数据的性质及计算结果的适应性,应用程序可分为三类:

1)动态程序　可以提供实时控制的应用程序,例如 AGC(Automatic Generation Control),EDC(Economic load Dispatching Control)。

2)准动态程序　输入数据是实时的,但分析结果不用于直接控制,属静态信息,如调度员潮流、最优潮流等。

3)静态程序　输入数据是预测的或经过处理的,计算结果提供系统未来运行状态的信息,如负荷预测,发电计划、检修计划等。

大型应用程序需大量人年的劳动,需要许多人平行进行开发工作,系统设计是关键,这方面需要对整个系统的功能,各子系统之间的联系都要有所了解。需要计算机、电力系统等全面的知识。系统设计师在开发应用软件中起着关键作用。另外应用软件程序必须是模块化的,这样便于组装、拆拼。应用软件还要经过长期运行考验才能够商品化。

(4)电力系统高级管理与分析软件

随着电力系统的发展,对其管理水平和管理手段都提出了越来越高的要求。各级调度中心先后建立了各种高级管理与分析软件,以提供科学的管理依据和调度策略。这些高级管理与分析软件主要有以下几种:

1)管理信息系统(MIS—Management Information System)　这个系统主要是对各种现场实时数据与信息进行管理,产生各种形式的统计数据,并以文档、表格、画面等多种形象的方式显示出来。为决策者提供决策依据。

2)能量管理系统(EMS—Energy Management System) 这个软件系统充分利用调度自动化系统的各种现场数据,应用多种数学方法和电力系统理论进行分析。可以提供多种结果,为电力系统的安全运行、经济调度、最优调度等高水平调度管理提供决策依据。

3)调度员培训仿真系统(DTS—Dispatcher Training Simulator) 这个软件系统通过软件模拟的方式,提供对调度员的培训手段。它模拟实时现场情况,接收调度员的调度策略,然后计算电力系统的变化情况,以验证调度策略的正确性、安全性和有效性。

几种软件系统的目标不同,功能各异。但是,它们都需要从调度自动化系统获取电力系统的实时数据与信息,有时还需要将分析结果反馈给调度自动化系统。因而它们在与调度自动化系统的通信上,采用了计算机网络技术,实现不同软件系统间的数据共享。

2.4 人机联系系统

电力系统采用调度自动化系统后,要求调度人员利用这一系统全面、深入和及时地掌握电力系统的运行状况,做出正确的决策和发出各种控制命令,以保证电力系统的安全和经济运行。另外,调度人员还必须不断地监视调度自动化系统本身的工作,了解各种设备的实时状态。为了能够完成上述各项任务,调度自动化系统必须能够实现人机对话。调度自动化系统中的人机联系设备就是为了实现人机对话而设置的,它是调度自动化系统中操作人员和计算机之间交换信息的输入和输出设备。这类设备分为通用和专用两种。通用的人机联系设备是指供调度计算机系统管理和维护人员、软件开发和计算机操作人员所使用的控制台打印机、控制台终端、程序员终端和一般打印机等。专用的人机联系设备是指专门供电力系统调度人员用以监视和控制电力系统运行的人机联系设备,其中有交互型的调度员控制台、远方操作台和调度员工作站,非交互型的调度模拟屏和计算机驱动的各类记录设备及其他设备等。

2.4.1 调度员控制台

调度员控制台是调度人员对电力系统进行监视和控制的交互型人机联系设备。台上一般有彩色屏幕显示器、操作键盘、屏幕游标定位部件、音响报警装置和语音输入、输出装置等。

(1)屏幕显示器

屏幕显示器由监视器和控制部件组成,主要部件是显像管。显像管又称阴极射线管(cathod rad tube,CRT),所以通常又将屏幕显示器叫做 CRT。CRT 的主要作用是以图形、曲线和表格方式显示表征电力系统运行状态的各类信息。CRT 和操作键盘结合起来就能进行各种人机交互操作。屏幕显示器可以显示二维和三维图形,图形可旋转,画面可滚动、分层缩放和任意方向移动。屏幕上可开多个窗口,分别进行不同的交互操作。显示器由显示控制部件驱动,控制部件和主计算机相连。主计算机向控制器传送画面前景图形(动态图形)和背景图形(静态图形),由控制器据此组成一幅画面,并将画面转换成颜色和亮度信号在屏幕上显示出来。屏幕显示具有形象化、直观、实时、使用方便等优点。目前屏幕显示器已成为电力系统调度人员与电力系统调度自动化系统进行联系的最有效的工具之一,它和操作键盘结合起来,可以实现除记录以外的所有人机联系功能。屏幕显示器显示的主要内容有:

①显示电力系统和每个发电厂、变电站的接线图及断路器和隔离开关的实时分、合闸状态以及有关的实时运行参数，如潮流、电压等；（在事故后，当断路器状态发生变化时，显示器能以闪光或改变颜色表示。）

②显示电力系统运行参数、计算结果、报警信号、事件顺序记录和事件追忆资料等；

③显示负荷曲线、潮流变化或电压变化的曲线或棒图等；

④进行遥控断路器、起停机组、调节发电机出力、改变变压器分接头位置等操作；（操作前可先调出有关发电厂、变电站的画面，然后利用定位设备确定操作对象，经过校核无误后，再发出命令，在显示器上可显示操作后的状态。）

⑤显示调度自动化系统本身的工作状况，计算机及其外部设备包括人机联系设备的工作状态，数据传输子系统、各发电厂和变电站 RTU 的配置及实时运行状态。

在实际运行中，要求正常情况下（即 99%的时间）调用画面的平均时间（从要求显示的操作命令发出到画面在屏幕上显示完成为止）一般不大于 1s。当计算机的负荷很重时（1%的时间），一般不应超过 5s。

早期的显示器主要使用一个图形显示器，它只能表示固定、有限的图形符号（如单线图），大量信息依靠表格和字符表示。目前，已广泛应用全图形显示器，它可以任意表示比单线图更为复杂的各种二维和三维图形，并具有放大、缩小和移动功能。

全图形显示采用光栅显示原理，和电视机显示原理类似。显像管电子束按自上而下的顺序由左至右逐行扫描，周而复始，显像控制部件将光点构成的图形信息加在显像管红、绿、蓝三色的阴极上，控制电子束的强弱，在屏幕上形成光点，组成图形。电子束由左至右的横向扫描线称为光栅，每条光栅上可分辨出的最小光点称为像素。光栅显示的主要技术指针是分辨率。它有多种定义。目前习惯上的定义是光栅上的像素乘以屏幕光栅数。分辨率高在屏幕上显示的内容多，同样大小的图形分辨率高时清晰度好。如果光栅上每个像素都可以用来构图（或称像素可编址），则这种显示称为全图形显示。与全图形显示相对应的还有半图形显示。由于半图形显示存在一些缺点，随着计算机和显示器处理速度的提高，半图形显示已逐渐被淘汰。

(2)操作键盘

操作键盘是调度人员的主要操作工具。它和屏幕显示器配合，可以进行人机对话、做各种交互操作：如选显全网或厂、站单线主接线图，显示曲线和各种表格画面，输入资料和设定设备状态，控制远方电力设备，检索历史资料，召唤打印，拷贝画面，起动电力系统安全经济分析软件，操作调度自动化系统中的设备等。

(3)屏幕游标定位部件

屏幕游标定位部件的作用是供调度人员在屏幕画面上移动游标选择操作位置或操作项目。定位部件有多种，除键盘上的游标移动键外，还有操纵杆、跟踪球、鼠标、光笔等。当定位部件将游标移到指定位置后，用定位部件上的按键或键盘按键执行操作。

(4)音响报警装置

当电力系统或调度自动化系统异常时，为了及时提醒调度人员注意并及时处理异常现象，在调度控制台上装有音响报警装置。该装置一般安装在屏幕监视器内，按事件的严重程度不同发出不同的音响，如发出连续长音、断续音响或变调声响等。

(5)语音输入输出装置

这种装置识别输入语音的意义、合成输出语言音响。它使人机交互更灵活、方便。语音输入输出装置将会使人机交互方式和内容发生巨大的变化，具有广阔的应用前景。

2.4.2 调度员工作站

调度员工作站是供调度员进行人机交互的台式或桌式计算机，又称图形工作站或人机交互工作站。它是一般的计算机，但配有多个监视器和图形控制插件，机内装有画面编辑显示和人机交互管理软件，主要用于实现调度员与调度自动化系统的人机交互功能。调度员工作站的特点如下：

①除作图和人机交互管理工作外，没有其他软件开销，因此作图能力可以充分扩充，人机交互的支持软件强，操作响应速度快；

②将调度主计算机中原有的图形管理软件移植过来，减轻主机的负担；

③它装在以太网上，可与网上任一台计算机交换信息，有助于构成分布式系统；

④硬件、软件和作图支持软件都是按开放式标准设计的，便于构成开放式 SCADA/EMS 系统平台。

现在工作站上已能装入语音输入输出、图像输入等插件，构成多媒体系统，还可将音像进行远方传输，使得人机交互更灵活方便。调度员工作站和调度员控制台是有区别的。调度员控制台是专门为调度员值班设计制造的操作台桌。调度员工作站是一台专供调度员使用的计算机。它体积小，监视器和键盘等人机交互工具都是标准部件，可以放在任意台面上。这可以大大简化专用调度控制台的设计和制造工作。

2.4.3 模拟屏

模拟屏是用单线图表示整个电力系统全貌的设备。信息处理系统通过模拟屏驱动器把实时信息用灯光和数字在模拟屏上显示。模拟屏不必也不能详细地显示每个变电站、发电厂的接线，而是着重显示与整个电力系统安全水平、电能质量有关的参数和重要电力线的潮流和枢纽点电压等。模拟屏显示的单线图可使电力系统有整体感，但表现能力和灵活性不如屏幕显示器。在实际应用中让模拟屏和屏幕显示器优缺点互补，可以获得较好的效果。

2.4.4 记录设备

记录设备的作用是将电力系统的运行参数和设备状态以及异常事件记录在纸上。记录设备是受计算机控制的。目前，并不是将所有需要记录的信息都记在纸上，而是将其保存在计算机磁盘上，通过监视器阅读，需要时才用打印机或绘图设备输出。

1)趋势记录仪　这是一种连续性记录设备。记录笔在纸上连续描绘参数随时间变化的情况。有多只笔在同一纸上同时记录多个参数，如频率、全系统总功率、联络线功率等。

2)绘图仪　绘图仪可以在纸上绘制二维和三维图形，一般用于绘制负荷曲线、潮流图，也绘制其他图形。

3)画面拷贝机　这种设备的作用是将屏幕显示器上的画面拷贝到纸上。目前有针式、喷墨式和激光彩色拷贝打印机，它们接收的是计算机画面显示软件组织好的图形信息，而不需要用户做拷贝图形的编辑工作。

2.5　SCADA 系统

SCADA 系统是调度自动化系统应有的最基本功能，它完成电力系统实时数据的采集和对电力系统运行状态的监控(Supervisory Control and Data Acquisition)。前面几节从调度自动化系统方面详细地介绍了信息收集和执行子系统、信息传输子系统、信息处理子系统和人机联系子系统的原理和实现；本节从介绍 SCADA 系统出发，归纳这些子系统在 SCADA 系统中的作用和实现。

2.5.1　SCADA 系统的基本功能

(1)数据采集

数据采集的主要任务是和各 RTU 交换信息。它是调度端远动和计算机内处理远动信息的软件功能的集合。它包括：调度端远动装置和厂、站端 RTU 交换信息功能；调度端远动处理厂、站 RTU 或主机送来的信息；调度端远动和主机交换信息等功能。

SCADA 系统进行数据采集的过程为：厂、站内部 RTU 或综合远动装置扫描并快速更新厂、站 RTU 内部数据库；调度端或主站主控端周期查询厂、站 RTU；厂、站 RTU 向调度端或主站主控端计算机传送所要求的数据；调度端或主站主控端计算机进行校核数据、检错、纠错；将数据换成标准形式并送入主机数据库。

(2)数据预处理

在电力系统信息的收集和传输过程中，由于测量装置和传输设备的误差以及传输过程中的各种外界干扰，使得通过信息传输系统传送过来的数据具有不同程度的误差和不可靠性。如果直接利用这些原始数据进行电力系统监视和控制，就有可能做出错误的判断和决策。因此，由信息传输系统直接送来的信息被存入数据库以前，必须对这些数据进行合理性检查和可信性校验及处理等。数据预处理一般有以下几方面：

1)测量合理性校验　当遥测值超过某一合理的限度时则认为该数据不合理，予以摒弃。

2)遥测值变化率合理性校验　对本次得到的遥测值与前次的进行比较，如发生不合理的突变，则可以认为本次的遥测值有错，予以摒弃。

3)测值的平滑滤波　采用数字滤波的各种方法对遥测值进行数字滤波，以减少测量误差和干扰对遥测值的影响。

4)开关变位可信性校验　有的 RTU 对变位开关信号进行多遍传送，调度中心收到后，可以进行校核，半数以上信息相同时才予以接受。也可以由调度端计算机对变位信号进行多帧校验，还可以和相关的线路潮流进行核对，不合理时不接受开关变位信号。

数据的预处理有些可在厂、站端 RTU 进行，大量的数据预处理工作都在主控端由状态估计等软件模块进行。

(3)信息显示和报警

调度端将系统运行值和设备状态进行显示，供调度员监视系统的运行状态用。当运行值越限或设备状态发生非预定变化时及时向调度员告警。对电力系统监视的内容一般有：

①电能质量监视　监视系统的运行频率、各选定点的电压值，观察系统是否运行在给定频

率和电压范围。

②安全限制监视　监视系统的频率和各选定点的功率、电压、电流、水位等是否超出给定的安全限值。

③开关状态监视　监视开关、刀闸当前的开合状态，检查是否有非计划动作。

④停电监视　线路和母线的停电状况监视。

⑤计划执行情况监视　监视地区用电、电厂出力、区域交换功率等是否超计划值。

⑥设备状态监视　监视各电厂机炉的起、停、备用、检修和各变压器的运行或检修状态。

⑦保护和自动装置监视　监视系统的主要设备的保护动作情况和自动装置的动作情况。

信息显示的方法有模拟盘和彩色 CRT，前者已逐渐被取消。用 CRT 显示时画面分成背景画面和实时数据两部分，背景画面是死的，实时数据是活的，画面上变化的数据是和数据库通过指针相连的。当数据库内的数据变化时，画面上的数据也对应发生变化。如图 2.21 为某个系统结线图，显示时，系统接线图、开关编号、厂站名等是背景图，不变化，而潮流数据、反映潮流方向的箭头、开关状态等是实时数据，将根据系统的运行状态而发生变化。

常用的画面有厂站结线单线图、系统结线图、表格（包括运行值表）、曲线（用于显示负荷、频率、中枢点电压等随时间的变化过程）、棒图/饼图（直观显示运行值、备用值等靠近上下限的程度）、目录（画面、打印表格或各项任务启停执行等画面的目录检索）。这些画面的调用和修改或命令的执行大多采用鼠标。

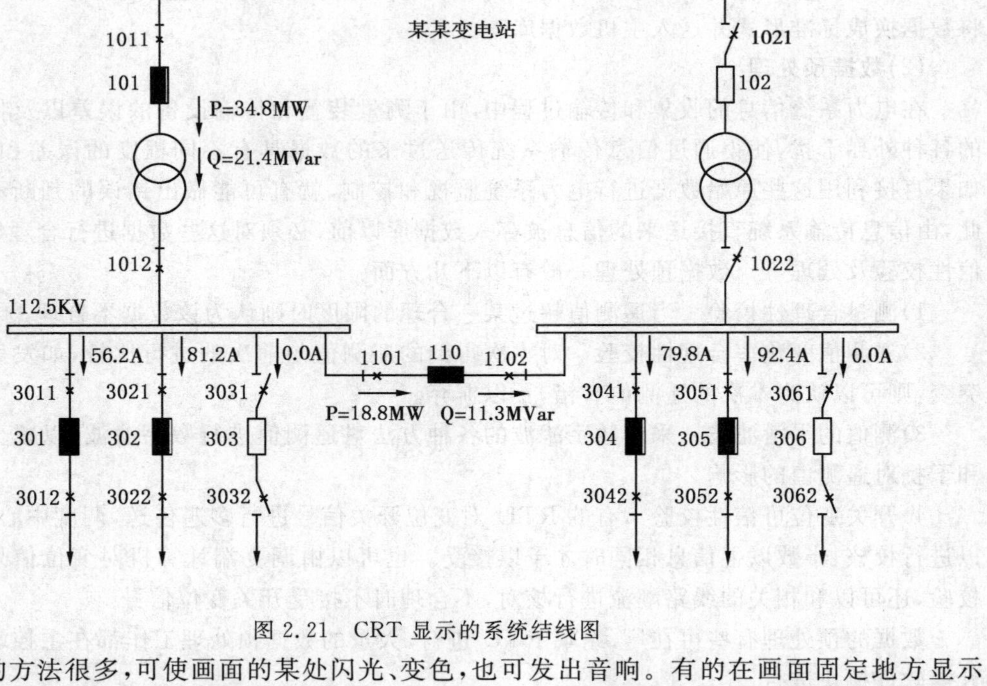

图 2.21　CRT 显示的系统结线图

报警的方法很多，可使画面的某处闪光、变色，也可发出音响。有的在画面固定地方显示报警信息（厂站、设备号、画面号、报警性质）；有的自动推出报警画面，调度员可对报警信息进行确认。

(4)调度员遥控摇调操作

调度员利用计算机进行远方切换和远方调整。为了避免误操作，一方面，通过返信校验法检查命令是否正确。当厂站 RTU 收到控制命令并不立即执行，而是在当地先校核一下命令是否合理，如果命令正确，将 RTU 收到的信息返送回主站，主站将发出的信息和回收的信息进行比较，当两者一致时再发出执行命令。RTU 执行了遥控命令后再发回确认执行信息。另一方面，在画面上开窗口或者在另一屏上显示操作提示信息，按此提示信息一步一步地操作。每步操作结果都在画面上用闪光、变色、变形等给出反应，不符合操作顺序或操作有错则拒绝执行。

(5)信息统计、储存和打印

统计是对实时数据进行一些简单的算术运算。例如累计地区的和全网的负荷、区域交换电量、全网发电量、水火电量比、周波不合格时间、合格率、越限数据的限值及其发生时间、事故分类统计等。

数据保存是系统运行的一项任务。根据要保存的数据的性质，存储的时间长短也不同。例如月、年累计数据，典型日的实时和统计数据、负荷预计用的负荷样本、事故历史资料等，这些数据应能很方便地检索和修改。这些历史数据可提供给财务及设计和规划部门使用。

例如为了负荷预测的需要，可以依次记录系统每小时的负荷，即每天记录 24 小时的负荷，连续记录 40 天，超过 40 天自动删除。需要记录打印的内容有：①报警和事故记录；②调度员操作记录，对机组、开关的操作，计算机硬件连接情况的变化，各种运行方式的指令、数据输入；③各种运行报表、工作日志；④画面硬拷贝、包括潮流图等。

(6)事故追忆和事故顺序记录

事故追忆 PDR(Post Disturbance Recording)和事故顺序记录 SOE(Sequence Of Event)主要用于记录系统发生异常情况和事故发生的顺序，以便事故后分析事故用。

事故追忆功能用于记录电力系统事故前后的量测数据和状态数据，保留事故前和事故后若干数据采集周期的部分重要实时数据或全部量测值，如频率、中枢点电压、主干线潮流等。RTU 可以周期性地定时(5 秒一次)将部分重要量测量记入 RTU 缓冲存储器，在那里保留 1 分钟，定时更新。状态量的变化和量测值越限均可引起事故追忆动作(数据冻结)，当有事故发生时，将它记录的数据送到调度中心计算机，并且打印记录。事故追忆数据可以倒到磁带上，如果状态标志记录齐全地话，以后可以在单线图上“实时”再现一次事故过程。

事故顺序记录可以对事故时各种开关、继电保护、自动装置的状态变化信号按时顺序排队，并进行记录。为此，主站应召唤各 RTU 的记录并进行分辨。RTU 的时间基值或时钟必须一致并十分精确；另外不同厂站 RTU 的时间同步是靠主站发出的时间信息码实现的，也可以各厂站接收广播时间码来实现同步。现在更多地用 GPS(Global Position System)来实现时钟同步。主站记录的顺序事件的分辨率应不大于 5ms。

(7)调度控制系统的状态监视和控制

调度控制系统包括厂站 RTU、信道、主站主控端计算机系统和运行的主备用机及各外设等。监视整个这套系统运行情况十分重要。SCADA 系统具有监视每个设备工作正常、故障、异常、离线、在线、可用、停用等状态的功能。在画面上可以用不同的颜色显示不同的设备状态，设备异常或故障时应报警。

控制系统中的各种设备的运行状态也可以人工改变，例如主备机组切换，磁盘、CRT、打字机、网卡、远动通道、电源等的切换，都可以在画面上操作。

2.5.2 SCADA 系统的运行原理

(1)查询问答方式

现代 SCADA 系统越来越多地采用了查询问答的工作方式。主站控制所有的活动，而 RTU 只对查询要求应答。

一般由主站辐射出多条通讯回路，每条都是独立的，以半双工方式工作。这些回路有的是点对点式的，更多的是共线式。在共线式通道上，主站发请求和厂站回答两者在时间上是多用的，而主站终端是独立的，非同步方式工作。

工作时，主站依次向各厂站发出查询请求，厂站 RTU 按请求回答，同一回路上有几个 RTU 时，回答信息是依次接收的。

查询周期根据不同的需要来确定，自动发电控制(AGC)要实现闭环控制，周期要短，一般为 2～6 秒。有时各量测值并不是在同一周期内取得的值，有时可以在数个采样周期内取得。周期短，所取得的值同时性好，但计算机的负担会加重。一般按信息的性质决定查询及响应的时间长短。一般对异常情况及报警，其响应时间应短，周期一般为 2～3 秒。正常情况下，可以在几个周期内查询一遍所有信息。

现代 RTU 内部扫描各个点的速度比主站查询周期快得多，所以响应时间主要由主站的查询周期决定。

(2)数据输入

由 SCADA 采样的信息主要是模拟量和开关量。

模拟量在进入厂站 RTU 前需转换成 0～1mA 或 0～5V 的直流信号，并带有符号位；开关量由两态表示，“0”表示断开、“1”表示闭合；电度量由电度表发出的脉冲数来计算，一个脉冲代表一个确定的千瓦时数。当地 RTU 应能快速检测开关状态的变化，尤其是在事故时，开关可能会反复变位，这些细节都应及时发现，并传给主站。为了在统计系统电量时不致因时间的不一致(非同时性)造成误差，主站也可以对各 RTU 发出冻结信息，各 RTU 保持同一时间断面的信息，然后主站再发出登记要求信息，各 RTU 将这一冻结时刻的信息依次传送到主站。

(3)控制输出

主控端向厂站端发出的控制输出有：

变电所断路器分/合、电动隔离刀闸分/合、变压器分接头切换、保护整定值调整、RTU 内部登记、冻结控制、发电机组启停、水电厂闸门限值设定、机组出力升降命令、机组出力设定值。

发电机有功的远方设置及调整方式有：①直接发送升降命令，立即执行；②发送设定值，当地由外部回路按设定值进行调整。

(4)数据库

现代的 SCADA 系统有很强的数据库功能，数据库的规模也不是固定的，可以扩充。数据库有设计良好的层次结构，可以通过不同途径访问数据库。数据库中的数据通过链表和指针建立起互相的联系，实时调用时，可以通过指针直接查找和提取，速度很快。而且数据库访问的读写是相对独立的。

数据库中的信息包括以下几种类型：实时的数据、参数的数据、计算的数据、应用的数据。数据库的数据一般还有质量特征位等许多特征位，以说明数据的性质，例如新数据还是老数据，远传的还是非远传的等等。上画面时根据特征位决定用何种颜色显示出来。

SCADA 的数据库可以认为是 SCADA 系统的核心，这个数据库设计的好坏直接影响 SCADA 系统性能的发挥和水平的高低。

(5)人机接口

人机接口软件指挥计算机的各种外设以各种方便醒目的方式将 SCADA 数据库中的信息显示给调度员。人机接口软件的设计和系统软件功能有关，和各种外设的功能也有关。用于人机接口的各种外设包括：鼠标、键盘、CRT、彩色图形终端、控制台操作盘、模拟盘、打印机、音响系统、绘图系统等等。

(6)外部接口

外部接口主要用于和外部系统交换信息，例如和相邻系统的 SCADA 系统交换信息、向自己的上级调度部门传送信息等。这往往通过计算机的通讯来实现。

现代电力系统的运行不仅要安全、可靠，同时对其运行的科学性和经济性的要求也被提到了空前的高度。因此，电力系统的管理水平要不断地提高，以适应这种要求。许多现代化的调度中心，充分利用计算机软硬件技术飞速发展的优势，已经在调度自动化系统上建立了各种高级的分析与管理系统，如 MIS、EMS、DTS 等等高级软件。它们的目的均在于充分利用调度自动化系统中电力系统的实时数据与信息，提供先进的管理手段和科学的调度策略。它们一般是利用计算机网络技术达到与调度自动化系统共享实时数据的目的。当前电力系统中数据采集与通讯所采用的整体工作模式如图 2.22 所示。

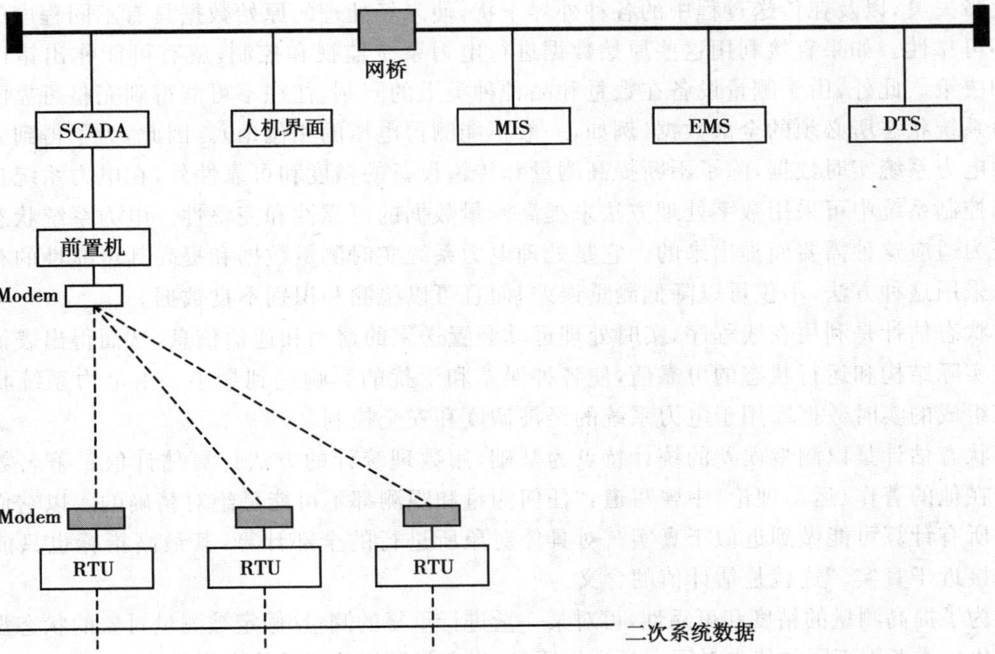

图 2.22　当前电力系统的数据采集与通讯的工作模式

第 3 章

电力系统状态估计

3.1 概　述

在电力系统信息的收集和传输过程中，由于测量装置、各种变换设备和传送设备的误差，或故障失灵，以及在传送过程中的各种外界干扰，使未经处理的原始数据具有不同程度的误差和不可靠性。如果直接利用这些原始数据进行电力系统监视和控制，就有可能作出错误的判断和决策。此外，由于测量设备在数量和品种种类上的限制，往往不可能得到完整可靠的表征电力系统状态所必须的全部数据(例如，一般不能测得电压的相位角)。因此，为了得到完整可靠的电力系统实时数据，除了不断提高测量和传输设备的精度和可靠性外，在电力系统自动监视和控制系统中可采用数字处理方法来提高测量数据的可靠性和完整性。电力系统状态估计就是为适应这种需要而提出来的。它是处理电力系统实时测量数据和提高其可靠性的有效方法。采用这种方法，不仅可以降低测量误差，而且可以检测和识别不良数据。

状态估计是利用在线程序，实时处理远动装置送来的遥测和遥信信息，从而得出表征电力系统实际结构和运行状态的可靠值，使各种误差和干扰的影响达到最小。由电力系统状态估计值组成的实时数据库用于电力系统的经济调度和安全控制。

状态估计是以测量误差的统计特点为基础，用数理统计的方法计算估计值。著名数学家高斯在他的著作《运动理论》中曾写道："任何测量和观测都不可能是绝对精确的。以它们为基础的所有计算可能做到近似于真实。对具体对象所进行的全部计算，其最高指标也只能做到尽量接近于真实。"这就是估计值的含义。

为了提高测量的精度和可靠性，可对某一量进行重复的测量(假定被测量对象的状态没有发生变化)，或者用不同的仪表对同一量进行测量，每个新增加的测量就多提供一个多余的信息，测量的次数越多，它们的平均值就越接近于真值。在多次重复测量中，其中某些测量值可能比这平均值要更接近于真值，但从统计的意义上来说，重要的是有较大把握认为平均值比每一单个测量更接近真值。所以，从这个意义上来讲，重复测量的作用是减少或滤去测量的误差。

在电力系统的状态估计中，并不是用上述重复测量的方法来滤去误差的，而是利用一次采样得到的一组有冗余度的测量值，然后根据网络的数学模型和测量误差的特征，求解状态变量的估计值。在求解有合理分布冗余度的以状态变量（一般取母线电压值和相位角）为独立变量的测量方程式组的过程中，平衡各测量值的误差（也可以说是滤去每一测量值的误差分量），使得到的估计值从统计意义上来讲比单个测量值更接近于其真值。

状态估计一般可分为如下四个步骤（见图 3.1）：

1）假设数学模型　根据所采用的状态估计方法、电力系统结构和参数以及测量系统的配置，确定计算用的数学模型，并假定没有结构误差、不良的测量数据和模型参数误差。

2）状态向量的估计计算　根据所选定的计算方法，得出在统计上最佳的状态变量估计值。

3）检测　校验是否有电力系统结构误差和不良的测量数据，如果没有，就表示一次状态估计已结束。这里所谓结构误差是指实际系统结构与所选定的模型结构不一致；不良的测量数据是指误差大于正常测量误差的测量数据。

4）识别　如果检测到有不良的测量数据或电力系统结构误差，则要确定不良数据或结构误差的位置。在修正或除去已识别的不良测量数据和结构误差后，进行第二次的状态估计计算。这样反复估计，一直到没有不良的测量数据和结构误差时为止。

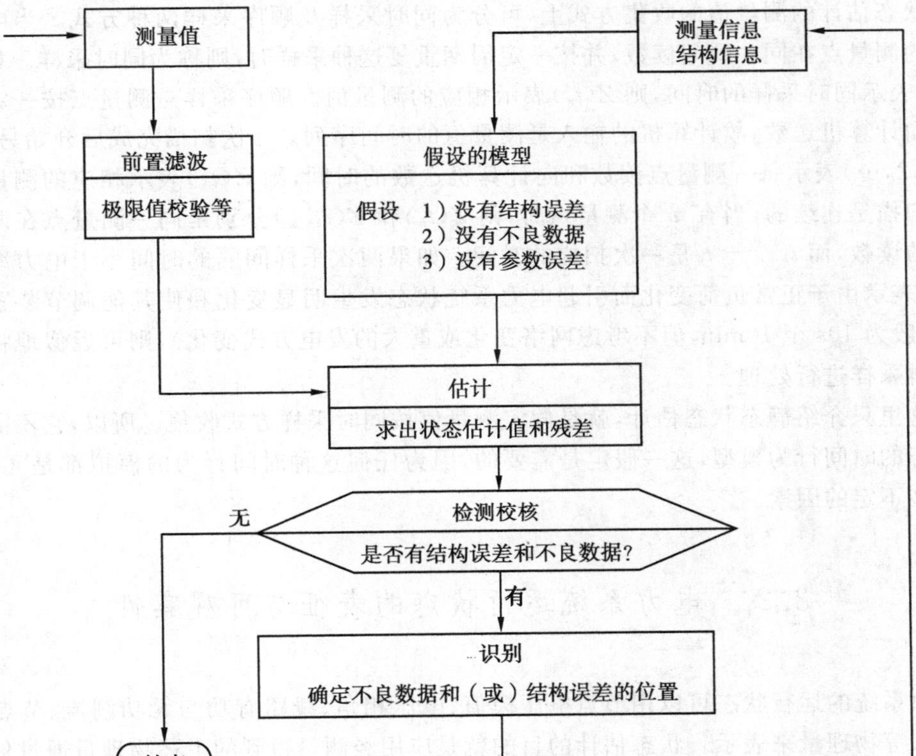

图 3.1　状态估计的步骤

在有些情况下，为了避免状态估计计算中的不规则性，应对输入的测量值进行节点功率平衡、开关状态和潮流信息的一致性校验、极限值校验等前置处理，或者比较前后两次测量的数据，除去超过正常误差极限的错误数据，并检测出电力系统状态的重大变化。这种简单的校核不能检测出误差较小的不良数据，但是在这里只需很少的附加工作量，可以很容易地检测出很大的测量误差。

通过状态估计计算能发现和修正不良数据和结构误差，滤去各种误差，得到从统计意义上讲最佳的状态估计值，同时，可计算出不能直接测量的状态变量（如系统电压的相位角），或补足没有测量的量。离线的状态估计计算还可以用来模拟各种信息收集系统方案，以得到经济上和技术上的最佳方案。

根据不同的电力系统结构特点、测量系统配置和对状态估计结果的要求，以及计算机系统硬件所能提供的可能性，可以选择不同的状态估计方法。一个良好的状态估计方法应能达到下列要求：

1）具有最小的计算机内存需求量和程序执行时间，以达到快速、可靠和收敛性好的实时要求。

2）在给定的测量误差的统计特性下，能满足计算结果的正确性和有效性。

3）能检测、识别和校正结构误差和不良数据，并能方便地计及网络结构的变化。

4）能灵活地处理任意类型测量数据的组合，在增加或去掉某些测量时，不需要改变程序。

在状态估计的测量值的收集方式上，可分为同时采样及顺序采样两种方式。当电力系统中所有的测量点在同一瞬间读数，并按一定周期重复这种采样时，则称为同时采样。如 $t_n(n=1,2,\cdots)$ 表示同时采样的时间，则 $Z(t_n)$ 表示相应的测量值。顺序采样是测量点按一定的顺序读数和向计算机送数，故计算机的输入是测量值的时间序列。一次扫描完成后开始另一次，如 $t_k(k=1,2,\cdots)$ 表示每一测量点读数和向计算机送数的时间，则 $Z(t_k)$ 表示相应的测量值。如果两次扫描是连续的，当有 m 个测量点时，则 $Z(t_k)$ 和 $Z(t_{k+m})$ 分别是同一测量点在两次不同扫描时的读数，而 $t_{k+m}-t_k$ 是一次扫描的时间。如果两次采样间隔的时间小于电力系统的时间常数（表示由于正常负荷变化而引起电力系统状态发生明显变化和使其他调节装置响应的时间，一般为 10s 至 10min，但不考虑网络变化或重大的发电方式变化），则可近似地将顺序采样按同时采样进行处理。

在这里只介绍静态状态估计，就是假定测量值按同时采样方式收集。所以，它不需要电力系统状态的时间行为模型，这一假定是需要的，因为任何这种时间行为的模拟都是冗长的，而且有很多不定的因素。

3.2 电力系统运行状态的表征与可观察性

电力系统的运行状态可以用节点电压模值、电压相角、线路有功与无功潮流、节点有功与无功注入等物理量来表示。状态估计的目的就是应用经测量得到的上述物理量通过估计计算来求出能表征系统运行状态的状态变量。

若电力系统的测量量向量为 $\boldsymbol{z}$，它包括支路功率、节点注入功率、节点电压模值等测量量，待求的系统状态量 $\boldsymbol{x}$ 是各节点的电压模值与电压相角。通过网络方程可以从估计出的状态量 $\boldsymbol{x}$ 求出支路功率、节点注入功率等的估计计算值。如果测量有误差，则计算值 $\hat{\boldsymbol{z}}$ 与实际值 $\boldsymbol{z}$ 之间有误差，$\boldsymbol{z}-\hat{\boldsymbol{z}}$ 称为残差向量。

假定状态量有 n 个，测量量有 m 个。各测量量列出的计算方程式有 m 个，当存在测量误差时，通过状态估计由测量量求出的状态量不可能使残差向量为零。但可以得到一个使残差平方和为最小的状态估计值。电力系统静态运行的状态变量，通常取节点电压模值与电压相角。当有一个平衡节点时，N 个节点的电力系统状态变量维数为 $n=2N-1$。如果假定电气接线与参数都已知，根据状态变量就不难求出各支路的有功潮流、无功潮流及所有节点的注入功率。

在估计中，状态变量需借助测量方程式，即联系状态向量与测量量向量之间的函数关系来间接求得。在考虑有测量噪声时，它们之间的关系为

$$\boldsymbol{z}=\boldsymbol{h}(\boldsymbol{x})+\boldsymbol{v} \tag{3.1}$$

式中：$\boldsymbol{z}$ 为 m 维的测量量向量；$\boldsymbol{h}(\boldsymbol{x})$为测量函数向量：

$$\boldsymbol{h}^{\mathrm{T}}(\boldsymbol{x})=[\,\boldsymbol{h}_1(\boldsymbol{x}),\ \boldsymbol{h}_2(\boldsymbol{x}),\cdots\boldsymbol{h}_m(\boldsymbol{x})] \tag{3.2}$$

$\boldsymbol{v}$ 为测量噪声向量，其表达式

$$\boldsymbol{v}^{\mathrm{T}}=[\boldsymbol{v}_1,\boldsymbol{v}_2,\cdots,\boldsymbol{v}_m] \tag{3.3}$$

很容易写出状态变量 $\boldsymbol{x}$ 与支路潮流的非线性函数表达式，称之为节点电压测量方程式；也可以写出节点注入功率与支路潮流的非线性函数表达式，称之为注入功率测量方程式。表 3.1 列出五种基本的测量方式。第一种测量其维数为 $2N-1$，显然没有任何冗余度，这在状态估计中是不实际的。第五种测量方式具有最高的维数和冗余度，但所需的投资太高，也是不现实的。因此，实际电力系统测量方式是第一种到第四种的组合。

表 3.1　五种基本测量方式

测量方式	$\boldsymbol{z}$ 的分量	方程式 $\boldsymbol{h}(\boldsymbol{x})$	$\boldsymbol{z}$ 的维数
(1)	除平衡节点外所有节点的注入功率 P_i、Q_i	式(3.4) 式(3.5)	$2N-2$
(2)	除了(1)的测量外再加上所有节点的电压模值 u_i	式(3.4) 式(3.5) 式(3.8)	$3N-2$
(3)	每条支路两侧的有功、无功潮流 P_{ik}、Q_{ik}、P_{ki}、Q_{ki}	式(3.6) 式(3.7)	$4M$
(4)	除了(3)的测量外，再加上所有节点的电压模值	式(3.6) 式(3.7) 式(3.8)	$4M+N$
(5)	完全的测量系统	式(3.4)至 式(3.9)	$4N-2+4N$

注：N 为节点数；M 为支路数。

表 3.1 中的各种方程式，当用图 3.2 中所标的量并以直角坐标形式表示时，节点注入功率方程式为

$$P_i=e_i\sum_{k=1}^{N}(e_kG_{ik}-f_kB_{ik})+f_i\sum_{k=1}^{N}(f_kG_{ik}+e_kB_{ik}) \tag{3.4}$$

$$Q_i=f_i\sum_{k=1}^{N}(e_kG_{ik}-f_kB_{ik})-e_i\sum_{k=1}^{N}(f_kG_{ik}+e_kB_{ik}) \tag{3.5}$$

由节点 i 到节点 k 的支路潮流为

$$p_{ik} = -[e_i(e_i - e_k) + f_i(f_i - f_k)]g_{ik} + [e_i(f_i - f_k) - f_i(e_i - e_k)]b_{ik} \tag{3.6}$$

$$q_{ik} = [e_i(e_i - e_k) + f_i(f_i - f_k)]b_{ik} + [e_i(f_i - f_k) - f_i(e_i - e_k)]g_{ik} - (e_i^2 + f_i^2)Y_{ik}/2 \tag{3.7}$$

上四式中：e_i、f_i 分别为节点 i 电压的实部与虚部；g_{ik}、b_{ik} 及 Y_{ik} 为图 3.2 所示的 π 形线路元件模型中的参数；而 G_{ik}、B_{ik} 为节点导纳矩阵元素。

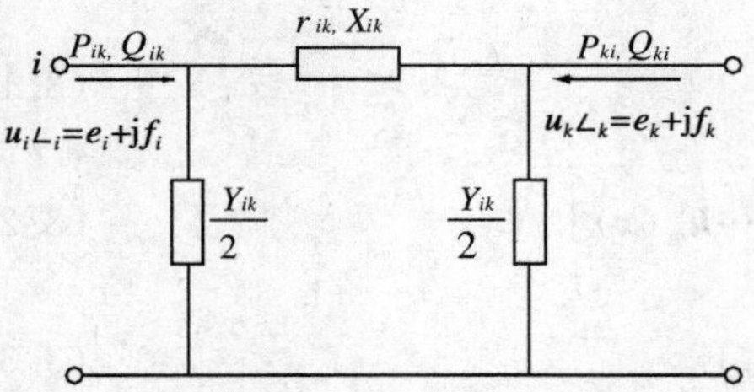

图 3.2　π 形线路元件模型图

e_i、f_i、u_i 和 θ_i 的关系如下

$$\theta_i = \arctan\frac{f_i}{e_i} \tag{3.8}$$

$$u_i^2 = e_i^2 + f_i^2 \tag{3.9}$$

用测量量来估计系统的状态存在若干不正确或不精确的因素，概括起来有以下内容。

1)数学模型不完善　测量数学模型中通常包含有工程性的近似处理。除此以外，还可能存在模型中所采用参数不精确的问题，还有当网络结构变化时，所采用的结构模型不能及时更新。上述问题中属于参数不精确的，通常用参数估计方法来解决；属于网络结构错误的，则采用网络接线错误的检测与辨识来解决。

2)测量系统的系统误差　这是由于仪表不精确，通道不完善所引起的。它的特点是误差恒为正或负而没有随机性。一般这类数据属于不良数据。清除这类误差的方法，主要是依靠提高测量系统的精确性与可靠性，也可以用软件方法来检测与辨识，找出不良数据，并通过增加测量系统的冗余度来补救，但这仅是一种辅助手段。

3)随机误差　这是测量系统中不可避免会出现的。其特点是小误差比大误差出现的概率大，正负误差出现的概率相等，即概率密度曲线对称于零值或误差的数学期望为零。在状态估计式(3.1)和式(3.3)中的误差向量 $\boldsymbol{v}$ 就是指的这种误差。

测量的随机误差或噪声向量 $\boldsymbol{v}$ 是均值为零的高斯白噪声，其概率密度为

$$p(v_i) = \frac{1}{\sqrt{2\pi\sigma_i^2}}e^{-v_i^2/2\sigma_i^2}$$

式中：σ_i 是误差 v_i 的标准差；方差 σ_i^2 越大表示误差大的概率增大。对 z_i 进行多次测量后就可以用协方差 R_i 来表示不同时刻测量数据误差之间均值的相关程度

$$R_i = \sum_{m=-\infty}^{+\infty} v_i(t_k)v_i(t_k - m\Delta t) \tag{3.10}$$

通常当 $m \neq 0$ 时，$R_i = 0$；当 $m = 0$ 时，$R_i = r_{jj}$，这表示不同时间的测量之间是不相关的，在一般情况下，不同测量的误差之间也是不相关的。由于误差的概率密度或协方差很难由测量或计算来确定，因此在实际应用中常用测量设备的误差来确定。测量误差的方差为：

$$\frac{1}{\sigma_i^2} = \frac{1}{r_{ii}} = \frac{K}{\{c_1 \mid z_i \mid + c_2(F)\}^2} \tag{3.11}$$

式中：c_1 为仪表测量误差，一般取 0.01～0.02；c_2 为远动和模数转换的误差，一般取 0.002 5～0.005 5；F 为满刻度时的仪表误差；K 为规格化因子。于是每个测量的方差为 $R_i = r_{ii} = \sigma_i^2$。测量误差的方差阵，可以写成每个测量误差方差的对角阵为

$$\boldsymbol{R}=\begin{bmatrix}\sigma_1^2 & & & \\ & \sigma_2^2 & & \\ & & \ddots & \\ & & & \sigma_m^2\end{bmatrix} \tag{3.12}$$

最后应指出的是电力系统状态能够被表征的必要条件是它的可观察性。如果对系统进行有限次独立的观察(测量),由这些观察向量所确定的状态是唯一的,就称该系统是可观察的。卡尔曼最初提出可观察的概念只是在线性系统范围内,在电力系统的问题中可以由式(3.1)的雅可比矩阵 $\boldsymbol{H}$ 来确定

$$\boldsymbol{H}(\boldsymbol{x})=\left.\frac{\partial \boldsymbol{h}(\boldsymbol{x})}{\partial \boldsymbol{x}}\right|_{x=x_0} \tag{3.13}$$

只要 $m\times n$ 阶测量矩阵 $\boldsymbol{H}$ 的秩为 n,则系统是可观察的,这表示通过测量量可以惟一地确定系统的状态量,或者说,测量点的数量及其分布可以保证系统是可观察的。在非线性系统中,可观察性问题虽然复杂得多,但可观察的一个必要但非充分条件仍是雅可比矩阵 $\boldsymbol{H}$ 的秩等于 n,每一时刻的测量量维数至少应与状态量的维数相等。

电力系统测量需要有较大的冗余度。有冗余度的目的是提高测量系统的可靠性和提高状态估计的精确度。保证可观察性是测量点布置的最低要求。

前面已经说过,电力系统中出现异常大误差的数据,称为不良数据。查找出不良数据,并将其剔除也是建立实时数据库的基本要求。测量具有冗余度则是实现这一工作的基本条件。

3.3　最小二乘估计

前面已经提及,所谓静态估计就是用一定的统计学准则,通过测量向量 $\boldsymbol{z}$ 求出状态向量$\hat{\boldsymbol{x}}$,且使之尽量接近其真值 $\boldsymbol{x}$。于是$\hat{\boldsymbol{x}}$就是一个估计值,估计值与真值之间的误差称为估计误差,表达式为

$$\tilde{\boldsymbol{x}}=\boldsymbol{x}-\hat{\boldsymbol{x}} \tag{3.14}$$

估计误差值 $\tilde{\boldsymbol{x}}$ 是 n 维向量。判断某一估计方法的优劣不是根据$\tilde{\boldsymbol{x}}$中个别分量的估计误差值,而是根据 $\tilde{\boldsymbol{x}}$的整个统计特性来决定的。如果估计量$\hat{\boldsymbol{x}}$的分量大部分密集在真值 $\boldsymbol{x}$ 的附近,则这种估计结果是比较理想的。因此,$\tilde{\boldsymbol{x}}$的二阶原点矩 $\boldsymbol{E}\tilde{\boldsymbol{x}}\tilde{\boldsymbol{x}}^T$ 可以作为衡量估计质量的一种标志。$\boldsymbol{E}\tilde{\boldsymbol{x}}\tilde{\boldsymbol{x}}^T$ 均方误差阵是 $n\times n$ 阶的。如果所用的估计方法是遵循最小方差准则,则称这种方法为最小方差估计。但最小方差估计作为一种统计学的估计方法,要求事先掌握较多的随机变量的统计特性,这在电力系统状态估计实践中是难以做到的,不宜多采用。以下介绍的最小二乘法则是一种非统计学的估计方法。

最小二乘估计是一种在电力系统状态估计中应用最为广泛的方法之一。最早的最小二乘方法是高斯解决天体运动轨迹问题时提出的。这种方法的优点之一是不需要随机变量的任何统计特性,它是以测量值 $\boldsymbol{z}$ 和测量估计值$\hat{\boldsymbol{z}}$之差的平方和最小为目标准则的估计方法。

由于电力系统中的测量函数向量 $\boldsymbol{h}(\boldsymbol{x})$是非线性的向量函数,无法直接求解。如果先假定 $\boldsymbol{h}(\boldsymbol{x})$为线性函数,则

$$h_i(x) = \sum_{j=1}^{n} h_{ij} x_j \tag{3.15}$$

则状态量的值 $\boldsymbol{x}$ 与测量值 $\boldsymbol{z}$ 之间的关系为

$$\boldsymbol{z} = \boldsymbol{H}\boldsymbol{x} + \boldsymbol{v}$$

式中：$\boldsymbol{H}$ 为 m×n 矩阵，其元素为 h_{ij}。

按最小二乘准则建立目标函数

$$\boldsymbol{J}(\boldsymbol{x}) = (\boldsymbol{z} - \boldsymbol{H}\boldsymbol{x})^T(\boldsymbol{z} - \boldsymbol{H}\boldsymbol{x}) \tag{3.16}$$

对目标函数求导数并取其为零，即

$$\frac{\partial \boldsymbol{J}(\boldsymbol{x})}{\partial \boldsymbol{x}} = 0 \tag{3.17}$$

就可以求解出估计量 $\hat{\boldsymbol{x}}$。

在这一方法中，对于任一个测量分量的误差 $(z_i - \sum_j h_{ij} x_j)^2$，不论其值大小，均以相同的机会参加进目标函数，亦即它们在目标函数中所占的分额均相同。但由于各个测量量的量测精度是不一样的，因此它们以同样的权重组成目标函数是不尽合理的。为了提高整个估计值的精度，应该使各个量测量各取一个权值，精度高的测量量权大一些，而精度低的则测量量权小一些。根据这一原理提出了加权最小二乘准则，其目标函数可写成

$$\boldsymbol{J}_W(\boldsymbol{x}) = (\boldsymbol{z} - \boldsymbol{H}\boldsymbol{x})^T\boldsymbol{W}(\boldsymbol{z} - \boldsymbol{H}\boldsymbol{x}) \tag{3.18}$$

式中：$\boldsymbol{W}$ 为一适当选择的加权正定阵，当 $\boldsymbol{W}$ 为单位阵时，式(3.18)就是最小二乘准则，亦即式(3.16)。

假设 $\boldsymbol{W}=\boldsymbol{R}^{-1}$，$\boldsymbol{R}$ 为测量误差方差阵，即式(3.12)。其中各元素为

$$R_i^{-1} = \frac{1}{\sigma_i^2} \tag{3.19}$$

于是目标函数可写成

$$\boldsymbol{J}(\boldsymbol{x}) = [\boldsymbol{z} - \boldsymbol{H}\boldsymbol{x}]^T\boldsymbol{R}^{-1}[\boldsymbol{z} - \boldsymbol{H}\boldsymbol{x}] \tag{3.20}$$

或

$$J(x) = \sum_{i=1}^{m}[z_i - \sum_{j=1}^{n} h_{ij} x_j]^2/\sigma_i^2 \tag{3.21}$$

要使目标函数为最小的条件是

$$\frac{\partial J(x)}{\partial x_k} = -2\sum_{i=1}^{m}\frac{[z_i - \sum_{j=1}^{n} h_{ij} x_j]h_{ik}}{\sigma_i^2} \qquad (k = 1,2,\cdots,n)$$

亦即

$$\sum_{i=1}^{m}\sum_{j=1}^{n}\frac{h_{ik}h_{ij}}{\sigma_i^2}\cdot x_j = \sum_{i=1}^{m}\frac{z_i h_{ik}}{\sigma_i^2} \qquad (k = 1,2,\cdots,n)$$

求解上列方程组，得出 x_j 值。写成矩阵方程式的形式，即

$$(\boldsymbol{H}^T\boldsymbol{R}^{-1}\boldsymbol{H})\,\hat{\boldsymbol{x}} = \boldsymbol{H}^T\boldsymbol{R}^{-1}\boldsymbol{z} \tag{3.22}$$

$$\hat{\boldsymbol{x}} = (\boldsymbol{H}^T\boldsymbol{R}^{-1}\boldsymbol{H})^{-1}\boldsymbol{H}^T\boldsymbol{R}^{-1}\boldsymbol{z}$$

式中：$\hat{\boldsymbol{x}}$ 为状态量的解，亦即估计值。

估计值的估计误差为

$$\boldsymbol{x} - \hat{\boldsymbol{x}} = (\boldsymbol{H}^T\boldsymbol{R}^{-1}\boldsymbol{H})^{-1}\boldsymbol{H}^T\boldsymbol{R}^{-1}(\boldsymbol{H}\boldsymbol{x} - \boldsymbol{z}) = -(\boldsymbol{H}^T\boldsymbol{R}^{-1}\boldsymbol{H})^{-1}\boldsymbol{H}^T\boldsymbol{R}^{-1}\boldsymbol{v} \tag{3.23}$$

由于通常测量误差 $\boldsymbol{v}$ 的均值为零(称为无偏的),所以估计误差的均值为:

$$\boldsymbol{E}(\boldsymbol{x}-\hat{\boldsymbol{x}})=-(\boldsymbol{H}^T\boldsymbol{R}^{-1}\boldsymbol{H})^{-1}\boldsymbol{H}^T\boldsymbol{R}^{-1}\boldsymbol{E}(\boldsymbol{v})=0 \tag{3.24}$$

也是无偏的估计。

在工程应用中往往以估计误差的协方差阵来衡量状态量的估计值与真值之间的差异,估计误差的协方差阵为

$$\boldsymbol{c}=\boldsymbol{E}[(\hat{\boldsymbol{x}}-\boldsymbol{x})(\hat{\boldsymbol{x}}-\boldsymbol{x})^T]=(\boldsymbol{H}^T\boldsymbol{R}^{-1}\boldsymbol{H})^{-1}\boldsymbol{H}^T\boldsymbol{R}^{-1}\boldsymbol{E}(\boldsymbol{v}\boldsymbol{v}^T)\boldsymbol{R}^{-1}\boldsymbol{H}(\boldsymbol{H}^T\boldsymbol{R}^{-1}\boldsymbol{H})^{-1}$$

由于 $\boldsymbol{E}(\boldsymbol{v}\boldsymbol{v}^T)=\boldsymbol{R}$,故估计误差的协方差阵为:

$$\boldsymbol{c}=(\boldsymbol{H}^T\boldsymbol{R}^{-1}\boldsymbol{H})^{-1} \tag{3.25}$$

式中:$[\boldsymbol{H}^T\boldsymbol{R}^{-1}\boldsymbol{H}]$称为信息矩阵。$[\boldsymbol{H}^T\boldsymbol{R}^{-1}\boldsymbol{H}]^{-1}$的对角元随测量量的增多而减小,亦即测量量越多时,估计出来的$\hat{\boldsymbol{x}}$就越准确,反之,当测量越少时,估计出来的状态量误差就越大。若有一个状态量 x_i 未被测量函数向量 $\boldsymbol{H}$ 所包含,则 $\boldsymbol{H}$ 中的 i 列元素就为 0。此时,$[\boldsymbol{H}^T\boldsymbol{R}^{-1}\boldsymbol{H}]$的对角元便有 0 元素,其逆不复存在,因而失去了估计的可能性。

测量量的测量值与估计值的差,称为残差 $\boldsymbol{r}$,表达式为

$$\begin{aligned}\boldsymbol{r}=\boldsymbol{z}-\hat{\boldsymbol{z}}&=\boldsymbol{H}\boldsymbol{x}+\boldsymbol{v}-\boldsymbol{H}\hat{\boldsymbol{x}}=\\&[\boldsymbol{I}-\boldsymbol{H}(\boldsymbol{H}^T\boldsymbol{R}^{-1}\boldsymbol{H})^{-1}\boldsymbol{H}^T\boldsymbol{R}^{-1}]\boldsymbol{v}=\boldsymbol{W}\boldsymbol{v}\end{aligned} \tag{3.26}$$

式中:$\boldsymbol{W}=\boldsymbol{I}-\boldsymbol{H}(\boldsymbol{H}^T\boldsymbol{R}^{-1}\boldsymbol{H})^{-1}\boldsymbol{H}^T\boldsymbol{R}^{-1}$称为残差灵敏度矩阵,为 $m\times m$ 阶阵,它表示了残差 $\boldsymbol{z}-\hat{\boldsymbol{z}}$ 与测量误差 $\boldsymbol{v}$ 之间的关系。

在工程应用中常以残差的协方差阵来衡量测量量估计值$\hat{\boldsymbol{z}}$与实际值 $\boldsymbol{z}$ 之间的差异

$$\begin{aligned}\boldsymbol{E}[(\boldsymbol{z}-\hat{\boldsymbol{z}})(\boldsymbol{z}-\hat{\boldsymbol{z}})^T]&=\boldsymbol{W}\boldsymbol{R}^{-1}\boldsymbol{W}^T=\\&\boldsymbol{W}\boldsymbol{R}-\boldsymbol{W}\boldsymbol{R}\boldsymbol{R}^{-1}\boldsymbol{H}(\boldsymbol{H}^T\boldsymbol{R}^{-1}\boldsymbol{H})\boldsymbol{H}^T=\\&\boldsymbol{W}\boldsymbol{R}\end{aligned} \tag{3.27}$$

测量量的估计值$\hat{\boldsymbol{z}}$与其真值 $\boldsymbol{H}(\boldsymbol{x})$差异的协方差阵为

$$\begin{aligned}\boldsymbol{Q}&=\boldsymbol{E}[\hat{\boldsymbol{z}}-\boldsymbol{H}\boldsymbol{x})(\hat{\boldsymbol{z}}-\boldsymbol{H}\boldsymbol{x})^T]=\\&\boldsymbol{H}\boldsymbol{E}[\hat{\boldsymbol{x}}-\boldsymbol{x})(\hat{\boldsymbol{x}}-\boldsymbol{x})^T]\boldsymbol{H}^T=\\&\boldsymbol{H}\boldsymbol{c}\boldsymbol{H}^T=\boldsymbol{H}(\boldsymbol{H}^T\boldsymbol{R}^{-1}\boldsymbol{H})^{-1}\boldsymbol{H}^T\end{aligned} \tag{3.28}$$

式中:$\boldsymbol{Q}$ 称为测量误差方差阵,其对角元表示测量误差方差的大小。若 $diag\{\boldsymbol{Q}\}<R$,表示状态估计可以提高数据的精度,亦即具有滤波作用。

以上是在 $\boldsymbol{h}(\boldsymbol{x})$为线性函数的前提下讨论的。但一般情况,$\boldsymbol{h}(\boldsymbol{x})$为非线性函数,这就需要用迭代的方法求解。先假定状态量初值为 $\boldsymbol{x}^{(0)}$,使 $\boldsymbol{h}(\boldsymbol{x})$在 $\boldsymbol{x}^{(0)}$处线性化,并用泰勒级数在 $\boldsymbol{x}^{(0)}$附近展开 $\boldsymbol{h}(\boldsymbol{x})$,即

$$\boldsymbol{h}(\boldsymbol{x})=\boldsymbol{h}(\boldsymbol{x}^{(0)})+\boldsymbol{H}(\boldsymbol{x}^{(0)})\Delta\boldsymbol{x}+\cdots \tag{3.29}$$

式中:$\boldsymbol{H}(\boldsymbol{x}^{(0)})$是函数向量 $\boldsymbol{h}(\boldsymbol{x})$的雅可比矩阵,其元素为

$$h_{ij}(x^{(0)})=\left.\frac{\partial h_i}{\partial x_i}\right|_{x=x^{(0)}} \tag{3.30}$$

略去 $\Delta\boldsymbol{x}$ 的高次项,则

$$\boldsymbol{J}(\boldsymbol{x})=[\boldsymbol{z}-\boldsymbol{h}(\boldsymbol{x}^{(0)})-\boldsymbol{H}(\boldsymbol{x}^{(0)})\Delta\boldsymbol{x}]^T\boldsymbol{R}^{-1}[\boldsymbol{z}-\boldsymbol{h}(\boldsymbol{x}^{(0)})-\boldsymbol{H}(\boldsymbol{x}^{(0)}\Delta\boldsymbol{x})] \tag{3.31}$$

取 $\Delta\boldsymbol{z}=\boldsymbol{z}-\boldsymbol{h}(\boldsymbol{x}^{(0)})$ 展开式(3.31),得:

$$J(\boldsymbol{x}) = \Delta z^T[\boldsymbol{R}^{-1} - \boldsymbol{R}^{-1}\boldsymbol{H}(\boldsymbol{x}^{(0)})\boldsymbol{c}(\boldsymbol{x}^{(0)})\boldsymbol{H}^T(\boldsymbol{x}^{(0)})\boldsymbol{R}^{-1}]\Delta z + [\Delta \boldsymbol{x} - \boldsymbol{c}(\boldsymbol{x}^{(0)})\boldsymbol{H}^T(\boldsymbol{x}^{(0)})\boldsymbol{R}^{-1}\Delta z]^T c^{-1}(\boldsymbol{x}^{(0)}) \cdot [\Delta \boldsymbol{x} - \boldsymbol{c}(\boldsymbol{x}^{(0)})\boldsymbol{H}^T(\boldsymbol{X}^{(0)})\boldsymbol{R}^{-1}\boldsymbol{\Delta z}] \tag{3.32}$$

与式(3.25)相似，上式中

$$\boldsymbol{c}(\boldsymbol{x}^{(0)}) = [\boldsymbol{H}^T(\boldsymbol{x}^{(0)})\boldsymbol{R}^{-1}\boldsymbol{H}(\boldsymbol{X}^{(0)})]^{-1} \tag{3.33}$$

式(3.32)右边第一项与 $\Delta\boldsymbol{x}$ 无关，因此欲使 $\boldsymbol{J}(\boldsymbol{x})$ 最小，第二项应为 0，从而有

$$\Delta \hat{\boldsymbol{x}} = \boldsymbol{c}(\boldsymbol{x}^{(0)})\boldsymbol{H}^T(\boldsymbol{x}^{(0)})\boldsymbol{R}^{-1}\Delta z \tag{3.34}$$

由此可得 $$\hat{\boldsymbol{x}} = \boldsymbol{x}^{(0)} + \Delta\hat{\boldsymbol{x}} = \boldsymbol{x}^{(0)} + \boldsymbol{c}(\boldsymbol{x}^{(0)})\boldsymbol{H}^T(\boldsymbol{X}^{(0)})\boldsymbol{R}^{-1}[z - \boldsymbol{h}(\boldsymbol{x}^{(0)})] \tag{3.35}$$

应该指出，只有当 $\boldsymbol{x}^{(0)}$ 充分接近 $\hat{x}$ 时泰勒级数略去高次项后才能是足够近似的。应用式(3.35)作逐次迭代，可以得到 $\hat{\boldsymbol{x}}$。若以(l)表示迭代序号，式(3.34)和式(3.35)可以写成

$$\Delta\hat{\boldsymbol{x}}^{(l)} = [\boldsymbol{H}^T(\hat{\boldsymbol{x}}^{(l)})\boldsymbol{R}^{-1}\boldsymbol{H}(\hat{\boldsymbol{x}}^{(l)})]^{-1}\boldsymbol{H}^T(\hat{\boldsymbol{x}}^{(l)})\boldsymbol{R}^{-1}[z - \boldsymbol{h}(\hat{\boldsymbol{x}}^{(l)})] \tag{3.36}$$

$$\hat{\boldsymbol{x}}^{(l+1)} = \hat{\boldsymbol{x}}^{(l)} + \Delta\hat{\boldsymbol{x}}^{(l)} \tag{3.37}$$

按式(3.36)和式(3.37)进行迭代修正，直到目标函数 $\boldsymbol{J}(\hat{\boldsymbol{x}}^{(l)})$ 接近于最小为止。所采用的收敛判据可以是以下三项中的任一项

(1) $$\max_i|\Delta\hat{\boldsymbol{x}}_i^{(l)}| \leqslant \varepsilon_x \tag{3.38}$$

(2) $$|\boldsymbol{J}(\hat{\boldsymbol{x}}^{(l)}) - \boldsymbol{J}(\hat{\boldsymbol{x}}^{(l-1)})| \leqslant \varepsilon_J \tag{3.39}$$

(3) $$\|\Delta\hat{\boldsymbol{x}}^{(l)}\| \leqslant \varepsilon_a \tag{3.40}$$

上式中：下标 i 表示向量 $\boldsymbol{x}$ 中分量的序号；ε_x 、ε_J 和 ε_a 是三种收敛标准。其中式(3.38)表示状态修正量绝对值最大者小于规定的收敛标准，这是最常用的判据。ε_x 可取标准电压模值的 $10^{-6}\sim10^{-4}$。

经过 l 次迭代满足收敛标准时，求得 $\hat{\boldsymbol{x}}^{(l)}$，即为最优状态估计值 $\hat{\boldsymbol{x}}$。此时测量量的估计值是 $\hat{z}=\boldsymbol{h}(\hat{\boldsymbol{x}})$。

在式(3.35)中如果 $\boldsymbol{x}^{(0)}$ 就是真值，亦即 $\boldsymbol{x}^{(0)}=\boldsymbol{x}$，则状态估计造成的误差为 $\boldsymbol{x}-\hat{\boldsymbol{x}}$，可以得到与式(3.23)相同的表达形式：

$$\boldsymbol{x} - \hat{\boldsymbol{x}} = -\boldsymbol{c}(\boldsymbol{x})\boldsymbol{H}^T(\boldsymbol{x})\boldsymbol{R}^{-1}[z - \boldsymbol{h}(\boldsymbol{x})] \tag{3.41}$$

当 $\boldsymbol{h}(\boldsymbol{x})$ 是 $\boldsymbol{x}$ 的非线性函数时，进行状态估计的步骤如下：

1) 从状态量的初值计算测量函数向量 $\boldsymbol{h}(\boldsymbol{x}^{x(0)})$ 和雅可比矩阵 $\boldsymbol{H}(\boldsymbol{x}^{(0)})$。

2) 由测量量 z 和 $\boldsymbol{h}(\boldsymbol{x}^{(0)})$ 计算残差 $z-\boldsymbol{h}(^{x(0)})$ 并由雅可比矩阵 $H(x^{(l)})$ 计算信息矩阵 $[\boldsymbol{H}^T\boldsymbol{R}^{-1}\boldsymbol{H}]$ 和向量 $\boldsymbol{H}^T\boldsymbol{R}^{-1}[z-\boldsymbol{h}(\boldsymbol{x}^{(l)})]$。

3) 解线性方程式(3.36)求取状态修正量 $\Delta\boldsymbol{x}^{(l)}$，并取其中绝对值最大者 $\max_i|\Delta\boldsymbol{x}_i^{(l)}|$

4) 由式(3.38)检查是否达到收敛标准。

5) 未达到收敛标准，修改状态变量 $\boldsymbol{x}^{(l+1)}=\boldsymbol{x}^{(l)}+\Delta\boldsymbol{x}^{(l)}$，继续迭代计算，直到收敛为止。

6) 将计算结果送入不良数据检测与辨识入口。

图 3.3 是加权最小二乘估计程序框图，其中框 1 应包括输入各测量量的权值。在框 1 中状态变量的初值在实际应用中一般是取前一次状态估计的电压值，这样可以加快迭代的收敛速度。在框 3 中是用现有的状态量 $\boldsymbol{x}^{(l)}$（如电压模值与电压相角）计算 $\boldsymbol{h}(\boldsymbol{u},\theta)$ 及其偏导数 $\boldsymbol{H}(\boldsymbol{u},\theta)$。框 4 是求解电压模值与相角的修正量，并选出 $\max_i|\Delta u_i|$ 及 $\max_i|\Delta\theta_i|$，供框 5 作收敛检查。框

6 是对状态变量作修正并转入下一次迭代。

因为 $\boldsymbol{H}^T\boldsymbol{R}^{-1}\boldsymbol{H}$ 一般为稀疏矩阵，所以可以用稀疏矩阵技巧进行求解。以下先讨论这个矩阵的结构，由式(3.36)可得

$$[\boldsymbol{H}^T(\boldsymbol{x}^{(l)})\boldsymbol{R}^{-1}\boldsymbol{H}(\boldsymbol{x}^{(l)})]\Delta\hat{\boldsymbol{x}} = \boldsymbol{H}^T(\boldsymbol{x}^{(l)})\boldsymbol{R}^{-1}[\boldsymbol{z}-\boldsymbol{h}(\boldsymbol{x}^{(l)})] \quad (3.42)$$

或写成

$$\boldsymbol{A}\boldsymbol{x} = \boldsymbol{b} \quad (3.43)$$

为了求解式(3.43)，先研究一下 $\boldsymbol{A}$ 的特点。$\boldsymbol{A}$ 阵是 $n \times n$ 阶的对称稀疏矩阵，它的结构与导纳矩阵不一样，而取决于网络结构与测点的布置。在式(3.42)中的 $\boldsymbol{H}$ 阵的每一行元素是相应的一个测量量对状态量的偏导数，即式(3.30)。对于连接两个节点(i 和 j)的支路，当其两侧有线路有功、无功测量时，因其测量值只与该支路两端的状态变量有关，所以在 $\boldsymbol{H}$ 阵相应的测量量行中仅在 i 列与 j 列有一对非零元素，于是在 $\boldsymbol{A}$ 阵中就得到非零的 a_{ij} 元素。因此，不论在线路哪一侧，也不论是有功或无功，只要有一个测量就能出现 a_{ij} 元素。

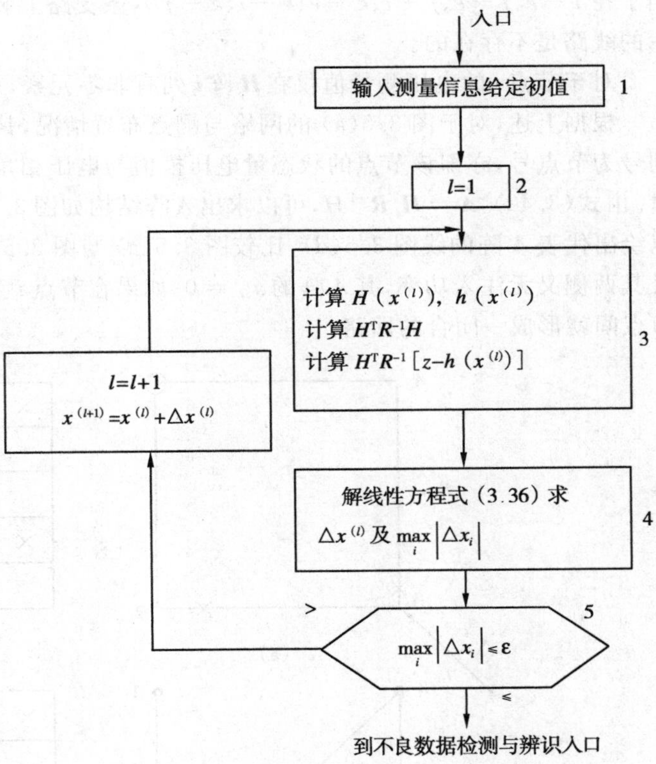

图 3.3　加权最小二乘估计框图

至于节点 i 的有功或无功注入的测量值，它不仅与节点 i 的状态量有关，而且还与同节点 i 有直接连接的相邻节点的状态量有关。对于图 3.4 所示的例子，在 $\boldsymbol{H}$ 阵中，相应于节点 i 注入测量的行(设为 m 行)的 i 列以及与 i 相关的各节点(如 e、j、k)的列均为非零元素，即 h_{me}、h_{mi}、h_{mj}、h_{mk} 为非零元素，即相应的 $\boldsymbol{H}$ 阵为

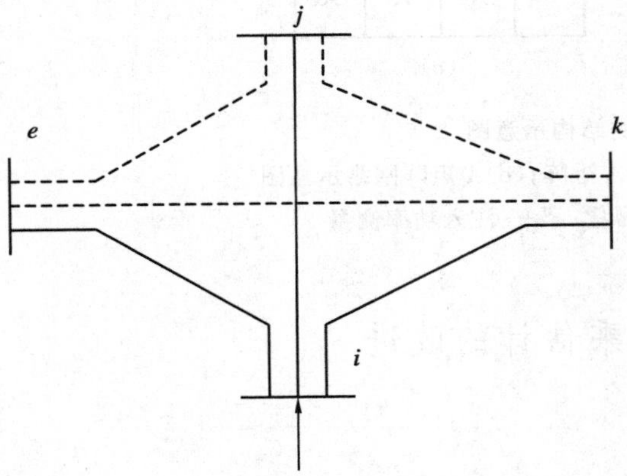

图 3.4　节点注入对 $\boldsymbol{H}$ 阵影响示意图

$$\boldsymbol{H} = \begin{bmatrix} \vdots & & & & & & & & & & \vdots \\ 0 & \cdots & h_{me} & \cdots & h_{mi} & \cdots & h_{mj} & \cdots & h_{mk} & \cdots & 0 \\ \vdots & & & & & & & & & & \vdots \end{bmatrix}$$

根据式(3.42)，可以看出，相应这一测量值，在 $\boldsymbol{A}$ 阵中将使 a_{ie}、a_{je}、a_{ji}、a_{ke}、a_{ki}、a_{kj} 六个非对角元发生变化(由于 A 是对称阵，所以这里仅列出下三角部分)并成为非零元素。它的作用相

当于在 $i-e$、$j-e$、$j-i$、$k-e$、$k-i$、$k-j$ 六条支路上装有测量，而实际上图 3.4 中以虚线表示的线路是不存在的。

对于节点 i 的电压测量值仅在 $\boldsymbol{H}$ 阵 i 列有非零元素，在 $\boldsymbol{A}$ 阵中也只影响相应的 i 行对角元。

根据上述，对于图 3.5(a) 的网络与测点布置情况，其 $\boldsymbol{H}$ 阵的结构如图 3.5(b) 所示，其中列号为节点号，亦即该节点的状态量电压模值与电压相角的序号。网络有 9 个测量量，7 个状态量。由式(3.42)，$\boldsymbol{A}=\boldsymbol{H}^T\boldsymbol{R}^{-1}\boldsymbol{H}$，可以求出 $\boldsymbol{A}$ 阵结构如图 3.5(c) 所示。用图 3.5(c) 的关联关系可以绘出代表 $\boldsymbol{A}$ 阵的线图 3.5(d)，比较图 3.5(a) 与图 3.5(d) 可见，凡没有配置支路功率测量，且其两侧又无注入功率，其 $\boldsymbol{A}$ 阵的 $a_{ij}=0$。如果在节点 i 上有注入功率测量，则与 i 有关联的各节点间就形成一闭合的回路。

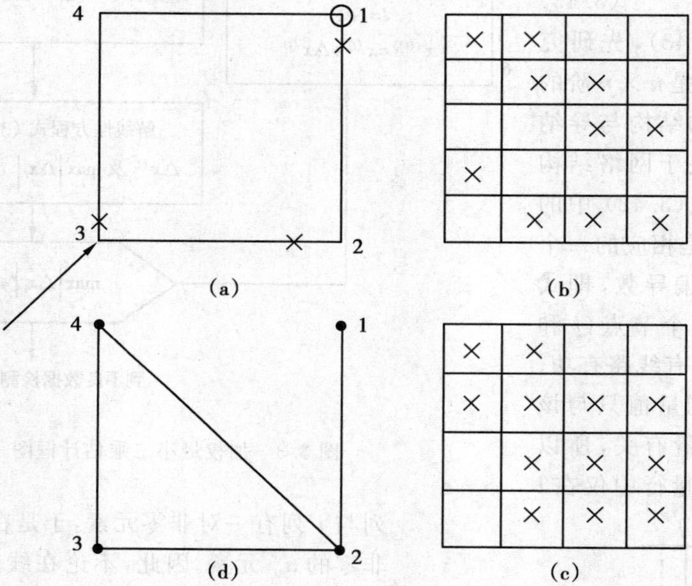

图 3.5　信息矩阵的结构示意图

(a) 系统网络示意图；(b) $\boldsymbol{H}$ 矩阵；(c) $\boldsymbol{A}$ 矩阵；(d) $\boldsymbol{A}$ 矩阵网络示意图

0— 电压测量；× — 支路功率测量；↗ — 注入功率测量

3.4　静态最小二乘估计的改进

3.4.1　快速解耦状态估计

上一节所讨论的加权最小二乘估计算法虽具有良好的收敛性能，但占用内存较大，计算时间也较长，与快速解耦潮流算法一样，由于电力系统的有功潮流与节点电压相角和无功潮流与节点电压模值之间只有很弱的联系，因此可以把状态向量分解成节点电压模值与节点电压相角两部分，即

$$x=\begin{bmatrix}\boldsymbol{\theta}\\ \boldsymbol{u}\end{bmatrix}$$

于是测量量向量也要作相应的变换

$$\boldsymbol{z}^T=[\boldsymbol{z}_a\quad \boldsymbol{z}_r]^T$$

式中：$\boldsymbol{z}_a$ 表示支路有功潮流、节点有功注入测量量向量；$\boldsymbol{z}_r$ 表示支路无功潮流、节点无功注入、节点电压模值的测量向量。

在最小二乘状态估计算法的式(3.42)中，如果把信息矩阵常数化，在迭代过程中就只需进行一次三角因子分解。如果再使之对角化，就可以进一步提高计算的效率，快速解耦状态估计就是在这个思想基础上建立的。

将测量向量 $\boldsymbol{z}$ 和状态量的非线性函数 $\boldsymbol{h}$ 分解为有功与无功两部分后，式(3.1)可写成下列形式

$$\boldsymbol{z}=\begin{bmatrix}\boldsymbol{z}_a\\ \boldsymbol{z}_r\end{bmatrix}=\begin{bmatrix}\boldsymbol{h}_a(\theta,\boldsymbol{u})\\ \boldsymbol{h}_r(\theta,\boldsymbol{u})\end{bmatrix}+\begin{bmatrix}\boldsymbol{v}_a\\ \boldsymbol{v}_r\end{bmatrix}$$

其偏导数可表示为

$$\frac{\partial \boldsymbol{h}}{\partial \boldsymbol{x}}=\boldsymbol{H}(\boldsymbol{\theta},\boldsymbol{u})=\begin{bmatrix}\dfrac{\partial \boldsymbol{h}_a}{\partial \boldsymbol{\theta}} & \dfrac{\partial \boldsymbol{h}_a}{\partial \boldsymbol{u}}\\ \dfrac{\partial \boldsymbol{h}_r}{\partial \boldsymbol{\theta}} & \dfrac{\partial \boldsymbol{h}_r}{\partial \boldsymbol{u}}\end{bmatrix}=\begin{bmatrix}\boldsymbol{H}_{aa} & \boldsymbol{H}_{ar}\\ \boldsymbol{H}_{ra} & \boldsymbol{H}_{rr}\end{bmatrix}\tag{3.44}$$

同时，对角权矩阵也相应地分解成为有功与无功两部分，即：

$$\boldsymbol{R}^{-1}=\begin{bmatrix}\boldsymbol{R}_a^{-1} & \boldsymbol{0}\\ \boldsymbol{0} & \boldsymbol{R}_r^{-1}\end{bmatrix}\tag{3.45}$$

于是信息矩阵可以写成：

$$\begin{aligned}\boldsymbol{H}^T\boldsymbol{R}^{-1}\boldsymbol{H}&=\begin{bmatrix}\boldsymbol{H}_{aa}^{-1} & \boldsymbol{H}_{ra}^{-1}\\ \boldsymbol{H}_{ar}^{-1} & \boldsymbol{H}_{rr}^{-1}\end{bmatrix}\begin{bmatrix}\boldsymbol{R}_a^{-1} & \\ & \boldsymbol{R}_r^{-1}\end{bmatrix}\begin{bmatrix}\boldsymbol{H}_{aa} & \boldsymbol{H}_{ar}\\ \boldsymbol{H}_{ra} & \boldsymbol{H}_{rr}\end{bmatrix}=\\ &\begin{bmatrix}\boldsymbol{H}_{aa}^T\boldsymbol{R}_a^{-1}\boldsymbol{H}_{aa}+\boldsymbol{H}_{ra}^{-1}\boldsymbol{R}_r^{-1}\boldsymbol{H}_{ra} & \boldsymbol{H}_{aa}^T\boldsymbol{R}_a^{-1}\boldsymbol{H}_{ar}+\boldsymbol{H}_{ra}^T\boldsymbol{R}_r^{-1}\boldsymbol{H}_{rr}\\ \boldsymbol{H}_{ar}^T\boldsymbol{R}_a^{-1}\boldsymbol{H}_{aa}+\boldsymbol{H}_{rr}^T\boldsymbol{R}_r^{-1}\boldsymbol{H}_{ra} & \boldsymbol{H}_{aa}^T\boldsymbol{R}_a^{-1}\boldsymbol{H}_{ar}+\boldsymbol{H}_{rr}^T\boldsymbol{R}_r^{-1}\boldsymbol{H}_{rr}\end{bmatrix}\end{aligned}\tag{3.46}$$

当考虑到有功与电压相角和无功与电压模值间的解耦关系时，式(3.46)中 $\boldsymbol{H}_{ar}\approx 0$ 及 $\boldsymbol{H}_{ra}\approx 0$，于是可以得到对角矩阵

$$\boldsymbol{H}^T\boldsymbol{R}^{-1}\boldsymbol{H}=\begin{bmatrix}\dfrac{\partial \boldsymbol{h}_a}{\partial \boldsymbol{\theta}}^T\boldsymbol{R}_a{}^{-1}\dfrac{\partial \boldsymbol{h}_a}{\partial \boldsymbol{\theta}} & \boldsymbol{0}\\ \boldsymbol{0} & \dfrac{\partial \boldsymbol{h}_r}{\partial \boldsymbol{u}}^T\boldsymbol{R}_r{}^{-1}\dfrac{\partial hr}{\partial \boldsymbol{u}}\end{bmatrix}$$

如果再假定各支路两端的相角差很小，各节点电压模值接近于 U_0，亦即认为节点 i 与 j 的连接支路具有下列特性

$$\sin\theta_{ij}\approx 0,\cos\theta_{ij}\approx 1,U_i\approx U_j\approx U_0$$

于是信息矩阵就变为常数矩阵，可以不必在迭代过程中加以修改。再进一步假定线路电抗大大超过线路电阻，并认为节点对地并联支路对有功功率变化的影响可以忽略，于是信息矩阵为

$$\boldsymbol{H}^T\boldsymbol{R}^{-1}\boldsymbol{H}=\begin{bmatrix}U_0^2[(-\boldsymbol{B}_a)^T\boldsymbol{R}_a{}^{-1}(-\boldsymbol{B}_a)] & \boldsymbol{0}\\ \boldsymbol{0} & U_0^2[(-\boldsymbol{B}_r)^T\boldsymbol{R}_r{}^{-1}(-\boldsymbol{B}_r)]\end{bmatrix}=\begin{bmatrix}\boldsymbol{A} & \boldsymbol{0}\\ \boldsymbol{0} & \boldsymbol{B}\end{bmatrix}\tag{3.47}$$

式中：U_0 为系统平衡节点电压模值；$\boldsymbol{B}_a$ 为其元素直接取支路电抗倒数，并忽略非标准变压器变比及线路对地电容；$\boldsymbol{B}_r$ 为其元素由支路导纳的虚部组成。式(3.47)就是与状态量变化无关，有功无功解耦的常数信息矩阵。

以上只是讨论了式(3.42)的左边。如果把式(3.44)再代入式(3.42)右侧，则迭代的修正方程式可以写成

$$\boldsymbol{A}\Delta\boldsymbol{\theta}^{(l)} = \boldsymbol{a}^{(l)} \tag{3.48}$$

$$\boldsymbol{B}\Delta\boldsymbol{u}^{(l)} = \boldsymbol{b}^{(l)} \tag{3.49}$$

其中

$$\boldsymbol{a}^{(l)} = \left[\frac{\partial \boldsymbol{h}_a^T}{\partial \boldsymbol{\theta}} \quad \frac{\partial \boldsymbol{h}_r^T}{\partial \boldsymbol{\theta}}\right]\boldsymbol{R}^{-1}[\boldsymbol{z} - \boldsymbol{h}(\boldsymbol{\theta},\boldsymbol{u})]\big|_{\theta=\theta^{(l)},u=u^{(l)}} \tag{3.50}$$

$$\boldsymbol{b}^{(l)} = \left[\frac{\partial \boldsymbol{h}_a^T}{\partial \boldsymbol{u}} \quad \frac{\partial \boldsymbol{h}_r^T}{\partial \boldsymbol{u}}\right]\boldsymbol{R}^{-1}[\boldsymbol{z} - \boldsymbol{h}(\boldsymbol{\theta},\boldsymbol{u})]\big|_{\theta=\theta^{(l)},u=u^{(l)}} \tag{3.51}$$

式中：$\boldsymbol{a}^{(l)}$ 为节点电压相角的向量；$\boldsymbol{b}^{(l)}$ 为节点电压模值的向量。

方程式(3.48)和式(3.49)的方法，也称为快速解耦状态估计算法分解估计算法。当有功测量的维数为 $\boldsymbol{m}_a$，无功测量的维数为 $\boldsymbol{m}_r$，状态量 $\boldsymbol{\theta}$、$\boldsymbol{u}$ 的维数是网络节点数中减去平衡节点的状态量数，分别为 n_a、n_r。于是 $\boldsymbol{H}_{aa}$ 是 $m_a \times n_a$ 阶的，$\boldsymbol{H}_{rr}$ 是 $m_r \times n_r$ 阶的，$\boldsymbol{B}$ 是 $n_r \times n_r$ 阶常数对称矩阵，$\boldsymbol{A}$ 是 $n_a \times n_a$ 阶的常数对称矩阵，$\boldsymbol{a}^{(l)}$ 是 n_a 维向量，$\boldsymbol{b}^{(l)}$ 是 n_r 维向量。

为了进一步加快速度，可对式(3.48)和式(3.49)右边也作和上述类似的简化。这种方法，也称为模分解估计算法。其简化式为

$$\boldsymbol{a}^{(l)} = \boldsymbol{U}_0^2(-\boldsymbol{B}_a)^T\boldsymbol{R}_a{}^{-1}[\boldsymbol{z}_a - \boldsymbol{h}_a(\boldsymbol{u},\boldsymbol{\theta})]\Big|_{\substack{\theta=\theta^{(l)} \\ u=u^{(l)}}} \tag{3.52}$$

$$\boldsymbol{b}^{(l)} = \boldsymbol{U}_0^2(-\boldsymbol{B}_r)^T\boldsymbol{R}_r{}^{-1}[\boldsymbol{z}_r - \boldsymbol{h}_r(\boldsymbol{u},\boldsymbol{\theta})]\Big|_{\substack{\theta=\theta^{(l)} \\ u=u^{(l)}}} \tag{3.53}$$

快速解耦法状态估计程序框图如图 3.6 所示，其中框 1 为输入测量数据；框 2 为给定初值；框 3 为应用式(3.45)～式(3.47)求出 $\boldsymbol{A}$ 与 $\boldsymbol{B}$，并进行三角分解；框 4 中 KP 与 KQ 分别为有功、无功迭代的收敛标志，1 为未收敛，0 为收敛，并置 $KP=KQ=1$；框 5 为用式(3.52)和式(3.48)进行有功迭代；在框 6 中检查有功迭代是否收敛；若不收敛则由框 7 置 $KP=1$，并修正 $\boldsymbol{\theta}$ 值；若收敛则由框 8 给出 $KP=0$，随即转入框 9 检查无功迭代标志；如果无功迭代也已经收敛，则程序转出口，否则进入框 10，开始进行无功迭代；框 10～框 14 的内容与有功迭代相仿，不再详述。

若有功、无功迭代都已收敛，则程序转出口，否则由框 15 返回框 5，作下一次迭代。

例 3.1　在图 3.7 所示的三节点电力系统中，测量量及其测量误差为：$S_1 = P_1 + jQ_1 = 12 - j24$ MAV，$S_2 = P_2 + jQ_2 = 21 - j24$ MVA，$S_3 = P_3 + jQ_3 = -30 + j50$ MVA，$R_1{}^{-1} = 3$，$R_2{}^{-1} = 5$，$R_3{}^{-1} = 2$，线路参数标明在图 3.7 上。若取基准值为 100 MVA，试作状态估计计算。

解　取平衡节点电压 U_1 为 1.05p.u.，则节点 1 的注入功率计算公式为

$$P_1 + jQ_1 = u_1 I_1{}^* = u_1(I_{12}^* + I_{13}^*) =$$

$$u_1\left(\frac{u_1 - u_2 e^{-j\theta_2}}{-jX_{12}} + \frac{u_1 - u_3 e^{-j\theta_3}}{-jX_{13}}\right)$$

于是　$P_1 = -\dfrac{u_1 u_2 \sin\theta_2}{X_{12}} - \dfrac{u_1 u_3 \sin\theta_3}{X_{13}}$

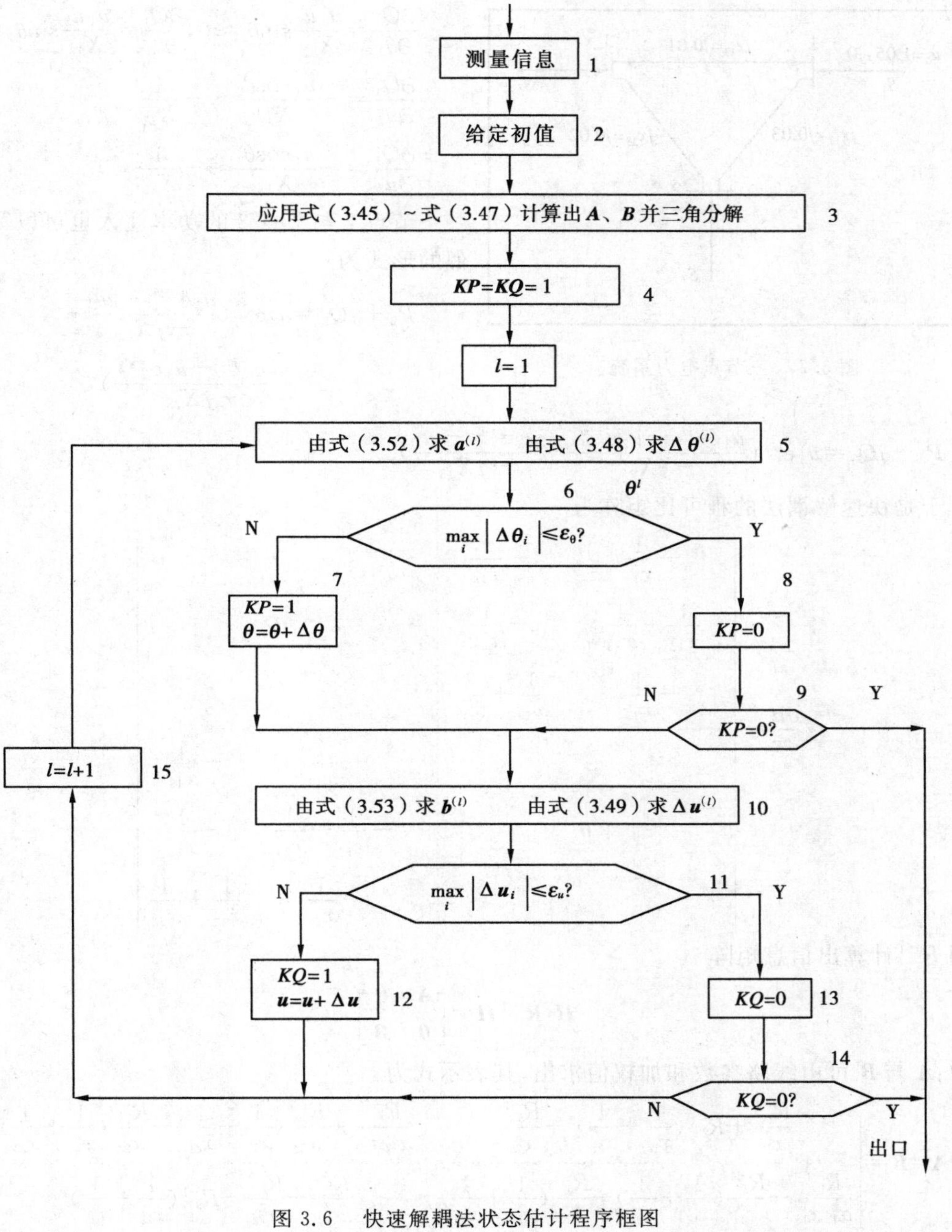

图 3.6　快速解耦法状态估计程序框图

$$Q_1=\frac{u_1^2}{X_{12}}-\frac{u_1u_2\cos\theta_2}{X_{12}}+\frac{u_1^2}{X_{13}}-\frac{u_1u_3\cos\theta_3}{X_{13}}$$

$$\frac{\partial P_1}{\partial\theta_2}=-\frac{u_1u_2\cos\theta_2}{X_{12}}\approx-\frac{1}{X_{12}}$$

$$\frac{\partial P_1}{\partial\theta_3}=-\frac{u_1u_3\cos\theta_3}{X_{13}}\approx-\frac{1}{X_{13}}$$

$$\frac{\partial P_1}{\partial u_2}=-\frac{u_1\sin\theta_2}{X_{12}}\approx0,\frac{\partial P_1}{\partial u_3}=-\frac{u_1\sin\theta_3}{X_{13}}\approx0$$

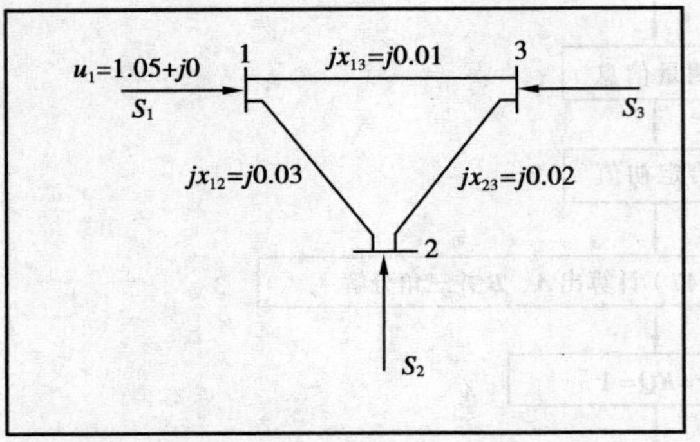

图 3.7　三节点电力系统

$$\frac{\partial Q_1}{\partial \theta_2}=\frac{u_1 u_2}{X_{12}}\sin\theta_2 \approx 0,\ \frac{\partial Q_1}{\partial \theta_3}=\frac{u_1 u_3}{X_{13}}\sin\theta_3 \approx 0$$

$$\frac{\partial Q_1}{\partial u_2}=-\frac{u_1\cos\theta_2}{X_{12}}\approx -\frac{1}{X_{12}}$$

$$\frac{\partial Q_1}{\partial u_3}=-\frac{u_1\cos\theta_3}{X_{13}}\approx -\frac{1}{X_{13}}$$

节点 2 与节点 3 的功率注入也可以写成类似的形式为

$$P_2+jQ_2=u_2 e^{j\theta_2}\left(\frac{u_2 e^{-j\theta_2}-u_1}{-jX_{12}}+\frac{u_2 e^{-j\theta_2}-u_3 e^{-j\theta_3}}{-jX_{23}}\right)$$

$$P_3+jQ_3=u_3 e^{j\theta_3}\left(\frac{u_3 e^{-j\theta_3}-u_2 e^{-j\theta_3}}{-jX_{23}}+\frac{u_3 e^{-j\theta_3}-u_1}{-jX_{13}}\right)$$

于是快速解耦法的雅可比矩阵为

$$\frac{\partial \boldsymbol{h}}{\partial \boldsymbol{x}}=\left[\begin{array}{cc:cc}
-\frac{1}{x_{12}} & -\frac{1}{x_{13}} & & \\
\frac{1}{x_{12}}+\frac{1}{x_{23}} & -\frac{1}{x_{23}} & \multicolumn{2}{c}{\boldsymbol{0}} \\
-\frac{1}{x_{23}} & \frac{1}{x_{13}}+\frac{1}{x_{23}} & & \\
\hdashline
 & & -\frac{1}{x_{12}} & -\frac{1}{x_{13}} \\
\multicolumn{2}{c:}{\boldsymbol{0}} & -\frac{1}{x_{12}}-\frac{1}{x_{23}} & -\frac{1}{x_{23}} \\
 & & -\frac{1}{x_{23}} & \frac{1}{x_{13}}+\frac{1}{x_{23}}
\end{array}\right]$$

再用 R^{-1} 计算出信息矩阵

$$\boldsymbol{H}^T\boldsymbol{R}^{-1}\boldsymbol{H}=\left[\begin{array}{c:c}\boldsymbol{A} & \boldsymbol{0}\\ \hdashline \boldsymbol{0} & \boldsymbol{B}\end{array}\right]$$

式中:$\boldsymbol{A}$ 与 $\boldsymbol{B}$ 可由线路参数和加权值求出,其表示式为

$$\boldsymbol{A}=\boldsymbol{B}=\left[\begin{array}{c:c}
\frac{R_1^{-1}}{x_{12}^2}+R_2^{-1}\left(\frac{1}{x_{12}}+\frac{1}{x_{23}}\right)^2+\frac{R_3^{-1}}{x_{23}^2} & \frac{R_1^{-1}}{x_{12}x_{13}}+\frac{R_2^{-1}}{x_{23}}\left(\frac{1}{x_{12}}+\frac{1}{x_{23}}\right)-\frac{R_3^{-1}}{x_{23}}\left(\frac{1}{x_{13}}+\frac{1}{x_{23}}\right) \\
\hdashline
\frac{R_1^{-1}}{x_{12}x_{13}}-\frac{R_2^{-1}}{x_{23}}\left(\frac{1}{x_{12}}+\frac{1}{x_{23}}\right)-\frac{R_3^{-1}}{x_{23}}\left(\frac{1}{x_{12}}+\frac{1}{x_{23}}\right) & \frac{R_1^{-1}}{x_{13}^2}+\frac{R_2^{-1}}{x_{23}^2}+R_3^{-1}\left(\frac{1}{x_{13}}+\frac{1}{x_{23}}\right)^2
\end{array}\right]$$

有功测量向量与无功测量向量写成标么值后分别为

$$\boldsymbol{P_M}=[0.12\quad 0.21\quad -0.30]^T$$

$$\boldsymbol{Q_M}=[-0.24\quad -0.24\quad 0.50]^T$$

于是迭代方程式为

$$\begin{bmatrix}\theta_2\\ \theta_3\end{bmatrix}^{(l+1)}=\begin{bmatrix}\theta_2\\ \theta_3\end{bmatrix}^{(l)}+\boldsymbol{A}^{-1}\frac{\partial \boldsymbol{P}^{\boldsymbol{T}}}{\partial \boldsymbol{\theta}}\boldsymbol{R}_a^{-1}\begin{bmatrix}0.12-P_1(\boldsymbol{\theta}^{(l)},\boldsymbol{u}^{(l)})\\ 0.21-P_2(\boldsymbol{\theta}^{(l)},\boldsymbol{u}^{(l)})\\ -0.30-P_3(\boldsymbol{\theta}^{(l)},\boldsymbol{u}^{(l)})\end{bmatrix}$$

$$\begin{bmatrix} u_2 \\ u_3 \end{bmatrix}^{(l+1)} = \begin{bmatrix} u_2 \\ u_3 \end{bmatrix}^{(l)} + \boldsymbol{B}^{-1}\frac{\partial \boldsymbol{Q}^T}{\partial \boldsymbol{u}}\boldsymbol{R}_r^{-1}\begin{bmatrix} -0.24-Q_1(\boldsymbol{\theta}^{(l)},\boldsymbol{u}^{(l)}) \\ -0.24-Q_2(\boldsymbol{\theta}^{(l)},\boldsymbol{u}^{(l)}) \\ 0.50-Q_3(\boldsymbol{\theta}^{(l)},\boldsymbol{u}^{(l)}) \end{bmatrix}$$

从初值电压开始的迭代结果如下：

迭代序号 l	θ_2(rad)	θ_3(rad)	U_2	U_3
1	0.001 490	−0.001 600	1.048 792	1.052 866
2	0.001 338	−0.001 431	1.048 850	1.052 718
3	0.001 354	−0.001 449	1.048 847	1.052 726

最后，按状态量的估计值，计算出三个节点注入功率估计值的标么值如下：

$$P_1+jQ_1=0.110\ 51-j0.245\ 72$$
$$P_2+jQ_2=0.204\ 39-j0.243\ 46$$
$$P_3+jQ_3=-0.314\ 9-j0.492\ 5$$

3.4.2　正交变换法

在电力系统状态估计中感兴趣的问题是，哪些测量量对提高估计精度是最有利的，或者说一组已有的测量中应增加哪些新的测量量，就可以取得最佳估计效果。现用一个二维的例子来作分析如下

$$\begin{bmatrix} z_1 \\ z_2 \end{bmatrix} = \begin{bmatrix} 1 & -1 \\ \alpha_1 & \alpha_2 \end{bmatrix}\begin{bmatrix} x_1 \\ x_2 \end{bmatrix} + \begin{bmatrix} \nu_1 \\ \nu_2 \end{bmatrix} \tag{3.54}$$

其中，观察矩阵的转置为

$$\boldsymbol{H}^T = \begin{bmatrix} 1 & \alpha_1 \\ -1 & -\alpha_2 \end{bmatrix} = [\boldsymbol{s}_1 \quad \boldsymbol{s}_2] \tag{3.55}$$

式中：$\boldsymbol{H}^T$ 的秩在 $\alpha \neq \alpha_2$ 时为 2。当不考虑测量误差 ν 时，将 $\boldsymbol{s}_1$、$\boldsymbol{s}_2$ 绘成图形，如图 3.8 所示。由式(3.54)并且忽略测量误差后得

$$\begin{bmatrix} x_1 \\ x_2 \end{bmatrix} = \frac{1}{\alpha_1-\alpha_2}\begin{bmatrix} -\alpha_2 & 1 \\ -\alpha_1 & 1 \end{bmatrix}\begin{bmatrix} z_1 \\ z_2 \end{bmatrix} \tag{3.56}$$

由式(3.56)可以看出，当 α_1 接近于 α_2 时，此两方程式差别很小，于是其差值的倒数项很大，导致测量量 z 的不精确性放大，使估计值 $\boldsymbol{x}$ 误差增大。当 z 等于零时，计及测量误差，则式(3.54)中的两个方程式交叉的解如图 3.9 所示的阴影部分。显然，若式(3.54)中两个方程式正交，则阴影面积最小。在这个二维例子中，若要求增加一个测量，使得测量的估计值误差可以达到最小。显而易见，其最佳选择应是最正交于 $\boldsymbol{s}_1$、$\boldsymbol{s}_2$ 的向量 $\boldsymbol{s}_3$，如图 3.8 所示。

根据以上讨论，产生了如何求出最正交方程式的问题。所谓最正交单位向量 $\boldsymbol{u}$，即 $\boldsymbol{u}\boldsymbol{u}^T=1$。正规化 $\boldsymbol{H}^T$ 矩阵，将其列向量的模值规格化，保留角度关系，于是正规化的矩阵为

$$\boldsymbol{H}_n^T = [\boldsymbol{\omega}_1 \quad \boldsymbol{\omega}_2 \quad \cdots \quad \boldsymbol{\omega}_m] \tag{3.57}$$

定义一个函数 L 为

$$L = (\boldsymbol{\omega}_1^T\boldsymbol{u})^2 + (\boldsymbol{\omega}_2^T\boldsymbol{u})^2 + \cdots + (\boldsymbol{\omega}_m^T\boldsymbol{u})^2 \tag{3.58}$$

若 $\boldsymbol{u}$ 的方向使内积之和 L 为最小，则式(3.58)得：

$$L = (\boldsymbol{\omega}_1^T\boldsymbol{u})^T(\boldsymbol{\omega}_1^T\boldsymbol{u}) + (\boldsymbol{\omega}_2^T\boldsymbol{u})^T(\boldsymbol{\omega}_2^T\boldsymbol{u}) + \cdots + (\boldsymbol{\omega}_m^T\boldsymbol{u})^T(\boldsymbol{\omega}_m^T\boldsymbol{u}) =$$

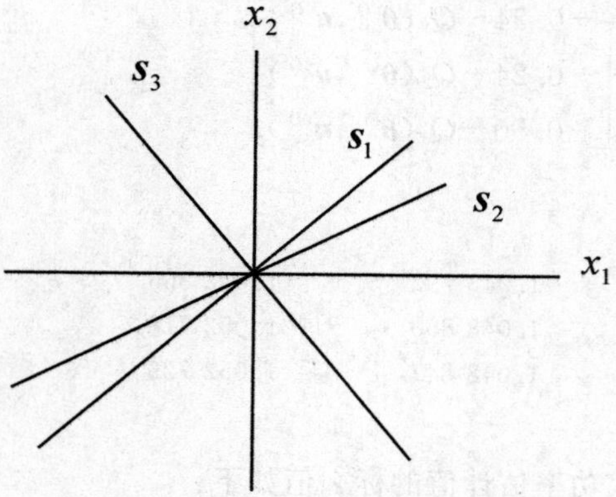

图 3.8　s_1、s_2 向量及其正交向量 s_3 示意图

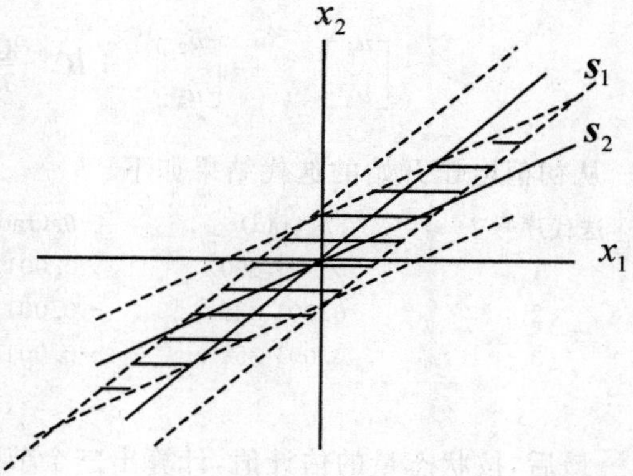

图 3.9　含误差时向量 s_1、s_2 的交叉图

$$\boldsymbol{u}^T(\boldsymbol{\omega}_1\boldsymbol{\omega}_1^T+\boldsymbol{\omega}_2\boldsymbol{\omega}_2^T+\cdots+\boldsymbol{\omega}_m\boldsymbol{\omega}_m^T)\boldsymbol{u} \tag{3.59}$$

将式(3.57)代入式(3.59)得

$$L=\boldsymbol{u}^T\boldsymbol{H}_n^T\boldsymbol{H}_n\boldsymbol{u} \tag{3.60}$$

为了使 L 最小,可以采用 Lagrange 乘子形成函数

$$V=\boldsymbol{u}^T\boldsymbol{H}_n^T\boldsymbol{H}_n\boldsymbol{u}-\lambda(\boldsymbol{u}^T\boldsymbol{u}-\boldsymbol{I}) \tag{3.61}$$

最小化条件为

$$\frac{\partial V}{\partial \boldsymbol{u}}=0 \tag{3.62}$$

$$\frac{\partial}{\partial \boldsymbol{u}}[\boldsymbol{u}^T\boldsymbol{H}_n^T\boldsymbol{H}_n\boldsymbol{u}-\lambda(\boldsymbol{u}^T\boldsymbol{u}-\boldsymbol{I})]=\boldsymbol{0} \tag{3.63}$$

由微分算法关系$\partial(\boldsymbol{x}^T\boldsymbol{B}\boldsymbol{x})/\partial\boldsymbol{x}=2\boldsymbol{B}\boldsymbol{x}$,其中 $\boldsymbol{B}$ 为对称矩阵,所以式(3.63)为 $2\boldsymbol{H}_n^T\boldsymbol{H}_n\boldsymbol{u}-\lambda2\boldsymbol{I}\boldsymbol{u}=0$,即

$$(\boldsymbol{H}_n^T\boldsymbol{H}_n-\boldsymbol{\lambda}\boldsymbol{I})\boldsymbol{u}=\boldsymbol{0} \tag{3.64}$$

式中:$\boldsymbol{I}$ 为单位矩阵。

联立的代数方程式,当且仅当矩阵 $\boldsymbol{H}_n^T\boldsymbol{H}_n=\lambda\boldsymbol{I}$ 是奇异的,方程式才具有非平凡解,亦即若 $det(\boldsymbol{H}_n^T\boldsymbol{H}_n-\lambda\boldsymbol{I})=0$,其 n 个根即为 $\boldsymbol{H}_n^T\boldsymbol{H}_n$ 的特征根,而且对应于每个特征值 λ,均具有至少一个非平凡解 $\boldsymbol{u}_i$,这个解就是特征向量。

如果 $\boldsymbol{\xi}_i$ 是式(3.64)的特征值 λ_i 的特征向量,则代入式(3.60)得到待求函数为:

$$L_\xi=\boldsymbol{\xi}_i^T\boldsymbol{H}_n^T\boldsymbol{H}_n\boldsymbol{\xi}_i \tag{3.65}$$

由式(3.64)可以看出

$$L_\xi=\boldsymbol{\xi}_i^T(\boldsymbol{H}_n^T\boldsymbol{H}_n)\boldsymbol{\xi}_i=\boldsymbol{\xi}_i^T\boldsymbol{\lambda}_i\boldsymbol{I}\boldsymbol{\xi}_i=\boldsymbol{\lambda}_i\boldsymbol{\xi}_i^T\boldsymbol{\xi}_i=\lambda_i \tag{3.66}$$

所以最小的待求函数,即为对应于最小特征值 λ_i;而最正交向量,即是对应于此特征值的特征向量。

在最小二乘估计中,假定观察矩阵 $\boldsymbol{H}$ 的最正交向量为 $\boldsymbol{u}$,则增加的测量向量方向应最靠近其正交向量。当这个测量是电压模值,则可以直接增加。若是电压相角,则必须用另外一组潮流或注入功率的测量量来代替。在测点布置时应尽可能选择那些可使状态估计取得最好效果的测量量。

例 3.2　线性测量方程为

$$z=\begin{bmatrix}z_1\\z_2\end{bmatrix}=\boldsymbol{Hx}+\boldsymbol{v}=\begin{bmatrix}1&2\\2&1\end{bmatrix}\begin{bmatrix}x_1\\x_2\end{bmatrix}+\begin{bmatrix}\nu_1\\\nu_2\end{bmatrix}$$

试增加一个新的测量，以提高状态估计的品质，设已知 $\boldsymbol{R}=\mathrm{diag}[1\quad 1]$。

解　状态估计目标函数为

$$J(x)=[\boldsymbol{z}-\boldsymbol{Hx}]^T\boldsymbol{R}^{-1}[\boldsymbol{z}-\boldsymbol{Hx}]$$

最小化得估计值为

$$\hat{\boldsymbol{x}}=\begin{bmatrix}\hat{x}_1\\\hat{x}_2\end{bmatrix}=[\boldsymbol{H}^T\boldsymbol{R}^{-1}\boldsymbol{H}]^{-1}\boldsymbol{H}^{-1}\boldsymbol{R}^{-1}\boldsymbol{z}=\begin{bmatrix}-\frac{1}{3}&\frac{2}{3}\\\frac{2}{3}&-\frac{1}{3}\end{bmatrix}\begin{bmatrix}z_1\\z_2\end{bmatrix}$$

设 λ 为矩阵 $\boldsymbol{H}^T\boldsymbol{H}$ 的特征根，则

$$\det\left[\boldsymbol{H}^T\boldsymbol{H}-\begin{bmatrix}\lambda&0\\0&\lambda\end{bmatrix}\right]=\det\left[\begin{bmatrix}5&4\\4&5\end{bmatrix}-\begin{bmatrix}\lambda&0\\0&\lambda\end{bmatrix}\right]=0$$

即
$$\lambda^2-10\lambda+9=(\lambda-1)(\lambda-9)=0$$

由此可见，最小特征根为 $\lambda_1=1$，相应的特征向量 $\boldsymbol{u}$ 应满足方程

$$\left[\boldsymbol{H}^T\boldsymbol{H}-\begin{bmatrix}\lambda&0\\0&\lambda\end{bmatrix}\right]\begin{bmatrix}u_1\\u_2\end{bmatrix}=\begin{bmatrix}0\\0\end{bmatrix}$$

$$\begin{bmatrix}4&4\\4&4\end{bmatrix}\begin{bmatrix}u_1\\u_2\end{bmatrix}=\begin{bmatrix}0\\0\end{bmatrix}$$

可以求出新增加的测量量最正交的系数向量为

$$\boldsymbol{u}^T=\begin{bmatrix}\frac{1}{\sqrt{2}}&\frac{-1}{\sqrt{2}}\end{bmatrix}$$

新增加的测量量 z_3 与状态量 x_1、x_2 的关系为

$$z_3=\frac{x_1}{\sqrt{2}}-\frac{x_2}{\sqrt{2}}+\boldsymbol{v}_3$$

扩充后的测量方程式组为

$$z=\begin{bmatrix}1&2\\2&1\\\frac{1}{\sqrt{2}}&-\frac{1}{\sqrt{2}}\end{bmatrix}\begin{bmatrix}x_1\\x_2\end{bmatrix}+\begin{bmatrix}\nu_1\\\nu_2\\\nu_3\end{bmatrix}$$

若新增测量量的协方差也是 1，则最佳估计值为：

$$\hat{\boldsymbol{x}}=[\boldsymbol{H}^T\boldsymbol{R}^{-1}\boldsymbol{H}]^{-1}\boldsymbol{H}^T\boldsymbol{R}^{-1}\boldsymbol{z}=\begin{bmatrix}0&1/3&1/3\\1/3&0&-1/3\end{bmatrix}\begin{bmatrix}z_1\\z_2\\z_3\end{bmatrix}$$

3.5 支路潮流状态估计法

由 J. F. Dopazo 等人提出的支路潮流状态估计法，是早期应用于美国 AEP 电力公司的一种较为成功的算法。用这种算法进行状态估计所需的原始信息仅含支路潮流测量量，在状态估计计算时是将支路功率转换成支路两端电压差的量，最后得到与基本加权最小二乘估计相类似的迭代修正公式。由于这种方法只用支路测量量，所以又称“唯支路法”。又由于这种方法需用支路测量量转变成支路两端电压差的量，所以又称为“量测量变换法”。

支路潮流测量量$\dot{S}_{Mk}$，表示连接节点 i、j 的支路 k 上测量到的复功率，若应用加权最小二乘的算法，其目标函数为

$$J(\boldsymbol{x})=\sum \boldsymbol{W}_k\left|\dot{S}_{Mk}-\dot{S}_{ck}\right|^2=[\dot{\boldsymbol{S}}_M-\dot{\boldsymbol{S}}_c]^T\boldsymbol{W}[\dot{\boldsymbol{S}}_M-\dot{\boldsymbol{S}}_c] \tag{3.67}$$

式中：$\boldsymbol{W}=\boldsymbol{R}^{-1}$是每个测量权值的对角阵；$\dot{\boldsymbol{S}}_c$为潮流复功率的估计值向量；$\dot{\boldsymbol{S}}_M$为潮流测量量向量。

若取支路 k 两端的节点电压为$\dot{u}_i$及$\dot{u}_j$，则该支路两端的电压差为

$$\Delta\dot{u}_k=\dot{u}_i-\dot{u}_j \tag{3.68}$$

支路电压差与支路潮流间的关系为

$$\dot{S}_k=\dot{u}_i\left[\frac{\overset{*}{u}_i-\overset{*}{u}_j}{\overset{*}{z}_{ij}}+\overset{*}{y}_{ii}\overset{*}{u}_i\right] \tag{3.69}$$

式中：$\dot{S}_k$为支路 k 的 i 侧复功率；$\dot{z}_{ij}$、$\dot{y}_{ii}$为图 3.10 中等值电路的参数。

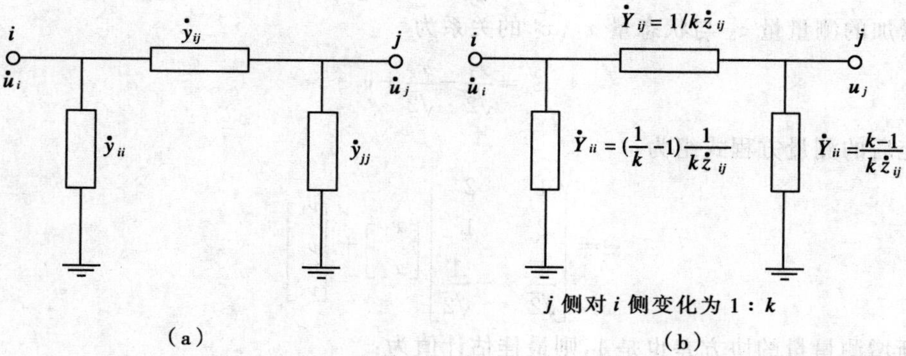

图 3.10　输电线与变压器等值电路

(a)输电线；(b)变压器

于是潮流测量量$\dot{S}_{Mk}$与经转换得到的与之相应的支路电压差的关系为

$$\Delta\dot{u}_k=\dot{u}_i-\dot{u}_j=\frac{\dot{z}_{ij}}{\overset{*}{u}_i}\overset{*}{S}_{Mk}-\dot{z}_{ij}\dot{y}_{ii}\dot{u}_i \tag{3.70}$$

若定义这个支路电压差的向量为功率测量变换来的电压差向量$\Delta\dot{\boldsymbol{u}}_M$，则写成矩阵形式后为

$$\Delta\dot{\boldsymbol{u}}_M=\begin{bmatrix}\vdots\\ \dot{\boldsymbol{u}}_i-\dot{\boldsymbol{u}}_j\\ \vdots\end{bmatrix}=\dot{\boldsymbol{H}}^{-1}\overset{*}{\boldsymbol{S}}_M-\dot{c} \tag{3.71}$$

即

$$\dot{\boldsymbol{S}}_M=(\dot{\boldsymbol{H}}\Delta\dot{\boldsymbol{u}}_M+\dot{\boldsymbol{H}}\dot{\boldsymbol{c}}) \tag{3.72}$$

式中：支路功率测量向量 $\dot{\boldsymbol{S}}_M$ 与对应的支路电压差值向量 $\Delta\dot{\boldsymbol{u}}_M$ 均是 m 维的；$\dot{\boldsymbol{H}}$ 为 $m\times m$ 阶的对角矩阵，其元素为

$$\left.\begin{aligned}&\dot{H}_{ii}=\frac{\overset{*}{\dot{u}}_i}{\dot{z}_{ij}}\quad(\text{线路 } i \text{ 侧})；\qquad \dot{H}_{jj}=-\frac{\dot{u}_j}{\dot{z}_{ij}}\quad(\text{线路 } j \text{ 侧})\\&\dot{H}_{ii}=\frac{\overset{*}{\dot{u}}_i}{K\dot{z}_{ij}}\quad(\text{变压器 } i \text{ 侧})；\quad \dot{H}_{jj}=-\frac{\dot{u}_j}{K\dot{z}_{ij}}\quad(\text{变压器 } j \text{ 侧})\end{aligned}\right\} \tag{3.73}$$

$\dot{\boldsymbol{c}}$ 为 m 维复数向量，其元素为：

$$\left.\begin{aligned}&\dot{c}_i=\dot{z}_{ij}\dot{y}_{ii}\dot{u}_i &&(\text{线路 } i \text{ 侧})；\\&\dot{c}_j=-\dot{z}_{ij}\dot{y}_{jj}\dot{u}_j &&(\text{线路 } j \text{ 侧})；\\&\dot{c}_i=\dot{u}_i\left(\frac{1}{K}-1\right) &&(\text{变压器 } i \text{ 侧})；\\&\dot{c}_j=-\dot{u}_j(K-1) &&(\text{变压器 } j \text{ 侧})；\end{aligned}\right\} \tag{3.74}$$

上两式中：j 表示测点号。

当支路功率为估计值 $\dot{\boldsymbol{S}}_c$，与之相应的支路电压值为 $\Delta\dot{\boldsymbol{u}}_c$，它们之间的关系也可以用式(3.72)表示

$$\dot{\boldsymbol{S}}_c=[\dot{\boldsymbol{H}}\Delta\dot{\boldsymbol{u}}_c+\dot{\boldsymbol{H}}\dot{\boldsymbol{c}}]^* \tag{3.75}$$

将式(3.72)、式(3.75)代入式(3.67)得

$$\begin{aligned}\boldsymbol{J}(\boldsymbol{x})&=[\dot{\boldsymbol{H}}\Delta\dot{\boldsymbol{u}}_M+\dot{\boldsymbol{H}}\dot{\boldsymbol{c}}-(\dot{\boldsymbol{H}}\Delta\dot{\boldsymbol{u}}_c+\dot{\boldsymbol{H}}\dot{\boldsymbol{c}})]^{*T}\boldsymbol{W}[\dot{\boldsymbol{H}}\Delta\dot{\boldsymbol{u}}_M+\dot{\boldsymbol{H}}\dot{\boldsymbol{c}}-(\dot{\boldsymbol{H}}\Delta\dot{\boldsymbol{u}}_c+\dot{\boldsymbol{H}}\dot{\boldsymbol{c}})]=\\&[\Delta\dot{\boldsymbol{u}}_M-\Delta\dot{\boldsymbol{u}}_c]^{*T}\boldsymbol{H}^*\boldsymbol{W}\dot{\boldsymbol{H}}[\Delta\dot{\boldsymbol{u}}_M-\Delta\dot{\boldsymbol{u}}_c]\end{aligned} \tag{3.76}$$

至此，通过测量量的变换，原来以支路潮流表示的目标函数式(3.67)已经化成了以支路电压差来表示的目标函数。

在式(3.76)中，电压差值的估计值向量 $\Delta\dot{\boldsymbol{u}}_c$ 可以分别用平衡节点电压 $\dot{\boldsymbol{u}}_r$ 与其余节点的电压向量 $\dot{\boldsymbol{u}}_b$ 来表示，即

$$\Delta\dot{\boldsymbol{u}}_c=\boldsymbol{A}\begin{bmatrix}\dot{\boldsymbol{u}}_b\\ \dot{\boldsymbol{u}}_r\end{bmatrix} \tag{3.77}$$

式中：$\boldsymbol{A}$ 为测量点所在支路与节点的关联矩阵。由于平衡节点的状态是给定的，所以可以把 $\boldsymbol{A}$ 阵写成

$$\boldsymbol{A}=[\boldsymbol{B}\boldsymbol{b}]=\underbrace{\left[\begin{array}{cccccc:c}1&-1&0&0&\cdots&&0\\0&1&0&0&\cdots&-1&\vdots\\-1&0&1&0&\cdots&0&\vdots\\\vdots&&&&&\vdots&1\\\vdots&&&&&\vdots&-1\end{array}\right]}_{\text{节点}}\text{支路测量点} \tag{3.78}$$

矩阵 **A** 各行中+1 和-1 表示了对应于每一个支路测量点,各有两个非零元素。若测量点在支路 $i-j$ 的 i 侧,则 i 列为+1,j 列为-1;若在 j 侧,则反之;其余元素均为零。当线路两端均有测量点时,此线路将在 **A** 中出现两次。当节点数为 n 时,**A** 为 $m\times n$ 阶矩阵。于是,式(3.77)可写成

$$\Delta\dot{\boldsymbol{u}}_c=\boldsymbol{b}\dot{\boldsymbol{u}}_b+\boldsymbol{b}\dot{\boldsymbol{u}}_r \tag{3.79}$$

将式(3.79)、式(3.78)代入式(3.76)得:

$$\boldsymbol{J}(\boldsymbol{x})=[\Delta\dot{\boldsymbol{u}}_M-(\boldsymbol{b}\dot{\boldsymbol{u}}_b-\boldsymbol{b}\dot{\boldsymbol{u}}_r)]^{*T}\boldsymbol{H}^*\boldsymbol{W}\dot{\boldsymbol{H}}[\Delta\dot{\boldsymbol{u}}_M-(\boldsymbol{b}\dot{\boldsymbol{u}}_b-\boldsymbol{b}\dot{\boldsymbol{u}}_r)] \tag{3.80}$$

在求目标函数最小化时,可以假定在电力系统运行中电压变化不大,因此,$\dot{H}W\dot{H}$ 可以取为常数矩阵,于是

$$\frac{\partial\boldsymbol{J}(\boldsymbol{x})}{\partial\dot{\boldsymbol{u}}_b}=-\boldsymbol{B}^T\boldsymbol{H}^*\boldsymbol{W}\dot{\boldsymbol{H}}[\Delta\dot{\boldsymbol{u}}_M-(\boldsymbol{b}\dot{\boldsymbol{u}}_b-\boldsymbol{b}\dot{\boldsymbol{u}}_r)]-[\Delta\dot{\boldsymbol{u}}_M-(\boldsymbol{b}\dot{\boldsymbol{u}}_b-\boldsymbol{b}\dot{\boldsymbol{u}}_r)]^{*T}\boldsymbol{H}^*\boldsymbol{W}\dot{\boldsymbol{H}}\boldsymbol{B}=\boldsymbol{0}$$

由于上式中的两项互为共轭转置,当任一项为零时均可以使$\dfrac{\partial\boldsymbol{J}(\boldsymbol{x})}{\partial\dot{\boldsymbol{u}}_b}$为零,所以得:

$$[\boldsymbol{B}^T\boldsymbol{H}^*\boldsymbol{W}\dot{\boldsymbol{H}}\boldsymbol{B}]\dot{\boldsymbol{u}}_b=\boldsymbol{B}^T\boldsymbol{H}^*\boldsymbol{W}\dot{\boldsymbol{H}}[\Delta\dot{\boldsymbol{u}}_M-\boldsymbol{b}\dot{\boldsymbol{u}}_r]$$

令 $\dot{\boldsymbol{D}}=\boldsymbol{H}^*\boldsymbol{W}\dot{\boldsymbol{H}}$,并认为 $\dot{\boldsymbol{D}}$ 近似为常数对角矩阵,则有:

$$\boldsymbol{B}^T\dot{\boldsymbol{D}}\boldsymbol{b}\dot{\boldsymbol{u}}_b=\boldsymbol{B}^T\dot{\boldsymbol{D}}[\Delta\dot{\boldsymbol{u}}_M-\boldsymbol{b}\dot{\boldsymbol{u}}_r] \tag{3.81}$$

式(3.81)与式(3.34)相似,于是有:

$$\dot{\boldsymbol{u}}_b^{(l+1)}=[\boldsymbol{B}^T\dot{\boldsymbol{D}}\boldsymbol{B}]^{-1}\boldsymbol{B}^T\dot{\boldsymbol{D}}[\Delta\dot{\boldsymbol{u}}_M^{(l)}-\boldsymbol{b}\dot{\boldsymbol{u}}_r]|\dot{\boldsymbol{u}}_b^{(l)} \tag{3.82}$$

若已知上一次迭代得$\dot{\boldsymbol{u}}_b^{(l)}$ 值,就可以求解下一次迭代$\dot{\boldsymbol{u}}_b^{(l+1)}$ 的值。式(3.82)中的 $\Delta\dot{\boldsymbol{u}}_M^{(l)}$ 是由上一次迭代的$\dot{\boldsymbol{u}}_b^{(l)}$ 用式(3.71)求出的。

支路潮流估计法与最小二乘估计法的差别在于:

1)解出的$\dot{\boldsymbol{u}}_b$ 是待求量,而不是修正量。

2)$\dot{\boldsymbol{D}}$ 为常数矩阵,关联矩阵 **B** 在测点固定时也是常数,故 $\boldsymbol{B}^T\dot{\boldsymbol{D}}\boldsymbol{B}$ 也是常数。因此在迭代计算时系数矩阵是固定的,更为重要的是 $\boldsymbol{B}^T\dot{\boldsymbol{D}}\boldsymbol{B}$ 在结构上与节点导纳矩阵完全相同。以上特点对应用因子表求解非常有利,程序设计也很方便。

支路潮流状态估计程序框图如图 3.11 所示。其计算步骤如下:

1)给定节点电压向量的初值$\dot{\boldsymbol{u}}_b^{(0)}$,可以取所有节点电压与平衡节点的电压相同。

2)利用测量量计算支路电压差值

$$\Delta\dot{\boldsymbol{u}}_M^{(l)}=\dot{\boldsymbol{H}}^{-1}\boldsymbol{S}_M^*-\dot{\boldsymbol{c}}$$

式中:$\dot{\boldsymbol{H}}$ 和 $\dot{\boldsymbol{c}}$ 与$\dot{\boldsymbol{u}}_b^{(0)}$ 有关。

3)利用迭代方程式(3.82)求解$\dot{\boldsymbol{u}}_b^{(l)}$。

4)重复步骤(2)、(3),直至符合收敛条件

$$\max_i|\dot{\boldsymbol{u}}_{bi}^{(l+1)}-\dot{\boldsymbol{u}}_{bi}^{(l)}|<\varepsilon \tag{3.83}$$

支路潮流法存在的问题是,如果有功测量精度与无功的不同,那么就难以处理。此外,这种方法不能直接利用系统中其他类型的测量,如节点电压、节点注入功率与支路电流等。因此,这些测量须经转换后方可用于计算。

例 3.3　如果图 3.12 所示的三节点电力系统中,每条支路两端均设有有功、无功测点。当基准容量为 100MVA 时的标么值为

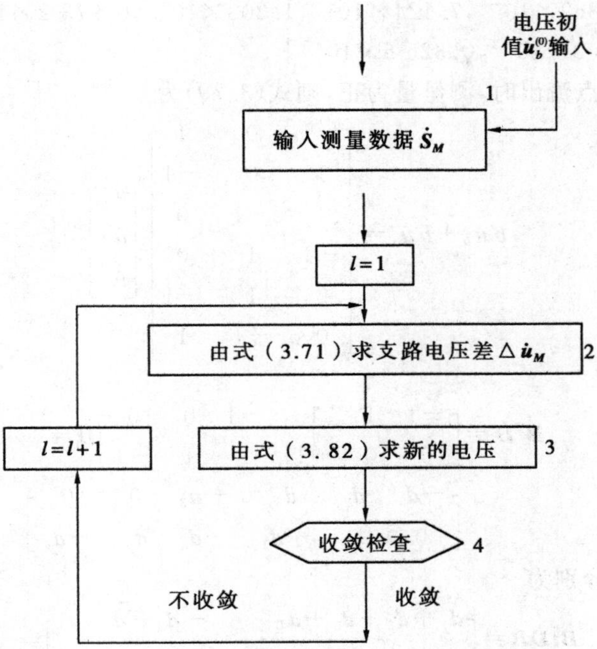

图 3.11　支路潮流状态估计程序框图

$\dot{S}_1=P_1+jQ_1=0.91-j0.11$

$\dot{S}_2=P_2+jQ_2=-0.40+j0.10$

$\dot{S}_3=P_3+jQ_3=-0.105+j0.11$

$\dot{S}_4=P_4+jQ_4=0.14-j0.14$

$\dot{S}_5=P_5+jQ_5=0.72-j0.37$

$\dot{S}_6=P_6+jQ_6=-0.70+j0.35$

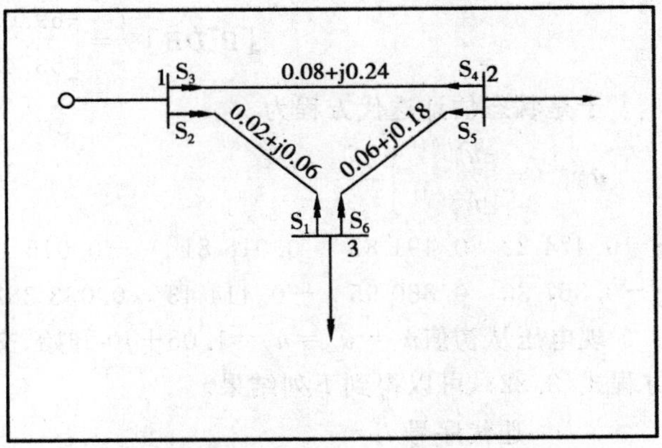

图 3.12　三节点电力系统图

线路参数已标明在图 3.12 中，对地导纳忽略不计，假定各测量误差的加权因子为

$R_1^{-1}=27.4755\times10^{-6}$

$R_2^{-1}=28.4962\times10^{-6}$

$R_3^{-1}=77.323\times10^{-6}$

$R_4^{-1}=62.2836\times10^{-6}$

$R_5^{-1}=11.1353\times10^{-6}$

$R_6^{-1}=11.7226\times10^{-6}$

试作状态估计计算，并求 $\dot{u}_b$ 值。

解　假定所有节点电压均取 1.0p.u.，节点 3 为平衡节点，于是对角权矩阵为

$$\dot{\boldsymbol{D}}=\mathrm{diag}[d_1,d_2,d_3,d_4,d_5,d_6]=$$

$$\mathrm{diag}\left[\frac{R_1^{-1}}{|\dot{Z}_{13}|^2},\frac{R_2^{-1}}{|\dot{Z}_{13}|^2},\frac{R_3^{-1}}{|\dot{Z}_{12}|^2},\frac{R_4^{-1}}{|\dot{Z}_{12}|^2},\frac{R_5^{-1}}{|\dot{Z}_{23}|^2},\frac{R_6^{-1}}{|\dot{Z}_{23}|^2}\right]=$$

$$\text{diag}[6.869\times10^{-3}, 7.124\times10^{-3}, 1.208\times10^{-3}, 0.9732\times10^{-3}, 0.3093\times10^{-3}, 0.3256\times10^{-3}]$$

假定当功率从节点流出时，测量量为正，则式(3.79)为

$$\boldsymbol{b}\dot{\boldsymbol{u}}_b+\boldsymbol{b}\dot{\boldsymbol{u}}_r=\begin{bmatrix}-1 & 0 & 1\\ 1 & 0 & -1\\ 1 & -1 & 0\\ -1 & 1 & 0\\ 0 & 1 & -1\\ 0 & -1 & 1\end{bmatrix}\begin{bmatrix}\dot{u}_1\\ \dot{u}_2\\ \dot{u}_3\end{bmatrix}$$

矩阵乘积 $\boldsymbol{B}^T\dot{\boldsymbol{D}}$ 为

$$\boldsymbol{B}^T\dot{\boldsymbol{D}}=\begin{bmatrix}-1 & 1 & 1 & -1 & 0 & 0\\ 0 & 0 & -1 & 1 & 1 & -1\end{bmatrix}\dot{\boldsymbol{D}}=$$

$$\begin{bmatrix}-\boldsymbol{d}_1 & \boldsymbol{d}_2 & \boldsymbol{d}_3 & -\boldsymbol{d}_3 & 0 & 0\\ 0 & 0 & -\boldsymbol{d}_3 & -\boldsymbol{d}_4 & \boldsymbol{d}_5 & -\boldsymbol{d}_6\end{bmatrix}$$

$\boldsymbol{B}^T\dot{\boldsymbol{D}}B$ 及其逆阵分别为

$$\boldsymbol{B}^T\dot{\boldsymbol{D}}\boldsymbol{B}=\begin{bmatrix}\boldsymbol{d}_1+\boldsymbol{d}_2+\boldsymbol{d}_3+\boldsymbol{d}_4 & -\boldsymbol{d}_3-\boldsymbol{d}_4\\ -\boldsymbol{d}_3-\boldsymbol{d}_4 & \boldsymbol{d}_3+\boldsymbol{d}_4+\boldsymbol{d}_5+\boldsymbol{d}_6\end{bmatrix}=$$

$$\begin{bmatrix}0.0161743 & -0.00218135\\ -0.00218135 & 0.00281629\end{bmatrix}$$

$$[\boldsymbol{B}^T\dot{\boldsymbol{D}}\boldsymbol{B}]^{-1}=\begin{bmatrix}69.038 & 53.473\\ 53.473 & 396.47\end{bmatrix}$$

于是状态估计迭代方程为

$$\dot{\boldsymbol{u}}_b^{(l+1)}=\begin{bmatrix}\dot{u}_1^{(l+1)}\\ \dot{u}_2^{(l+1)}\end{bmatrix}=$$

$$\begin{bmatrix}-0.47422 & 0.49183 & 0.01881 & -0.01515 & 0.01654 & -0.01741\\ -0.36730 & 0.38095 & -0.41443 & 0.033382 & 0.12264 & -0.12911\end{bmatrix}[\Delta\dot{\boldsymbol{u}}_M^{(l)}-\boldsymbol{b}\dot{\boldsymbol{u}}_r]$$

现电压从初值$\dot{u}_1=\dot{u}_2=\dot{u}_r=1.05+j0$ 开始，交替用测量量方程式(3.72)和状态估计迭代方程式(3.82)，可以得到下列结果。

迭代序号 l	$\dot{u}_1$	$\dot{u}_2$
0	$1.05+j0$	$1.05+j0$
1	$1.048\,269-j0.020\,709$	$1.029\,173+j0.044\,661$
2	$1.047\,938-j0.020\,683$	$1.027\,649+j0.044\,971$
3	$1.047\,937-j0.020\,684$	$1.027\,618+j0.045\,015$

经三次迭代得到的收敛精度为 10^{-4}；再用求出的节点电压估计值来计算出各支路的功率估计值如下：

$$P_1+jQ_1=0.337-j0.076,\quad P_2+jQ_2=-0.334+j0.083$$

$$P_3+jQ_3=-0.228+j0.171,\quad P_4+jQ_4=0.234-j0.153$$

$$P_5+jQ_5=0.201-j0.184,\quad P_6+jQ_6=-0.197+j0.193$$

计算结果可以看出估计值与测量值之间有较大误差，这是由于存在不良数据而造成的。

3.6　电力系统的递推状态估计

前面几节讨论的是属于静态估计的方法。由于实际电力系统的运行状态是不断变化的，事实上不存在任何静态的问题，只有在时间间隔足够短时才可以近似地看做是静态的。与静态估计不同的看法是如果能追踪电力系统的缓慢变化，用一个时间段的状态变量作为下一个采样时段状态变量估计的初始值，亦即采用所谓追踪估计的方法，其效果可能比静态估计更好。但由于电力系统庞大，其模型维数很大，此外实时信息数量大，通道传送量及传送速度均有限制，因而目前递推状态估计仍然还只能适用于解决静态问题。

应用前后两个时间段估计值（即$\hat{x}_i$ 与$\hat{x}_{i-1}$）的最小二乘作为目标函数，可写成：

$$\boldsymbol{L}_1(\hat{\boldsymbol{x}}_i)=[\boldsymbol{x}_i-\hat{\boldsymbol{x}}_{i-1}]^T\boldsymbol{P}_{i-1}^{-1}[\boldsymbol{x}_i-\hat{\boldsymbol{x}}_{i-1}] \tag{3.84}$$

式中：$\boldsymbol{P}_{i-1}$是状态变量 $\boldsymbol{x}$ 的第 $i-1$ 次估计值的方差阵，并以其逆阵作为权重。

第 i 次测量量 $\boldsymbol{z}_i$ 与其相应的估计值 $\boldsymbol{h}(\boldsymbol{x}_i)$ 的最小二乘目标函数为

$$\boldsymbol{L}_2(\boldsymbol{x}_i)=[\boldsymbol{h}(\boldsymbol{x}_i)-\boldsymbol{z}_i]^T\boldsymbol{R}^{-1}[\boldsymbol{h}(\boldsymbol{x}_i)-\boldsymbol{z}_i] \tag{3.85}$$

由于$\hat{\boldsymbol{x}}_{i-1}$与 $\boldsymbol{z}_i$ 是不相关的，所以可以取总的目标函数为：

$$\begin{aligned}\boldsymbol{L}(\boldsymbol{x}_i)&=\boldsymbol{L}_1(\boldsymbol{x}_i)+\boldsymbol{L}_2(\boldsymbol{x}_i)=\\&[\boldsymbol{x}_i-\hat{\boldsymbol{x}}_{i-1}]^T\boldsymbol{P}_{i-1}^{-1}[\boldsymbol{x}_i-\hat{\boldsymbol{x}}_{i-1}]+[\boldsymbol{h}(\boldsymbol{x}_i)-\boldsymbol{z}_i]^T\boldsymbol{R}^{-1}[\boldsymbol{h}(\boldsymbol{x}_i)-\boldsymbol{z}_i]\end{aligned} \tag{3.86}$$

第 i 次递推估计值$\hat{\boldsymbol{x}}_i$ 应满足条件

$$\frac{\mathrm{d}\boldsymbol{L}(\boldsymbol{x}_i)}{\mathrm{d}\boldsymbol{x}_i}=0$$

应用矩阵微分公式可以写成：

$$\boldsymbol{P}_{i-1}^{-1}[\hat{\boldsymbol{x}}_i-\hat{\boldsymbol{x}}_{i-1}]+\left[\frac{\mathrm{d}\boldsymbol{h}(\boldsymbol{x}_i)}{\mathrm{d}\boldsymbol{x}_i}\right]^T\boldsymbol{R}^{-1}[\boldsymbol{h}(\boldsymbol{x}_i)-\boldsymbol{z}_i]=0 \tag{3.87}$$

为了对此方程式求解，可以在$\hat{\boldsymbol{x}}_{i-1}$点上将 $\boldsymbol{h}(\boldsymbol{x}_i)$线性化，即：

$$\begin{aligned}\boldsymbol{h}(\boldsymbol{x}_i)&=\boldsymbol{h}(\hat{\boldsymbol{x}}_{i-1})+\left.\frac{\mathrm{d}\boldsymbol{h}}{\mathrm{d}\boldsymbol{x}}\right|_{\hat{x}_{i-1}}\Delta\boldsymbol{x}_i=\\&\boldsymbol{h}(\hat{\boldsymbol{x}}_{i-1})+\boldsymbol{H}(\hat{\boldsymbol{x}}_{i-1})\Delta\boldsymbol{x}_i\end{aligned} \tag{3.88}$$

由于 $\boldsymbol{x}_i=\boldsymbol{x}_{i-1}+\Delta\boldsymbol{x}_i$，所以

$$\begin{aligned}\frac{\mathrm{d}\boldsymbol{h}(\boldsymbol{x}_i)}{\mathrm{d}\boldsymbol{x}_i}&=\left.\frac{\mathrm{d}\boldsymbol{h}(\boldsymbol{x})}{\mathrm{d}\boldsymbol{x}}\right|_{\hat{x}_{i-1}}+\left.\frac{\mathrm{d}^2\boldsymbol{h}(\boldsymbol{x})}{\mathrm{d}\boldsymbol{x}^2}\right|_{\hat{x}_{i-1}}\Delta\boldsymbol{x}+\cdots=\\&\left.\frac{\mathrm{d}\boldsymbol{h}(\boldsymbol{x})}{\mathrm{d}\boldsymbol{x}}\right|_{\hat{x}_{i-1}}=\boldsymbol{H}(\hat{\boldsymbol{x}}_{i-1})\end{aligned} \tag{3.89}$$

于是式(3.87)可以写成：

$$\boldsymbol{P}_{i-1}^{-1}[\hat{\boldsymbol{x}}_i-\hat{\boldsymbol{x}}_{i-1}]+[\boldsymbol{H}(\hat{\boldsymbol{x}}_{i-1})]^T\boldsymbol{R}^{-1}[\boldsymbol{h}(\hat{\boldsymbol{x}}_{i-1})+\boldsymbol{H}(\boldsymbol{x}_{i-1})\Delta\boldsymbol{x}_i-\boldsymbol{z}_i]=0$$

$$[\boldsymbol{P}_{i-1}^{-1}+\boldsymbol{H}(\hat{x}_{i-1})^T\boldsymbol{R}^{-1}\boldsymbol{H}(\hat{\boldsymbol{x}}_{i-1})][\boldsymbol{x}_i-\hat{\boldsymbol{x}}_{i-1}]=\boldsymbol{H}(\hat{\boldsymbol{x}}_{i-1})^T\boldsymbol{R}^{-1}[\boldsymbol{z}_i-\boldsymbol{h}(\hat{\boldsymbol{x}}_{i-1})]$$

$$\boldsymbol{x}_i-\hat{\boldsymbol{x}}_{i-1}=[\boldsymbol{P}_{i-1}^{-1}+\boldsymbol{H}(\hat{\boldsymbol{x}}_{i-1})^T\boldsymbol{R}^{-1}\boldsymbol{H}(\hat{\boldsymbol{x}}_{i-1})]^{-1}\boldsymbol{H}(\hat{\boldsymbol{x}}_{i-1})^T\boldsymbol{R}^{-1}[\boldsymbol{z}_i-\boldsymbol{h}(\hat{\boldsymbol{x}}_{i-1})] \tag{3.90}$$

令

$$\boldsymbol{P}_i=[\boldsymbol{P}_{i-1}^{-1}+\boldsymbol{H}(\hat{\boldsymbol{x}}_{i-1})^T\boldsymbol{R}^{-1}\boldsymbol{H}(\hat{\boldsymbol{x}}_{i-1})]^{-1} \tag{3.91}$$

则

$$\hat{\boldsymbol{x}}_i=\hat{\boldsymbol{x}}_{i-1}+\boldsymbol{P}_i\boldsymbol{H}(\hat{\boldsymbol{x}}_{i-1})^T\boldsymbol{R}^{-1}[\boldsymbol{z}_i-\boldsymbol{h}(\hat{\boldsymbol{x}}_{i-1})] \tag{3.92}$$

式(3.92)是电力系统的最小二乘递推估计的计算公式。由于在电力系统状态估计中 $\boldsymbol{H}(\boldsymbol{x})$ 矩阵在 i 为不同序号时变化很小,所以可以将它取为常数矩阵 $\boldsymbol{H}$。于是式(3.91)及式(3.92)为

$$\boldsymbol{P}_i=[\boldsymbol{P}_{i-1}^{-1}+\boldsymbol{H}^T\boldsymbol{R}^{-1}\boldsymbol{H}]^{-1} \tag{3.93}$$

$$\hat{\boldsymbol{x}}_i=\hat{\boldsymbol{x}}_{i-1}+\boldsymbol{P}_i\boldsymbol{H}^T\boldsymbol{R}^{-1}[\boldsymbol{z}_i-\boldsymbol{h}(\hat{\boldsymbol{x}}_{i-1})] \tag{3.94}$$

为了使上述递推公式能与常规的动态随机序列递推估计表达式相同,可将上式再作一些形式上的处理。

对于矩阵

$$\boldsymbol{A}=\begin{bmatrix}\boldsymbol{A}_{11} & \boldsymbol{A}_{12}\\ \boldsymbol{A}_{21} & \boldsymbol{A}_{22}\end{bmatrix} \tag{3.95}$$

由矩阵求逆修正引理(Inverse Matrix Modification Lemma,IMML 也称 Household 公式)

可得

$$(\boldsymbol{A}_{11}-\boldsymbol{A}_{12}\boldsymbol{A}_{22}^{-1}\boldsymbol{A}_{12})^{-1}=\boldsymbol{A}_{11}^{-1}+\boldsymbol{A}_{11}^{-1}\boldsymbol{A}_{12}(\boldsymbol{A}_{22}-\boldsymbol{A}_{21}\boldsymbol{A}_{11}^{-1}\boldsymbol{A}_{12})\boldsymbol{A}_{21}\boldsymbol{A}_{11}^{-1} \tag{3.96}$$

$$\boldsymbol{A}_{11}^{-1}\boldsymbol{A}_{12}(\boldsymbol{A}_{22}-\boldsymbol{A}_{21}\boldsymbol{A}_{11}^{-1}\boldsymbol{A}_{12})^{-1}=(\boldsymbol{A}_{11}-\boldsymbol{A}_{12}\boldsymbol{A}_{22}^{-1}\boldsymbol{A}_{21})^{-1}\boldsymbol{A}_{12}\boldsymbol{A}_{22}^{-1} \tag{3.97}$$

应用上述引理后,式(3.93)及式(3.94)可以写成

$$\begin{aligned}\boldsymbol{P}_i=&\boldsymbol{P}_{i-1}+\boldsymbol{P}_{i-1}\boldsymbol{H}^T[\boldsymbol{R}+\boldsymbol{H}\boldsymbol{P}_{i-1}\boldsymbol{H}^T]^{-1}\boldsymbol{H}\boldsymbol{P}_{i-1}=\\&\boldsymbol{P}_{i-1}-[\boldsymbol{P}_{i-1}^{-1}+\boldsymbol{H}^T\boldsymbol{R}^{-1}\boldsymbol{H}]^{-1}\boldsymbol{H}^T\boldsymbol{R}^{-1}\boldsymbol{H}\boldsymbol{P}_{i-1}=\\&\boldsymbol{P}_{i-1}-\boldsymbol{P}_i\boldsymbol{H}^T\boldsymbol{R}^{-1}\boldsymbol{H}\boldsymbol{P}_{i-1}=\boldsymbol{P}_{i-1}-\boldsymbol{K}_i\boldsymbol{H}\boldsymbol{P}_{i-1}\end{aligned}$$

式中:$\boldsymbol{K}_i$ 称为增益系数,用来构成状态变量的修正量,其值为 $\boldsymbol{K}_i=\boldsymbol{P}_i\boldsymbol{H}^T\boldsymbol{R}^{-1}$。于是得

$$\hat{\boldsymbol{x}}_i=\hat{\boldsymbol{x}}_{i-1}+\boldsymbol{K}_i[\boldsymbol{z}_i-\boldsymbol{h}(\hat{\boldsymbol{x}}_{i-1})] \tag{3.98}$$

$$\boldsymbol{K}_i=\boldsymbol{P}_{i-1}\boldsymbol{H}^T[\boldsymbol{R}+\boldsymbol{H}\boldsymbol{P}_{i-1}\boldsymbol{H}^T]^{-1} \tag{3.99}$$

$$\boldsymbol{P}_i=\boldsymbol{P}_{i-1}-\boldsymbol{K}_i\boldsymbol{H}\boldsymbol{P}_{i-1} \tag{3.100}$$

式(3.98)~式(3.100)表示由第 $i-1$ 次的估计值 $\hat{\boldsymbol{x}}_{i-1}$ 与方差阵 $\boldsymbol{P}_{i-1}$ 及第 i 次的测量量 $\boldsymbol{z}_i$ 可以推算出第 i 次的估计值 $\hat{\boldsymbol{x}}_i$ 与方差阵 $\boldsymbol{P}_i$。按此规律递推可以求出各次的估计值。在递推过程中只有 $\hat{\boldsymbol{x}}_0$ 与 $\boldsymbol{P}_0$ 是验前知识,亦即是已经可以给定的。式(3.98)中 $\boldsymbol{z}_i-\boldsymbol{h}(\hat{\boldsymbol{x}}_{i-1})$ 称为新息,只有新息存在时,才可以从 $\hat{\boldsymbol{x}}_{i-1}$ 中推算出 $\hat{\boldsymbol{x}}_i$。

由于 $\boldsymbol{P}_0$ 是验前知识,在毫无验前知识的情况下,估计值与真值之间的差可以是无穷大,亦即

$$\boldsymbol{P}_0^{-1}=0$$

当 $i=1$,即 $i-1=0$ 时,由式(3.93)得知。

$$\boldsymbol{P}_1^{-1}=\boldsymbol{H}^T\boldsymbol{R}^{-1}\boldsymbol{H}$$

当 $i=2$,即 $i-1=1$ 时,由式(3.93)得知。

$$\boldsymbol{P}_2^{-1}=\boldsymbol{P}_1^{-1}+\boldsymbol{H}^T\boldsymbol{R}^{-1}\boldsymbol{H}=2\boldsymbol{H}^T\boldsymbol{R}^{-1}\boldsymbol{H}$$

依次类推,令 $i=3,4,\cdots,n$ 得

$$\boldsymbol{P}_n^{-1}=n\boldsymbol{H}^T\boldsymbol{R}^{-1}\boldsymbol{H},\quad \boldsymbol{P}_n=\frac{1}{n}[\boldsymbol{H}^T\boldsymbol{R}^{-1}\boldsymbol{H}]^{-1}$$

当 $n\rightarrow\infty$ 时,$\boldsymbol{P}_n\rightarrow 0$。这说明了即使在毫无验前知识的情况下,应用式(3.98),也可以求得状态

变量的正确估计值。

在递推过程中，当 $\boldsymbol{P}_{i-1}\to 0$，$\boldsymbol{K}_i\to 0$，亦即估计值的修正已很小时，则

$$\max_i |\hat{x}_i-\hat{x}_{i-1}|<\varepsilon \tag{3.101}$$

由此估计过程结束。

递推估计也可以应用解耦法来迭代求解，其状态变量为电压模值及电压相角，有功、无功及电压模值的测量量可以用解耦的形式写成向量$[\boldsymbol{z}_a \quad \boldsymbol{z}_r]^T$，在$\hat{\boldsymbol{x}}_{i-1}$点将式(3.87)线性化，并考虑到有功、无功与电压相角、电压模值之间的相互解耦关系，当取 $\boldsymbol{H}_{11}=\dfrac{\partial \boldsymbol{h}_p}{\partial \boldsymbol{\theta}}$，$\boldsymbol{H}_{22}=\dfrac{\partial \boldsymbol{h}_Q}{\partial \boldsymbol{u}}$，于是式(3.94)在计及式(3.93)后可以写成

$$\begin{bmatrix}\hat{\boldsymbol{\theta}}_i\\ \hat{\boldsymbol{u}}_i\end{bmatrix}=\begin{bmatrix}\hat{\boldsymbol{\theta}}_{i-1}\\ \hat{\boldsymbol{u}}_{i-1}\end{bmatrix}+\left\{\boldsymbol{P}_{i-1}^{-1}+\begin{bmatrix}\boldsymbol{H}_{11} & \\ & \boldsymbol{H}_{22}\end{bmatrix}^T\boldsymbol{R}^{-1}\begin{bmatrix}\boldsymbol{H}_{11} & \\ & \boldsymbol{H}_{22}\end{bmatrix}\right\}^{-1}\times$$
$$\begin{bmatrix}\boldsymbol{H}_{11} & \\ & \boldsymbol{H}_{22}\end{bmatrix}^T\boldsymbol{R}^{-1}\begin{bmatrix}\boldsymbol{z}_a-\boldsymbol{h}_p(\hat{\boldsymbol{\theta}}_{i-1},\hat{\boldsymbol{u}}_{i-1})\\ \boldsymbol{z}_r-\boldsymbol{h}_Q(\hat{\boldsymbol{\theta}}_{i-1},\hat{\boldsymbol{u}}_{i-1})\end{bmatrix} \tag{3.102}$$

应用式(3.96)和式(3.97)，可以写出类似于式(3.98)～式(3.100)的解耦方程组如下：

$$\hat{\boldsymbol{\theta}}_i=\hat{\boldsymbol{\theta}}_{i-1}+\boldsymbol{K}_{ia}[\boldsymbol{z}_{ai}-\boldsymbol{h}_p(\hat{\boldsymbol{\theta}}_{i-1},\hat{\boldsymbol{u}}_{i-1})] \tag{3.103}$$
$$\boldsymbol{K}_{ia}=\boldsymbol{P}_{a(i-1)}\boldsymbol{H}_{11}^T[\boldsymbol{R}_a+\boldsymbol{H}_{11}\boldsymbol{P}_{a(i-1)}\boldsymbol{H}_{11}^T]^{-1} \tag{3.104}$$
$$\boldsymbol{P}_{ai}=\boldsymbol{P}_{a(i-1)}-\boldsymbol{K}_{ia}\boldsymbol{H}_{11}\boldsymbol{P}_{a(i-1)} \tag{3.105}$$
$$\hat{\boldsymbol{u}}_i=\hat{\boldsymbol{u}}_{i-1}+\boldsymbol{K}_{ir}[\boldsymbol{z}_{ri}-\boldsymbol{h}_Q(\hat{\boldsymbol{\theta}}_{i-1},\hat{\boldsymbol{u}}_{i-1})] \tag{3.106}$$
$$\boldsymbol{K}_{ir}=\boldsymbol{P}_{r(i-1)}\boldsymbol{H}_{22}^T[\boldsymbol{R}_r+\boldsymbol{H}_{22}\boldsymbol{P}_{r(i-1)}\boldsymbol{H}_{22}^T]^{-1} \tag{3.107}$$
$$\boldsymbol{P}_{ri}=\boldsymbol{P}_{r(i-1)}-\boldsymbol{K}_{ir}\boldsymbol{H}_{22}\boldsymbol{P}_{r(i-1)} \tag{3.108}$$

求解时应用交替迭代求解的方法。当状态变量的估计值达到稳定后，即认为迭代收敛。

3.7　不良数据的检测

电力系统的测量信息如果误差不大，测量系统的配置恰当，则用以上所介绍的状态估计方法可以得到满意的实时数据库。如果调度中心收到的远动测量数据具有异常大的误差，则常规的状态估计算法无法奏效，这将会影响整个电力系统的实时调度管理。

电力系统中测量系统的标准误差 σ 大约为正常测量范围的 0.5%～2%，因此误差大于 $\pm 3\sigma$的测量值就可称为不良数据，但在实用中由于达不到这个标准，所以通常把误差达到$\pm(6\sim 7)\sigma$ 以上的数据作为不良数据。在电力系统中，当出现不良数据时，需要通过检测与辨识的方法来处理，才能满足状态估计计算对测量数据的要求。

所谓检测是用来判定是否存在不良数据，而辨识则是为了寻找出哪一个数据是不良数据，以便进行剔除或补充。

不良数据的出现，会在目标函数 $J(\hat{x})$ 中得到反映，使它大大偏离正常值。因此，可以根据对 $J(\hat{x})$的检测来确定不良数据是否存在。

目标函数如式(3.18)所示，其中 $\boldsymbol{z}-\boldsymbol{h}(\hat{x})$项可以用残差 $\boldsymbol{r}$ 表示

$$\boldsymbol{r}=\boldsymbol{z}-\boldsymbol{h}(\hat{x})=\boldsymbol{z}-\hat{\boldsymbol{z}} \tag{3.109}$$

测量误差为 $\boldsymbol{v}$，则残差可写成

$$r = z - \hat{z} = Wv \tag{3.110}$$

式中：W 是残差灵敏度矩阵。式(3.110)也就是前述的式(3.26)，称为残差方程，它表示了残差与测量误差间的关系。

下面进一步定义加权残差 r_w

$$r_w = \sqrt{R^{-1}}r \tag{3.111}$$

再定义加权测量误差 v_w

$$v_w = \sqrt{R^{-1}}v \tag{3.112}$$

在引入上述定义后，残差方程可以写成

$$r_w = \sqrt{R^{-1}}W\sqrt{R}v_w = W_w v_w \tag{3.113}$$

式中：W_w 为加权残差灵敏度，其表示式为：

$$W_w = \sqrt{R^{-1}}W\sqrt{R} = I - \sqrt{R^{-1}}H(H^T R^{-1} H)^{-1} H^T \sqrt{R^{-1}} \tag{3.114}$$

采用加权残差灵敏度，从数学运算方面可以带来一些方便，例如：W 是不对称的，而 W_w 是对称的，所以有

$$W_w^2 = W_w \tag{3.115}$$

$$W_w^T = W_w \tag{3.116}$$

以及加权残差的协方差阵为

$$E r_w r_w^T = W_w \tag{3.117}$$

不良数据的检测一般均是通过检查目标函数是否大大偏离正常值或残差是否超过正常值来反映的，其常用的方法有三种，现分别介绍如下。

3.7.1 $J(\hat{x})$检测法

(1)先假定电力系统没有不良数据存在，此时，加权残差写为 V_{wz}，加权测量误差写为 v_{wz}，于是目标函数为

$$J_z(\hat{x}) = r_{wz}^T r_{wz}$$

将式(3.113)和式(3.116)的关系代入上式得

$$J_z(\hat{x}) = v_{wz}^T W_w v_{wz} \tag{3.118}$$

由此可见，$J_z(\hat{x})$为 v_{wz} 的二次型。当正常情况下测量为正态分布时，$J_z(\hat{x})$就是 χ^2 一分布。其数学期望和方差可以分别由式(3.118)的展开式求出，即：

$$E[J_z(\hat{x})] = \sum_{i=1}^{m} W_{w,ii} = T_r(W_w) = m - n = K$$

$$\mathrm{var}[J_z(\hat{x})] = E[J_z(\hat{x}) - K]^2 = 2K$$

式中：K 为测量的冗余度，亦即是 χ^2 一分布的自由度；$J_z(\hat{x})$为 K 阶自由度的 χ^2 一分布的随机变量，可写为

$$J_z(\hat{x}) \sim \chi^2(K) \tag{3.119}$$

随着自由度的增大，$\chi^2(K)$越来越接近于正态分布，当 $K>30$ 时，可以用相应的正态分布来代替 χ^2 一分布，$J_z(\hat{x})$的标准化随机变量形式为

$$\xi_1 = \frac{J_z(\hat{x}) - K}{\sqrt{2K}} \sim N(0,1) \qquad (\text{当 } K>30 \text{ 时}) \tag{3.120}$$

(2)假定当在电力系统的测量量中,第 i 个量是不良数据,且假定其值为 α_i,于是测量的误差向量应改写为

$$\boldsymbol{v}=\boldsymbol{v}_z+\boldsymbol{e}_i\boldsymbol{\alpha}_i \tag{3.121}$$

式中:$\boldsymbol{e}_i$ 是 m 维向量,其中仅 i 元素为 1,其余元素均为 0,即

$$\boldsymbol{e}_i=[0,\cdots,0,1,0,\cdots,0]^T \tag{3.122}$$

此时加权测量误差向量可写为

$$\boldsymbol{v}_w=\boldsymbol{v}_{wz}+\sqrt{\boldsymbol{R}^{-1}}\boldsymbol{e}_i\boldsymbol{\alpha}_i=\boldsymbol{v}_{wz}+\boldsymbol{e}_i\boldsymbol{\alpha}_{wi}$$

将上式代入式(3.113)得

$$\boldsymbol{v}_w=\boldsymbol{W}_w\boldsymbol{v}_{wz}+\boldsymbol{W}_w e_i\boldsymbol{\alpha}_{wi}$$

于是含一个不良数据时的目标函数将不同于式(3.118),而是

$$\boldsymbol{J}(\hat{x})=\boldsymbol{v}_{wz}^T\boldsymbol{W}_w\boldsymbol{v}_{wz}+2\boldsymbol{\alpha}_{wi}\boldsymbol{e}_i^T\boldsymbol{W}_w\boldsymbol{v}_{wz}+\boldsymbol{\alpha}_{wi}^2\boldsymbol{e}_i^T\boldsymbol{W}_w\boldsymbol{e}_i \tag{3.123}$$

式(3.123)右侧第一项即为 $\boldsymbol{J}_z(\hat{x})$,是 χ^2 一分布;第二项是 0 均值的正态分布;第三项为常数,所以 $\boldsymbol{J}(\hat{x})$的数学期望与方差分别为

$$\boldsymbol{\mu}_J=E[\boldsymbol{J}(\hat{x})]=\boldsymbol{K}+\boldsymbol{\alpha}_{wi}^2\boldsymbol{\omega}_{\omega,ii} \tag{3.124}$$

$$\boldsymbol{\sigma}_J^2=\mathrm{var}[\boldsymbol{J}(\hat{x})]=2K+4\boldsymbol{\alpha}_{wi}^2\boldsymbol{\omega}_{\omega,ii} \tag{3.125}$$

当 $K>30$ 时,式(3.123)右侧第一项趋于正态分布,此时整个 $\boldsymbol{J}(\hat{x})$也趋于正态分布。$\boldsymbol{J}(\hat{x})$的标准化随机变量形式为

$$\xi_1=\frac{\boldsymbol{J}(\hat{x})-K}{\sqrt{2K}}\sim N\left(\frac{\mu_J-K}{\sqrt{2K}},\frac{\sigma_J^2}{2K}\right) \tag{3.126}$$

由式(3.123)可以看出,当存在不良数据后,目标函数 $\boldsymbol{J}(\hat{x})$就急剧增大。利用这一特性可以检测不良数据,其具体方法是用 $\boldsymbol{H}_0$ 和 $\boldsymbol{H}_1$ 两种假设的假设性检验方法,内容如下:

1)$\boldsymbol{H}_0$ 假设:如 $\xi_1<\gamma$(γ 为检验阈值),则没有不良数据,$\boldsymbol{H}_0$ 属真。

2)$\boldsymbol{H}_1$ 假设:如 $\xi_1\geqslant\gamma$(γ 为检验阈值),则有不良数据,$\boldsymbol{H}_1$ 属真。

当确定了阈值 γ 后,如果某次采样 $\xi_1<\gamma$ 就认为 $\boldsymbol{H}_0$ 属真。这时可能犯第一类错误,即 $\boldsymbol{H}_0$ 属真而拒绝了 $\boldsymbol{H}_0$,接受了 $\boldsymbol{H}_1$。这类错误称误报警,其出现的概率为 p_e,通常称 p_e 为伪警概率。上述检验结果也可能犯第二类错误,即 $\boldsymbol{H}_0$ 不真而接受了 $\boldsymbol{H}_0$,拒绝了 $\boldsymbol{H}_1$。这类错误称漏报,出现的概率为 p_d,通常称 p_d 为漏检概率。这两类错误的概率是由阈值 γ 确定的,一般漏检概率越小,伪警概率就越大,反之亦然。为了减少这两类错误,通常将 p_e 的概率范围取值为 $p_e=0.005\sim0.1$。若 $p_e=0.05$ 且 $K>30$,则可以由给定的 $N(0,1)$正态分布表查到相应的 γ 值为 1.645。

3.7.2　加权残差检测法

由残差定义可知,当测量值 $\boldsymbol{z}$ 是符合正态分布的随机变量时,其估计值$\hat{\boldsymbol{z}}$可以认为等于其均值,所以残差也是一个按正态分布的随机变量。又由于加权残差的权值是相应测量的标准差的倒数,因而加权残差也符合正态分布,所以利用加权残差同样也可以用假设性检验的方法来检测不良数据。

由于是正态分布,故 $Er_{wz,i}=0$,那么 $\boldsymbol{W}_w$ 的对角元素就是加权残差的方差

$$\mathrm{var}(\boldsymbol{r}_{wz,i})=E\boldsymbol{r}_{wz,i}^2=W_{w,ii}\quad(i=1,2,\cdots,m)$$

亦即 $r_{wz,i}$为下列形式的正态分布随机变量

$$r_{wz,i} \sim N(0, W_{w,ii})$$

在通常测量情况下，若规定伪警概率为 $p_e=0.005$，则正常的加权残差取值范围为

$$\left| r_{wz,i} \right| = 2.81\sqrt{W_{w,ii}} \qquad (i=1,2,\cdots,m) \tag{3.127}$$

于是加权残差阈值可定为

$$\gamma_{w,i} = 2.81\sqrt{W_{w,ii}} \tag{3.128}$$

加权残差 $\boldsymbol{r}_w$ 检测是将逐维残差按假设性检验的方法来进行的。

$$\left.\begin{aligned} H_0: \left| r_{w,i} \right| < \gamma_{w,i}，\text{此时 } H_0 \text{ 属真，接 } H_0 \\ H_1: \left| r_{w,i} \right| \geqslant \gamma_{w,i}，\text{此时 } H_0 \text{ 不真，接 } H_1 \end{aligned}\right\} \tag{3.129}$$

式中：$i=1,2,\cdots,m$。

3.7.3 标准化残差检测法

除了 $\boldsymbol{J}(\hat{\boldsymbol{x}})$ 检测法与加权残差检测法外，在有些情况下，还可以采用所谓的标准化残差检测的方法以取得更为理想的效果。

标准化残差的定义是

$$\boldsymbol{r}_N = \sqrt{\boldsymbol{D}^{-1}}\,\boldsymbol{r} \tag{3.130}$$

其中

$$\boldsymbol{D} = \mathrm{diag}[\boldsymbol{WR}] = \mathrm{diag}[\textstyle\sum_r] \tag{3.131}$$

于是

$$r_{N,i} = \frac{r_i}{\sqrt{\sum_{r,ii}}} \qquad (i=1,2,\cdots,m) \tag{3.132}$$

式中：$\sum_{r,ii}$ 是矩阵 $\sum_r$ 的第 i 个对角元素。

由残差方程式(3.112)可以写出标准化残差方程式为

$$\boldsymbol{r}_N = \boldsymbol{W}_N \boldsymbol{v} \tag{3.133}$$

式中：$\boldsymbol{W}_N$ 为标准化残差灵敏度矩阵。

在正常测量条件下，具有下列关系

$$E\boldsymbol{r}_{NZ}\boldsymbol{r}_{NZ}^T = \boldsymbol{W}_N(E\boldsymbol{r}\boldsymbol{r}^T)\boldsymbol{W}_N^T = \sqrt{\boldsymbol{D}^{-1}}\boldsymbol{WRW}^T\sqrt{\boldsymbol{D}^{-1}} = \sqrt{\boldsymbol{D}^{-1}}(\boldsymbol{WR})\sqrt{\boldsymbol{D}^{-1}} \tag{3.134}$$

将式(3.131)代入上式，可得上式右端矩阵的对角元素均为 1，故有

$$Er_{N,i}^2 = 1 \qquad (i=1,2,\cdots,m) \tag{3.135}$$

当取 $p_e=0.005$ 时，得到第 i 个标准化残差的检测阈值为

$$\gamma_{N,i} = 2.81 \qquad (i=1,2,\cdots,m) \tag{3.136}$$

逐维残差的标准化残差检测方法为

$$\left.\begin{aligned} H_0: \left| r_{N,i} \right| < \gamma_{N,i}，\text{此时 } H_0 \text{ 属真，接受 } H_0 \\ H_1: \left| r_{N,i} \right| \geqslant \gamma_{N,i}，\text{此时 } H_0 \text{ 不真，接受 } H_1 \end{aligned}\right\} \tag{3.137}$$

式中：$r_{N,i}$ 为第 i 个标准化残差分量。

以上三种检测方法的共同特点是利用采样的残差信息来检测出不良数据，其检测的效果与阈

值的选择有关，当阈值较低时，检测不良数据的能力就较强，但是过低的阈值又会使误检率增大。

$\boldsymbol{J}(\hat{x})$检测法是一种总体型的检测，它能测知不良数据是否存在，但不能知道哪一个是不良数据。在系统规模较大及冗余度大的情况下，个别不良数据对 $\boldsymbol{J}(\hat{x})$的影响相对减小，亦即式(3.123)右侧的第三项相对减小，从而使检测的灵敏度较低。

$\boldsymbol{r}_w$ 与 $\boldsymbol{r}_N$ 检测法与系统大小无关，它取决于$\boldsymbol{W}_w$ 或$\boldsymbol{W}_N$ 的对角元素。当测量系统完善，冗余度 K 越大，则对角元素越占优势，检测不良数据越灵敏。在冗余度为 $m/n=2\sim3$ 时，$\boldsymbol{r}_N$ 法比 $\boldsymbol{r}_w$ 法在灵敏度方面更优越，但是 $\boldsymbol{r}_N$ 法需付出计算 $\boldsymbol{D}$ 的代价，在冗余度更高时这两种方法的效果相近。

$\boldsymbol{r}_w$ 与 $\boldsymbol{r}_N$ 法在单个不良数据情况下一般可取得理想的效果，但有时除了不良数据点的残差呈现出超过检测阈值外，还有一些正常测点的残差也超过阈值，这种现象称为残差污染。在多个不良数据情况下，由于相互作用可能导致部分或全部不良数据测点上的残差近于正常残差现象，这称为残差淹没。残差污染和残差淹没使不良数据点模糊，导致辨识不良数据的困难。

前文已经提及在应用 $\boldsymbol{r}_w$ 或 $\boldsymbol{r}_N$ 检验时，增加测量可使 $\boldsymbol{W}$ 矩阵的对角元素增大，同时使其非对角元素减小。如果将前一采样时刻的测量信息作为伪测量与本采样时刻的测量量 $\boldsymbol{z}$ 一起进行状态估计，其效果是加强了残差灵敏度矩阵的对角元素优势，可以有效地削弱单个不良数据情况下的残差污染和多个不良数据情况下的残差淹没现象。为了减少由于增加伪测量(增加维数)所导致的计算时间增长，应只在真正薄弱的某些测点增加相应的局部测量量。

3.8　不良数据的残差搜索辨识法

通常对不良数据辨识的基本思路是：在检测出不良数据后，应进一步设法找出这个不良数据并在测量向量中将其排除，然后重新进行状态估计。

假设在检测中发现有不良数据的存在。一个最简单的辨识方法是将 m 个测量量作一排列，去掉第一个测量量，余下的 $m-1$ 个用不良数据检测法检查不良数据是否仍存在。如果 $m-1$个测量的 $\boldsymbol{J}(\hat{x})$值与原来 m 个时的 $\boldsymbol{J}(\hat{x})$值差不多，则表示刚刚去掉的第一个测量量是正常测量，应该予以恢复；然后试第二个测量量，直到找出不良数据为止。如果存在两个不良数据，则应试探每次去掉两个测量量的各种组合。这种方法试探的次数非常多，而且每次试探都要进行一次状态估计，因此问题的关键在于如何减少试探的次数。

残差搜索辨识法，也就是用残差绝对值由大到小排队来逐维做试探，通常分为 $\boldsymbol{r}_w$ 与 $\boldsymbol{r}_N$ 法。

1)加权残差搜索法。是按 $\left|r_{w,i}\right|$ 大小排队，逐维试探。加权残差可以写成

$$\boldsymbol{r}_W=\boldsymbol{r}_{WZ}+\sqrt{\boldsymbol{R}^{-1}}\boldsymbol{w}_i\alpha_i \tag{3.138}$$

式中：$\boldsymbol{r}_W$ 为有不良数据 α_1 时 m 维加权残差向量；$\boldsymbol{r}_{WZ}$ 为没有不良数据时的 m 维加权残差向量；$\boldsymbol{w}_i$ 为 $\boldsymbol{W}$ 矩阵的第 i 个列向量；α_1 为出现在第 i 测点上的不良数据值。

略去正常残差 $\boldsymbol{r}_{WZ}$，则式(3.138)可以写成

$$\left.\begin{aligned} r_{\omega i}&\approx\frac{1}{\sigma_i}\omega_{ii}\alpha_i \\ r_{\omega k}&\approx\frac{1}{\sigma_k}\omega_{ki}\alpha_i \qquad (k=1,2,\cdots.m;k\neq i)\end{aligned}\right\} \tag{3.139}$$

由于现在需研究的是 $r_{\omega i}$ 的大小与其在排队中次序的前后问题。由式(3.139)可见,σ_i 与 σ_k 的值是影响因素之一,此外还由于

$$\left.\begin{aligned}\omega_{ii}&=1-\sigma_i^{-2}\boldsymbol{H}_i(\boldsymbol{H}^T\boldsymbol{R}^{-1}\boldsymbol{H})^{-1}\boldsymbol{H}^T\\\omega_{ki}&=1-\sigma_i^{-1}\sigma_k^{-1}\boldsymbol{H}_k(\boldsymbol{H}^T\boldsymbol{R}^{-1}\boldsymbol{H})^{-1}\boldsymbol{H}_i^T\end{aligned}\right\}\tag{3.140}$$

因此,排队顺序可用上列系数值分别除以 σ_i、σ_k 来确定。当 σ_i 比 σ_k 小,则 $\left|\boldsymbol{r}_{w,i}\right|$ 法排队次序的提前较 $\left|\boldsymbol{r}_i\right|$ 法更为明显。对于注入功率较小,而穿越功率较大的节点,由于 σ_i 比 σ_k 分别与注入功率与穿越功率成线性关系,所以用 r_w 法排队效果较好。

2)标准化残差搜索法。是按 $\left|\boldsymbol{r}_{N,i}\right|$ 的大小排队,逐维试探。标准化残差可以写成

$$\boldsymbol{r}_N=\boldsymbol{r}_{NZ}+\sqrt{\boldsymbol{D}^{-1}}\,\boldsymbol{w}_i\alpha_i\tag{3.141}$$

式中:$\boldsymbol{r}_N$ 为有不良数据 α_i 时的 m 维标准化残差向量;$\boldsymbol{r}_{NZ}$ 为没有不良数据时的 m 维标准化残差向量;$\boldsymbol{w}_i$ 为 W 矩阵的第 i 个列向量;$\boldsymbol{D}$ 的含义见式(3.131)的含义;

略去正常残差 $\boldsymbol{r}_{NZ}$,则式(3.141)可写成

$$\boldsymbol{r}_N=\sqrt{\boldsymbol{D}^{-1}}\,w_i\alpha_i\tag{3.142}$$

由式(3.134)和式(3.135)得

$$Er_{N,i}^2=\sqrt{d_{ii}^{-1}}(\omega_{ii}\sigma_i^2)\sqrt{d_{ii}^{-1}}=1\qquad(i=1,2,\cdots,m)\tag{3.143}$$

这表示随机变量 $\boldsymbol{r}_{N,i}$ 的自相关系数为1。根据概率论的关系,在式(3.134)中 $\boldsymbol{r}_{N,i}$、$\boldsymbol{r}_{N,k}(k\neq i)$ 之间的互相关系数的绝对值恒小于或等于1

$$|Er_{N,k}r_{N,i}|=\left|-\sqrt{d_{kk}^{-1}}(\omega_{ki}\sigma_i^2)\sqrt{d_{ii}^{-1}}\right|\leqslant 1\qquad(i=1,2,\cdots,m)\tag{3.144}$$

与式(3.135)相比较,可得

$$\sqrt{d_{ii}^{-1}}\,\omega_{ii}\geqslant\sqrt{d_{kk}^{-1}}\,\omega_{ki}\qquad(k=1,2,\cdots m;k\neq i)\tag{3.145}$$

由此可见,在单个不良数据时,按 $\left|r_{N,i}\right|$ 大小排队,不良数据点的标准化残差绝对值总是排在前面。当计及正常残差 $\boldsymbol{r}_{N,Z}$ 的影响后,也仍排在前面;亦即按 $\boldsymbol{r}_N$ 法只需搜索1~2次即可辨识成功。

残差搜索法一般只适用于单个不良数据的辨识,或弱相关的多个不良数据的辨识。对于强相关的多个不良数据的情况,则由于需搜索次数过多而难以奏效。残差搜索法在确定一个残差大的可疑数据,并将它暂时排除后,需重作状态估计以确定排除的是否真为不良数据。因此,需进行多次状态估计,在大系统中会耗时过多,但这种方法程序简单,占用内存少,对状态估计程序的适应性好。

$\boldsymbol{r}_w$ 与 $\boldsymbol{r}_N$ 辨识法可以用相同的程序流程框图,如图3.13所示。图中程序说明如下。

框1为进行一次采样,形成测点集合 $\boldsymbol{M}$,在 $\boldsymbol{M}$ 中可疑数据集合为 $\boldsymbol{S}$,不良数据集合为 $\boldsymbol{P}$。

框2为用 $\boldsymbol{M}$ 进行状态估计,计算出 $\boldsymbol{r}_w$ 或 $\boldsymbol{r}_N$ 和 $\boldsymbol{J}(\hat{x})$。

框3进行 $\boldsymbol{J}(\hat{x})$ 检测,若 $\boldsymbol{J}(\hat{x})<\boldsymbol{\gamma}_J$,则无不良数据,输出状态估计的各项数据,程序转到出口;若 $\boldsymbol{J}(\hat{x})\geqslant\boldsymbol{\gamma}_J$,则进入框4。

框4将现有的 $\boldsymbol{J}(\hat{x})$ 保留在 $\boldsymbol{J}(\hat{x})$ 中。

框5将 $\boldsymbol{S}$ 中各测点按 $\left|\boldsymbol{r}_{N,i}\right|$ 或 $\left|\boldsymbol{r}_{W,i}\right|$ 的大小排队。

框6将 $\boldsymbol{S}$ 中排在前面的测点号 i 送到 $\boldsymbol{p}$ 中,并将 i 从 $\boldsymbol{S}$ 中清除。

框7在总的测点集合 $\boldsymbol{M}$ 中扣除 $\boldsymbol{p}$ 的测量,形成新的 $\boldsymbol{M}$ 集合。

框 8 用新的测点集合 $\boldsymbol{M}$ 作状态估计，计算出 $\boldsymbol{r}_w$ 或 $\boldsymbol{r}_N$ 和 $\boldsymbol{J}(\hat{\boldsymbol{x}})$。

框 9 进行 $\boldsymbol{J}(\hat{\boldsymbol{x}})$ 检测，若已无不良数据，则程序转出口，否则到框 10。

框 10 比较 $\boldsymbol{J}(\hat{\boldsymbol{x}})$ 与 $\boldsymbol{J}(\dot{\boldsymbol{x}})$，若 $\boldsymbol{J}(\hat{\boldsymbol{x}})$ 有显著减小，则表示 i 点是不良数据，转框 4，再对 $\boldsymbol{S}$ 集合用框 8 的 $\boldsymbol{r}_w$ 或 $\boldsymbol{r}_N$ 重新排队；若 $\boldsymbol{J}(\hat{\boldsymbol{x}})$ 无明显减小，则 i 不是不良数据，应予以恢复，转框 11。

框 11 将 i 从 $\boldsymbol{p}$ 中清除，不必重作排队，只需取框 6 中排在第二位的测点进行试探。

在上述不良数据的残差搜索辨识法中，若不将残差绝对值大的测量量从状态估计中排除，而是在迭代过程中减小它的权值，亦即减小它在状态估计中的影响，使得最终能获得最精确的状态估计量。这种修改加权最小二乘目标函数的方法在辨识单个不良数据或多个不产生残差淹没的不良数据时是非常有效的，但在出现残差淹没时则难以奏效，而且它对测量系统的要求较高。

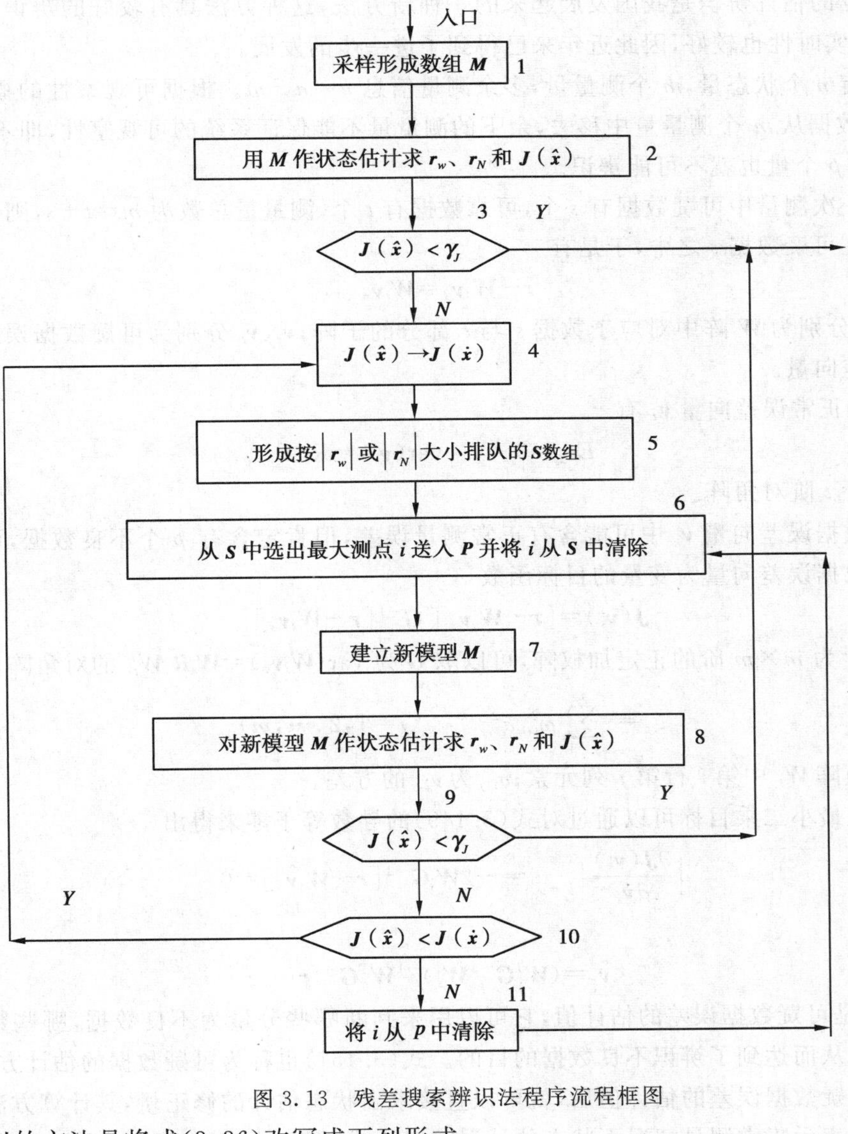

图 3.13 残差搜索辨识法程序流程框图

类似的方法是将式(3.36)改写成下列形式

$$\Delta(\hat{\boldsymbol{x}}) = [\boldsymbol{H}^T\boldsymbol{R}^{-1}\boldsymbol{H}]^{-1}\boldsymbol{H}^T\boldsymbol{R}^{-1}\boldsymbol{S}[\boldsymbol{z} - \boldsymbol{h}(\hat{\boldsymbol{x}})] \tag{3.146}$$

式中：$\boldsymbol{S}$ 为 $m\times m$ 阶对角矩阵，其中，对应于不良数据的对角元素为零，其它对角元素为1，亦即对这些可疑的数据不再逐次改变权值，而是直接置之为零进行排除。其迭代收敛后的估计结果接近于排除了不良数据后的最优估计，其中对应于不良数据点上的残差，即为不良数据的估计值。这种方法程序简单，计算速度快，节约内存并能配合多种状态估计算法，由于其对可疑数据的残差直接置为零，所以也称为零残差法。

3.9 不良数据的估计辨识法

不良数据的估计辨识是我国发展起来的一种新方法，这种方法具有较好的辨识多个不良数据的功能，实时性也较好，因此近年来已得到了进一步的发展。

当系统有 n 个状态量，m 个测量量，多余测量信息 $k=n-m$。根据可观察性的概念，如果有 p 个不良数据从 m 个测量量中移去，余下的测量量不能保证系统的可观察性，即不能作出 $\hat{\boldsymbol{x}}$ 的估计，则这 p 个量也就不可能辨识。

如果在一次测量中可疑数据有 s 个，可靠数据有 t 个，测量量总数为 $m=t+s$，则 p 个不良数据也包括在可疑数据 s 之中，于是有

$$\boldsymbol{r}-\boldsymbol{W}_s\boldsymbol{v}_s=\boldsymbol{W}_t\boldsymbol{v}_t \tag{3.147}$$

式中：$\boldsymbol{W}_s$、$\boldsymbol{W}_t$ 分别为 $\boldsymbol{W}$ 阵中对应于数据 s 与 t 部分的子阵；$\boldsymbol{v}_s$、$\boldsymbol{v}_t$ 分别为可疑数据误差向量与可靠数据误差向量。

对于 t 维正常误差向量 $\boldsymbol{v}_t$ 有

$$E\boldsymbol{v}_t=0\quad,\quad \mathrm{var}(\boldsymbol{v}_t)=R_t \tag{3.148}$$

式中：R_t 为 $t\times t$ 阶对角阵。

在可疑数据误差向量 $\boldsymbol{v}_s$ 中可能含有正常测量误差，但肯定含有 p 个不良数据，可以建立一个以可疑数据误差向量为变量的目标函数

$$\boldsymbol{J}(\boldsymbol{v}_s)=[\boldsymbol{r}-\boldsymbol{W}_s\boldsymbol{v}_s]^T\boldsymbol{G}^{-1}[\boldsymbol{r}-\boldsymbol{W}_s\boldsymbol{v}_s] \tag{3.149}$$

式中：$\boldsymbol{G}^{-1}$ 为 $m\times m$ 阶的正定加权阵，可以取 $\boldsymbol{G}$ 为 $\mathrm{var}(\boldsymbol{W}_t\boldsymbol{v}_t)=\boldsymbol{W}_t\boldsymbol{R}_t\boldsymbol{W}_t^T$ 的对角阵，亦即

$$g_{ii}=\sum_{j=1}^{t}\omega_{t,ij}^2\sigma_{t,j}^2\qquad(i=1,2,\cdots,m)$$

式中：$\omega_{t,ij}$ 为矩阵 $\boldsymbol{W}_t$ 中第 i 行第 j 列元素；$\sigma_{t,j}$ 为 $\nu_{t,j}$ 的方差。

$\boldsymbol{v}_s$ 的加权最小二乘目标可以通过对式(3.149)的导数等于零来得出

$$\left.\frac{\partial\boldsymbol{J}(\boldsymbol{v}_s)}{\partial\boldsymbol{v}_s}\right|_{\nu_s=\hat{\nu}_s}=-2\boldsymbol{W}_s\boldsymbol{G}^{-1}[\boldsymbol{r}-\boldsymbol{W}_s\hat{\boldsymbol{v}}_s]=0 \tag{3.150}$$

即

$$\hat{\boldsymbol{v}}_s=(\boldsymbol{W}_s^T\boldsymbol{G}^{-1}\boldsymbol{W}_s)^{-1}\boldsymbol{W}_s^T\boldsymbol{G}^{-1}\boldsymbol{r} \tag{3.151}$$

式中：$\hat{\boldsymbol{v}}_s$ 是可疑数据误差的估计值，它可以用来判断哪些分量为不良数据，哪些数据为正常测量误差。从而达到了辨识不良数据的目的。式(3.151)也称为可疑数据的估计方程。

在求出可疑数据误差的估计值后，就可以直接求出状态估计的修正量，其计算方法如下。

式(3.23)表示正常测量情况下状态估计误差表达式，即：

$$\boldsymbol{x}-\hat{\boldsymbol{x}}=-(\boldsymbol{H}^T\boldsymbol{R}^{-1}\boldsymbol{H})^{-1}\boldsymbol{H}^T\boldsymbol{R}^{-1}\boldsymbol{v} \tag{3.152}$$

当存在 s 个不良数据(认为 $p=s$)时,其测量误差向量为 $\boldsymbol{v}_b$,这时的状态估计误差表达式为

$$\boldsymbol{x}-\hat{\boldsymbol{x}}_b=-(\boldsymbol{H}^T\boldsymbol{R}^{-1}\boldsymbol{H})^{-1}\boldsymbol{H}^T\boldsymbol{R}^{-1}\boldsymbol{v}_b \tag{3.153}$$

式中:$\hat{\boldsymbol{x}}_b$ 为含有不良数据时求出的状态估计值。

将式(3.152)与式(3.153)相减,可得

$$\Delta\hat{\boldsymbol{x}}=\hat{\boldsymbol{x}}-\hat{\boldsymbol{x}}_b=-(\boldsymbol{H}^T\boldsymbol{R}^{-1}\boldsymbol{H})^{-1}\boldsymbol{H}^T\boldsymbol{R}^{-1}(\boldsymbol{v}_b-\nu)=$$
$$-(\boldsymbol{H}^T\boldsymbol{R}^{-1}\boldsymbol{H})^{-1}\boldsymbol{H}^T\boldsymbol{R}^{-1}\boldsymbol{v}_{sm} \tag{3.154}$$

式中:$\boldsymbol{v}_{sm}$ 为一个 m 维向量,其中对应于 s 个不良数据测点的相应元素等于不良数据的真值 ν_{si} $(i=1,2,\cdots,s)$,而其余的元素均为零。

将式(3.151)求出 $\boldsymbol{v}_s$ 的估计值 $\hat{\boldsymbol{v}}_s$ 代入 $\boldsymbol{v}_{sm}$ 向量的相应元素后,就可以用式(3.154)求出状态估计修正量 $\Delta\hat{\boldsymbol{x}}$,于是修正后的估计值为

$$\hat{\boldsymbol{x}}=\hat{\boldsymbol{x}}_b+\Delta\hat{\boldsymbol{x}} \tag{3.155}$$

应该指出的是,上述修正方法是建立在系统线性化基础上的,并假定不良数据的存在对 H 阵没有显著影响。

3.10　电力系统网络拓扑的实时分析

电力系统运行的在线分析计算中许多程序都是以节点导纳矩阵为基础的。节点导纳矩阵随网络的结线而变化。而电力系统中经常进行开关操作,其网络拓扑也随之而变。若不能迅速而准确地随着开关所处状态的实时变化而修改结线,形成新的节点导纳矩阵,原有的节点导纳矩阵已不能反映实际系统,这将会导致错误的分析和判断。因此,根据实时开关状态,用计算机自动确定网络联结情况,即电气节点,以及节点之间的连通情况,并在此基础上确定节点导纳矩阵,才能保证后继续各种分析计算程序的正常运行。

节点导纳矩阵是网络分析的基础。而节点导纳矩阵 $\boldsymbol{Y}=\boldsymbol{A}\boldsymbol{Y}_b\boldsymbol{A}^T$ 中,$\boldsymbol{Y}_b$ 是支路导纳对角矩阵,它由网络元件参数决定,是已知的、不变的量;A 是节点支路关联矩阵,它由网络中各厂站的开关状态决定,是在运行中变化的量,可由遥信量决定。

网络拓扑的实时确定也称为实时结线分析,其任务是实时处理开关信息的变化,自动划分发电厂、变电站的计算用接点,形成新的网络结线,确定连通的最大子网络。同时在新的网络图上分配量测,为后续的在线网络分析程序提供可供计算用的网络结构参数和实时运行参数的基础数据。

网络结线分析包括对厂站的结线分析和对系统的结线分析。量测在网络图上的分配和量测系统可观测性分析也属于状态估计的内容。这一节介绍网络拓扑的实时确定的基本方法,下一节介绍网络结构辨识的基本概念。

3.10.1　厂站的结线分析

电力系统各发电厂或变电站内开关状态的变化可能产生以下情况:

①不改变电气结线,不影响发电和供电,计算用节点数不变;

②切除或投入发电机或负荷,但计算用节点数不变。

③母线分段或合并，节点数发生变化。

厂站的结线分析是确定厂站的母线段由断路器的闭合连接成多少计算用母线。其所需要的信息是断路器两端的母线段号和断路器的工作状态，即需要提供开关—节点关系、节点—母线关系、开关状态等信息。通过厂站结线分析可以确定每个母线段属于哪个电气节点(BUS)。

如果把开关看做边，母线段作为顶点，在一个变电站内的所有开关可以将母线段(节点)连通成一个网络。根据开关的开合状态的不同，站内的这个网络可以由一个连通片组成，也可以由两个(或两个以上)连通片组成。这可以由树搜索方法来确定。

以图 3.14 所示倍半开关接线方式为例，图 3.14(a)中的 6 个母线段对应图 3.14(b)中的 6 个顶点。图(a)中的 6 个断路器对应图(b)中的 6 条边。根据断路器 A、B、C、D、E、F 的开合状态的不同，图 3.14(b)中的边接通和断开的情况也不同，相应地这 6 个顶点可能连通(即所有顶点都有边连通)，也可能分离成两个岛。如果 6 个顶点都连通，该变电站在电气连接上属于一个电气节点(BUS)；如果 6 个顶点分离成两个岛，则该变电站属于两个电气节点(BUS)。这个过程可以用树地搜索程序完成。连通的节点就是一个 BUS。

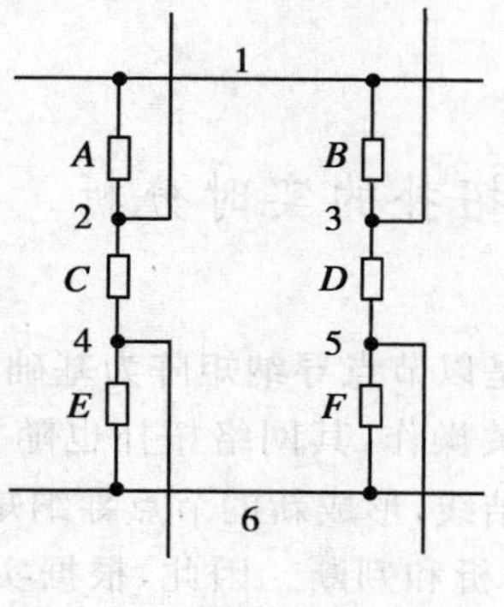

(a)厂站接线图

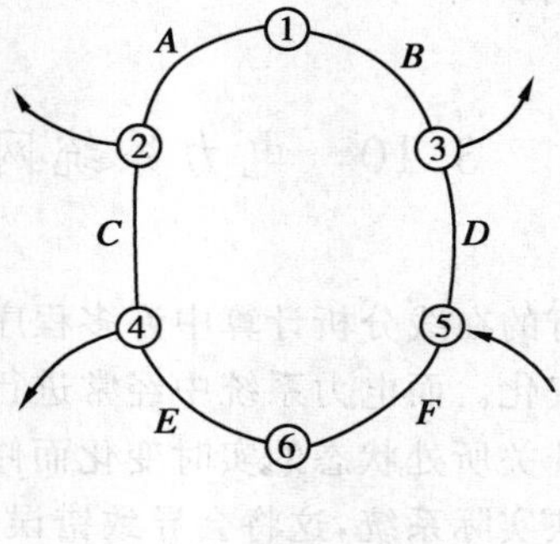

(b)相应的网络图

图 3.14　厂站接线图与相应的网络图

3.10.2　网络接线分析

厂站结线分析确定了网络的电气节点，这些电气节点通过输电线(在不同的厂站之间)或者变压器(在同一厂站内)相互连接，组成了电力网络。网络的结线分析就是要确定由输电线和变压器连通的独立子网络(岛)，并确定其中哪些岛是有源的，即岛内有至少一台发电机运行，并向该子网络送电；哪些岛是无源的。

将母线看做顶点，输电线或变压器等支路看做边，用树搜索算法(DFS，BFS)确定连通子网络(岛)，搜索从一个有源节点开始，保证该岛是有源的。一个岛搜索完以后，对未上岛的顶点重新开始以上过程，直至所有顶点都归属于某岛为止。有源岛(Active island)是正在运行的岛，实时网络分析是在这些岛上进行的。对于无源岛(Dead island)在计算中不予考虑。

由于每个设备，例如发电机、负荷都和一个母线段连接，厂站结线分析已获得了线段和母线的关联关系，因此可以容易地建立设备—母线关联表。由此，我们不但有了网络拓扑结构的信息，又有了发电机、负荷和母线的连接信息，在此基础上就可以进行网络分析计算了。

从以上的分析可以看到，确定网络拓扑所用的方法都是图论中的一些基本方法，这些方法只涉及逻辑运算，不涉及数值计算。但逻辑运算的计算工作量也很大，因此，需要采用各种程序设计技巧，例如堆栈技术、分配排号法等方法避免全面查寻搜索。另外，在实时应用中，网络拓扑程序只在有开关变位信号时才运行。由于开关变位有时并不改变网络拓扑结构，或者只改变网络中的部分结构，所以快速的方法是在原来的网络拓扑上进行局部修改，避免重新从头启动网络拓扑程序。

3.11 网络结构辨识的基本概念

进行网络结构分析需将网络图用数学方式来描写，通常用各种矩阵来表示。

1)邻接矩阵　若节点 i 与 j 相邻，则 i 行 j 列元素为“1”；反之，为“0”。应用邻接矩阵可以确定每个节点所连支路数的阶，一个连接图不可能有分块对角的邻接矩阵。

2)关联矩阵　即节点与支路的关联关系模型，如将单母线分段与双母线的每条母线作为一个节点，母线联络断路器与分段断路器作为支路，则写出的关联矩阵就可以判断开关位置变化时系统的分割状态与各分割块的连接方式。

3)关联矩阵的分块对角阵　如果 $n\times m$ 阶矩阵 $\boldsymbol{A}$ 要对换它的 i 行和 j 行，则只要在它之前乘 $n\times n$ 的初等变换阵 $\boldsymbol{T}_{(i,j)}$，其中，$\boldsymbol{T}_{(i,j)}$ 为 $n\times n$ 阶方阵。

$$T_{(i,j)}=\begin{array}{c} \\ 1\\ 2\\ \vdots\\ i-1\\ i\\ i+1\\ \vdots\\ j-1\\ j\\ j+1\\ \vdots\\ n\end{array}\begin{array}{c}\begin{array}{cccccccccccc}1&2&\cdots&i-1&i&i+1&\cdots&j-1&j&j+1&\cdots&n\end{array}\\ \begin{bmatrix}1&&&&&&&&&&&\\&1&&&&&&&&&&\\&&\ddots&&&&&&&&&\\&&&1&&&&&&&&\\&&&&0&&&&1&&&\\&&&&&1&&&&&&\\&&&&&&\ddots&&&&&\\&&&&&&&1&&&&\\&&&&1&&&&0&&&\\&&&&&&&&&1&&\\&&&&&&&&&&\ddots&\\&&&&&&&&&&&1\end{bmatrix}\end{array}\tag{3.156}$$

如果要对换矩阵 $\boldsymbol{A}$ 的 i 列与 j 列，则只需要在它之后乘初等变换阵 $\boldsymbol{Q}_{(i,j)}$。其中，$\boldsymbol{Q}_{(i,j)}$ 为 $m\times m$ 方阵。

应用初等变换矩阵将相互连接的节点与线路在行与列靠拢。在经过一系列的换行和换列后，形成在对角线上集结的分块阵。如果分成 p 个分块对角阵，则表示网络为 p 个独立分割块，而每个分割子阵即可表示该块所包含的支路与节点的范围。

在实时情况下，为调度人员提供正确的网络结构是十分重要的，而正确的网络拓扑又建立在正确遥信的基础上，因而检测、辨识与修正网络结构的错误也是实时信息处理的重要内容。

利用各开关的遥信及线路潮流的遥测，检查其是否对应来发现可疑的遥信。然后用搜索法根据可能存在的网络结构形式，通过状态估计检查 $\boldsymbol{J}(\hat{\boldsymbol{x}})$ 是否小于门槛值来判别该类结构形式是否正确。其步骤如下。

$$
Q_{(i,j)}=\begin{array}{c}
\\ 1 \\ 2 \\ \vdots \\ i-1 \\ i \\ i+1 \\ \vdots \\ j-1 \\ j \\ j+1 \\ \vdots \\ m
\end{array}
\begin{array}{c}
\begin{array}{ccccccccccccc} 1 & 2 & \cdots & i-1 & i & i+1 & \cdots & j-1 & j & j+1 & \cdots & m \end{array} \\
\left[\begin{array}{ccccccccccccc}
1 & & & & & & & & & & & \\
& 1 & & & & & & & & & & \\
& & \ddots & & & & & & & & & \\
& & & 1 & & & & & & & & \\
& & & & 0 & & & & 1 & & & \\
& & & & & 1 & & & & & & \\
& & & & & & \ddots & & & & & \\
& & & & & & & 1 & & & & \\
& & & & 1 & & & & 0 & & & \\
& & & & & & & & & 1 & & \\
& & & & & & & & & & \ddots & \\
& & & & & & & & & & & 1
\end{array}\right]
\end{array}
\tag{3.157}
$$

表 3.2 结构错误检测结果分类表

类别	*SWIT*	*MEAS*	检测结果
正常合	0	≠0	正常
误识别开断	1	≠0	可疑
误识别闭合	0	0	可疑
正常开断	1	0	正常

首先进行检测。检查遥测与遥信不对应的情况。若以 *MEAS* 表示线路测量，*SWIT* 表示开关位置遥信，*I* 表示开关编号，开关位置断开以"1"表示，开关位置闭合以"0"表示，则只要把数组 *SWIT*(*I*)与 *MEAS*(*I*)作比较，即可找出可疑的开关位置，如表 3.2 所示。根据可疑的开关编号，可以求出支路元件的编号。

利用上述网络结构错误的检测结果，可以确定可能有几种正确的网络结构，并以此网络结构为准进行 $\boldsymbol{J}(\hat{x})$检验。然后以检验结果来辨识正确的结构方式。

若 $\boldsymbol{J}(\hat{x})$值符合

$$\boldsymbol{J}(\hat{x})<\varepsilon_J \tag{3.158}$$

则网络结构错误已被检测出，并得到了正确的结构方式。

若 $\boldsymbol{J}(\hat{x})$值符合

$$\boldsymbol{J}(\hat{x})>\varepsilon_J \tag{3.159}$$

则表示仍然需要对另一个可能的网络结构进行估计辨识，直至找到一个正确的网络结构或几种可能的网络结构全部被辨识完为止。若几种可能结构全部被辨识完仍不能满足式(3.158)，则说明该次采样辨识失败，用遥测来修正的遥信不正确，因此只好放弃本次采样。

这种方法的优点是比较简单，对测量配置要求也较低。但在多个结构错误与不良数据同时出现时可能出现失败。因此，在一些简单电力系统中，网络结构的辨识通常是仅采用检测即比较遥测信号是否一致来单独完成的。

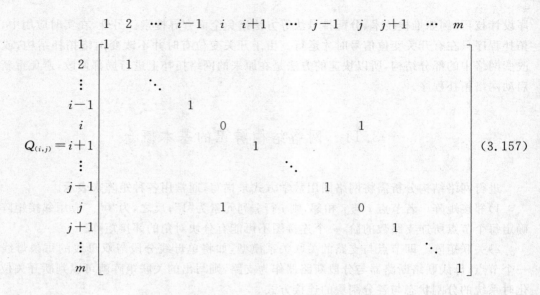

第 4 章 电力系统的安全分析和控制

4.1 概　　述

在电力系统中任一地点发生故障，均将在不同程度上影响整个电力系统的正常运行。特别是在主要干线上或发电机内发生故障时，如不能及时而正确地处理，将使事故扩大，波及电力系统中其他正常运行部分，以致造成大面积停电，在政治、经济上所造成的影响是十分巨大的。到目前为止，世界各国对事故停电所带来的直接和间接损失没有统一严格的分析和计算准则。美国和加拿大、英国等西方国家采取用户调查法得到不同类型用户的停电损失数据，计算出停电损失值与平均电价的关系，如英国商业和居民用户停供 1 kWh 的实际经济损失是平均电价的 70 倍。停电所带来的直接和间接经济损失与用户类型、不同用户电价、供电时间(白天还是晚上)、停电时间的长短、停电面积与停电区域经济水平等因素有关。电力系统运行中的安全性已成为人们重点关注的问题。

电力系统安全运行的目的是保证电力系统能以质量(一般指电压和频率)合格的电能充分地对用户连续供电。

在以前，电力系统可靠性往往包括电力系统安全性的含义。目前，电力系统可靠性和电力系统安全性已逐渐分别表示两种不同的概念。电力系统可靠性是一个长时间连续供电的概率，是按时间的平均特性的函数，属于电力系统规划范畴的问题。电力系统安全性则是表征电力系统短时间内的抗干扰性(在事故下维持电力系统连续供电的能力)，是在电力系统实时运行中应解决的问题。因为在电力系统中经常有可能出现各种干扰和事故，如设备的损坏，自然现象的作用，人为的失误和破坏等，其中很多原因是不能预测和控制的，所以，要在电力系统的实际运行中绝对不发生事故是不可能的。重要的问题是，一个能够保证连续供电的电力系统必须具有经受一定程度干扰和事故的能力。这也就是说，当出现预先规定性质和规模的干扰或事故后，电力系统凭借其本身具有的抗干扰能力和继电保护及其自动装置的作用，以及运行人员的控制和操作，仍能保持连续供电。例如，在由双回路供电的电力系统中，要求在一回线路故障断开后，仍能维持连续供电。但是，当电力系统中出现一个超出规定的事故后，就有可能使电力系统失去连续供电的能力，导致一部分用户停电。如果考虑到所有可能出现的事故

(即使出现概率是很小),那么,就不存在一个绝对或完全安全的电力系统。所以,在讨论电力系统安全性时,都是相对于某些电力系统特定运行方式和某些特定的事故形式而言的。一个安全的电力系统,不仅要求能经受特定的事故,而且要求在严重事故下也应尽量缩小事故的范围,防止事故的扩大,或者能迅速消除事故所造成的后果,恢复正常供电。

一般所谓电力系统稳定性(或稳定运行),则是关于保持所有发电机并列同步运行的条件,是电力系统安全运行中的一个重要条件。

根据国内外电力系统重大事故的分析,除了自然因素外,影响电力系统事故发生和发展的重要因素有以下几方面。

1)电力系统规划设计方面的因素　电力系统运行的安全性,原则上首先应在电力系统规划设计中加以考虑。各个规划设计部门都应根据规定的可靠性准则,校核电力系统各发展阶段的规模(包括发电容量及其配置,电网结构及其输送容量等),使其均能与电力系统中各地区负荷的增长相适应,并有足够的备用。这种电力系统发展规模和负荷增长的相适应,不仅要求有功功率达到平衡,同时也要保证无功功率的平衡,以避免由于无功功率的不足和电压的下降而使电力系统瓦解。特别要注意电力系统中各薄弱环节的结构,因为很多事故的发生和发展往往就出现在电力系统的某些薄弱环节中。根据我国近几年来的事故统计,在稳定破坏的事故中,约有 2/3 发生在电网结构较弱的电力系统中,如表 4.1 所示。

表 4.1　在较弱电网结构中发生的稳定破坏事故统计

结构形式	占事故总数的百分数/%
距离过长或联系阻抗过大的单回线	38.6
高低压环网结构	19.0
弱联系大环网	5.7
过弱的受端系统	2.9
主要电源 T 接	0.5
合　　计	66.7

在实际运行中,电力系统的结构往往与设计的条件是不一致的。例如大机组或主干线路退出运行,系统处于检修方式等。所以在设计时就应考虑在各种典型运行方式下各种可预见到的故障,并分别按地区的特点进行校核。为了保证电力系统的安全可靠,还应考虑罕见的最坏事故情况,并作出全面的研究分析,在技术经济合理的条件下,采取相应的措施,争取使事故的影响为最小,做到有备无患。

2)电力系统设备元件上的问题　在实际运行中,往往由于制造厂交货的不及时或经费、自然环境、劳动力安排等原因,使计划内的设备不能及时投入运行,不得已而采用一些临时性的措施。这些措施往往能应付正常的运行方式,而不能适应不正常的运行方式。在设备的设计和制造中,往往由于没有全面和合理地考虑多种因素,如严重的气候条件(飓风、冰雪等),地区的电气特性(如接地电阻等)等特殊的技术和环境条件,因而影响设备的正常运行和电力系统的安全性。因此,在实际运行中,为了保持设备的完好和安全可靠,必须定期根据现场的实际条件,对设备及其周围环境进行试验、检查和校核,及时发现和消除设备的隐患及其初期的缺陷。特别是在系统结构薄弱和电源紧张的情况下,保持设备的完好更有重要意义。不言而喻,加强设备的预防性维护可能是花费最少而收效最大的安全措施，它可以减少出现故障的概率，即使出现故障也可减轻其严重程度。

3)继电保护方面的问题　继电保护装置的功能一般用四个性能指标来衡量，即：

①可靠性——可靠性包括安全性和信赖性，是对继电保护性能的最根本要求。所谓安全性，是要求继电保护在不需要它动作时可靠不动作，即不发生误动作。所谓信赖性，是要求继电保护在规定的安全保护范围内发生了应该动作的故障时可靠动作，即不发生拒绝动作；

②选择性——指保护装置动作时，在可能最小的区间内将故障从电力系统中断开，最大限度地保证系统中无故障部分仍能继续安全运行；

③速动性——指尽可能快地切除故障，以减少设备及用户在大短路电流、低电压下运行的时间，降低设备的损坏程度，提高电力系统并列运行的稳定性；

④灵敏性——指对于其保护范围内发生故障或不正常运行状态的反应能力。

一般来讲，希望继电保护装置越简单越好。但是，由于电力系统的结构日益复杂，相应的继电保护系统也越来越复杂，这给各种继电保护装置的整定配合带来困难。特别是在运行方式和系统接线变更时，往往由于继电保护整定值未能及时作合理的修正而导致事故情况下的拒动或误动，成为扩大事故的重要原因。近年来，我国电力系统事故统计的结果表明，由于继电保护直接引起的事故或因其而导致事故扩大所造成的稳定破坏事故约占所统计事故总数的41%，如表 4.2 所示。

表 4.2　由于继电保护引起的事故统计

事故原因	占所统计事故数的百分数/%
由于继电保护误动而直接引起的稳定破坏事故	7.6
由于继电保护拒动、误动或不健全而使故障扩大为稳定破坏的事故	33.3
合　　计	40.9

4)电力系统运行的通讯和信息收集系统　很多事故后的分析表明，在一些正常或事故情况下，由于缺少某些电力系统实时运行方式的重要而基本的信息(如线路潮流、主设备运行状态、母线电压等)，或者由于传送信息有误差(如断路器状态的不对应)，而使运行人员对系统的现状缺乏正确的概念，未能及时发现问题和处理问题，或者由于根据错误信息作出错误的判断，而造成事故的扩大。特别是在发生事故后，信息收集系统应能及时反映系统迅速变化着的状态，使运行人员易于抓住事故特点，及时作出正确判断(有关电力系统信息收集系统见本书第二章的内容)。

事故情况下，通讯失灵，各级运行人员间无法进行联系和正确指挥，往往是使事故扩大或处理延缓的重要原因。

5)运行人员的作用　虽然电力系统自动化的水平越来越高，特别是计算机在电力系统运行中的应用，取代了原来很多需要人工进行的工作，但是，自动化水平的提高并没有丝毫减少运行人员在整个电力系统运行和控制过程中的主导作用。技术水平高的自动监视和控制系统需要相应文化和科学技术水平的运行人员去正确而熟练地掌握和使用，才能充分发挥它们的作用。特别是在事故情况下，更要求运行人员能应付突然来临和未能预测的严重运行状态，及时作出反应，采取正确的操作步骤和控制措施。对很多重大事故的分析表明，运行人员对系统及设备的情况不熟悉，或者情况不明，判断错误，以致处理不当，往往是使事故扩大或延长事故时间的重要原因之一。所以，在选择调度人员时，应考虑他们的文化技术水平和运行经验，同时还应注意他们的精神素质。平时要拟定综合性的训练和提高计划，对他们进行定期的有计划的培训。

要编制和经常修订各种运行规程(包括各种事故处理导则)，并督促运行人员严格贯彻和执行。对于电力系统中各级运行人员的职责要有明确规定，要求相互密切配合。上一级运行人员缺乏指挥下一级运行人员的权威，各级运行人员间工作的不协调，也往往是拖延事故处理时间和扩大事故的重要原因之一。

6)运行计划管理上的问题　在电力系统的实际运行中，事故的发生和发展往往与系统的运行方式(包括实际结线方式)有很大关系。根据我国近年来稳定破坏事故的统计，与运行管理有关的约占总事故数的63.9%，如表4.3所示。所以，为了保证系统安全运行，应该对实际运行的电力系统结构和运行方式(考虑到若干设备在计划检修和停役下的运行方式、水电厂供水和枯水季节的运行方式等)进行几天以至几周内的运行分析，并结合可靠性导则的规定和运行经验及具体环境条件，对各种预想事故及其后果作出分析并对处理办法作出规定。在运行方式的安排上，应考虑足够的旋转备用和冷备用，以及它们的合理分布。除了正确的继电保护配置和整定外，对事故后防止大面积停电的安全自动装置(如切机、切负荷)的协调和配置也应作仔细的考虑和安排。

表4.3　与运行管理有关的稳定破坏事故统计

分　类	运行管理方面的问题	占事故总数的百分数/%
静稳定破坏	对正常或检修的运行方式未进行应有的稳定计算分析，在负荷增长或受电侧发电厂减少出力时，未能控制潮流。	16.6
	由于无功不足、线路长、负荷重，或将发电机自动调整励磁装置退出运行，或误减励磁造成运行电压大大下降，电压崩溃。	10.5
暂态稳定破坏	对发电机失磁是否会引起稳定破坏未作分析计算，未采取预防措施。	15.7
	高低压环网运行方式考虑不当，或环网运行时未采取相应的解列措施。	14.8
	未考虑严重的故障(主要是三相短路)，又未能采取有效措施。	5.7
	未考虑低压电网故障对稳定的影响。	0.6
	合　计	63.9

在实际运行中，一般用安全储备系数(例如实际线路潮流和相应线路的极限传输能力之差的百分数)和干扰出现的概率来确定一个电力系统当前的安全水平。很显然，在正常情况下，一个具有足够安全储备系数的给定电力系统可以认为是安全的；但是在异常条件下，如发生暴风雪时，则需要较大的安全储备系数才能保证安全运行。这些异常条件，不仅增加严重干扰的概率，而且增加一系列连锁性干扰的概率，它们的积累效应往往是很严重的。

结合我国当前的具体条件,对电力系统安全运行的具体要求,大约可分为下列几种情况。

①对于某些电力系统结构,当发生某些预计的故障或某些特殊情况时(例如在同级电压的双回或多回线和环网中,任一回线发生单相永久性接地故障,重合不成功),整个电力系统必须保持安全运行,而且不允许影响对用户的供电。这里所谓不影响对用户的供电,是指在事故后的系统频率不低于某一规定值,电网各母线电压不低于保持电力系统安全运行的数值,不中断对用户的供电。

②对于某些电力系统结构,在发生另一些预计的或某些特殊的情况时(例如单回线发生单相永久性故障,重合不成功),整个电力系统必须保持安全运行,但允许部分地影响对用户的供电。

③允许故障后局部系统作短时间的非同步运行,但是电网的结构和运行条件必须能保证满足某些条件。例如:非同步运行时通过发电机的振荡电流在允许范围内;母线电压波动的最低值不低于额定值的 75%,使不致甩负荷;只在电力系统的两个部分间失去同步,以及有适当的措施可以较快地恢复同步等。

④当发生某些预计不到的事故(如继电保护或自动装置动作不正确、断路器拒动、多重故障或其他偶然因素等),系统不能保持安全运行时,必须使事故波及范围尽量缩小,防止系统崩溃,避免长时间大面积停电,并应使切除的负荷为最少。

⑤电力系统因事故而解列为几个部分后,必须保持各部分继续安全运行,不使发生电压或频率崩溃。

在实际运行中,应以电力系统安全性为主要目标,同时进行电能质量和运行经济性的控制。具体的安全运行功能包括:安全监视、安全分析和安全控制。

安全监视是利用电力系统信息收集和传输系统所获得的系统和环境变量的实时测量数据和信号,使运行人员能正确而及时地识别电力系统的实时状态(正常、警戒、紧急、恢复和崩溃状态)。本书的第二章中所讨论的电力系统信息收集系统,就是为电力系统安全监视服务的。

安全分析是在安全监视的基础上对实时状态及预测的未来状态的安全水平作出分析和判断。在现代电力系统中,仅仅依靠人的经验和能力,要正确作出这种分析是很困难的,特别是对于捉摸不定的未来状态进行分析更是不易做到。应用计算机系统能在很短时间里对实时的状态和未来时间里可能出现的多种事故及其所造成的后果作出分析和计算,为确定安全运行所必要的校正、调节和控制提供必要的依据。先进的安全分析软件还可为运行人员提供实现有效的安全控制所必需的对策和操作步骤由运行人员做出判断后发出操作和控制的命令,也可以由控制系统直接发出控制信息,实现实时闭环控制。

安全控制是在电力系统各种运行状态下,为保证电力系统安全运行所要进行的各种调节、校正和控制。广义的安全控制也包括对电能质量和运行经济性的控制。现代电力系统的运行要求具备完善的安全控制功能和手段,而正是这一点,使对实时数据的要求、信息处理方法、计算机系统和人机联系的设计等方面发生了根本的改变。

4.2　电力系统运行状态的安全分析

电力系统事故的发生可能是突然的(如雷击),也可能是较缓慢的。为了使电力系统的运行置于自动装置的控制下，应尽可能对系统运行状态的发展作出合理的预测。这种预测功能就是对电力系统中未来可能出现的事故进行计算分析，并得出处理事故的对策。一般的所谓事故预想就是以运行人员已有的经验和知识为基础的运行事故预测。但是，在巨大而复杂的电力系统中，要求运行人员在很短的时间里掌握由数百个(甚至更多的)变量所表示的电力系统运行状态，并作出正确而及时的分析和判断是很困难的，甚至是不可能的。高速大容量计算机在电力系统中的应用，使得在很短的时间里，对未来可能出现的事故及其所造成的后果作出及时的分析成为可能，为实时安全分析提供了必要的技术条件。

4.2.1 安全分析的功能及内容

安全分析的第一个功能是确定系统当前的运行状态在出现事故时是安全的，还是不安全的。预防性安全分析，就是在对一组假想事故分析的基础上确定系统的安全性。安全分析可分静态和动态两种。所谓静态安全分析是指只考虑事故后稳态运行状态的安全性，而不考虑从当前的运行状态向事故后稳态运行状态的动态转移。这包括发电机或线路断开后，对其他线路过负荷及母线电压的校验等。对于事故后动态过程的分析，则称为动态安全分析。

安全分析的第二个功能是确定使系统保持安全运行的校正、调节和控制措施。在正常情况下提出预防性控制措施，在事故情况下提出紧急控制的对策，在恢复阶段应提出恢复的步骤。

在大多数的电力系统中，假想事故是根据在很短时间内(几分钟)出现故障的概率及其对电力系统安全性的影响来确定的，一般至少包括下列一种或几种形式组合的事故或干扰：

1)开断线路或变压器；

2)开断发电机单元；

3)特定形式的短路故障(单相接地，相间短路和三相短路)，这类故障一般在动态安全分析中考虑。

因为事故的形式及其数量是根据系统结构、运行方式和外界条件等因素人为假设的，所以在假想事故的组合中包括的形式越多，数量越大，对电力系统安全性的要求就越严格。

一般对于每一种假想事故可进行三方面的安全分析：

1)在发生大电源断开或重要联络线断开而使系统解列时，要计算电力系统因有功功率不平衡而引起的频率变化，确定电力系统的频率行为。

2)在潮流计算的基础上，校验电力系统各元件是否过载，以及电力系统各母线电压是否在允许范围之内。这些不等式约束条件是根据用户要求、继电保护整定、绝缘水平、设备的额定值等规定的，也可根据离线稳定计算的极限条件作出规定。

3)进行稳定计算，校核在假想事故后电力系统是否能保持稳定运行。

电力系统安全分析包括故障定义、故障筛选和故障分析三部分，而故障筛选又分为直流(DC)筛选和交流(AC)筛选，如图4.1所示。

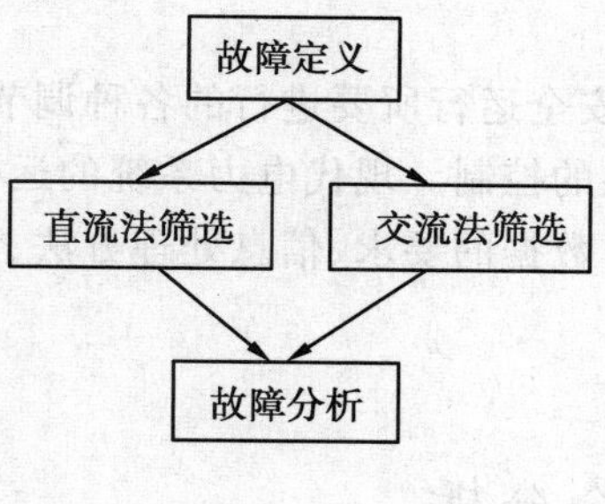

图4.1 安全分析程序总框图

(1)故障定义

故障定义是由软件根据电力系统结构和运行方式等定义的事故集合。事故集合中的事故，根据运行人员积累的经验和离线仿真分析的结果确定。所确定的事故应当是足以影响系统安全运行的事故，对于那些后果不严重或后果虽严重但发生的可能性极小的事故，不应包括在事故集合中。电力系统的运行方式是多变的，当电力系统的运行方式发生变化后，引起系统不安全的事故形式也会发生变化，与事故集合中预先确定的事故形式有所不同。因此，安全分析软件中故障定义的事故集合元素也应是动态的，而不是一次确定下来就固定不变的。这就须要寻求一种以实时运行条件为基础的在线选择故障形式的方法，根据系统的实时运行方式选取事故集合中的事故。完全自动地选择故障形式的软件尚未问世。目前，故障形式的选择仍是由调度人员和调度计算机软件共同实现的，事故集合中的事故可以由调度人员根据需要修改和增删。

(2)故障筛选

故障筛选是对故障定义中定义的事故按事故发生概率及对电力系统危害的严重程度进行排序，形成事故顺序表。传统的做法是故障严重程度由调度人员确定。这种做法的缺点是调度人员认为严重的故障，实际上往往并不严重。因此需要一个较好的故障选择标准，由计算机自动地形成故障严重程度的顺序表。有两个途径进行故障选择：其一，应用快速近似方法对所有单个电力设备故障和复故障进行模拟计算，将导致不安全的故障留下来再进行详细分析计算；其二，首先选定一个系统故障的“严重程度指标”(由于篇幅所限，具体计算方法从略)作为衡量事故严重程度的尺度。只有假定的严重程度指标超过了预先设定的门槛值时，才被保留下来，否则就舍弃。计算出来的严重程度指标的数值同时作为排序的依据，这样就可得出一张以最严重事故开头的为数不多的事故顺序表。

故障筛选的意义在于可以只选择少数对系统安全运行影响较大的事故进行详细分析和计算，因而可以大大节约计算时间，加快安全分析进程，提高安全分析的实时性。

(3)故障分析

故障分析是将事故顺序表中的事故对电力系统安全运行构成的威胁逐一进行仿真计算分析。除了假定开断的元件外，仿真计算时依据的电网模型与当前运行系统完全相同。各节点的注入功率采用经过状态估计处理的当前值或由负荷预测程序提供的 15 min～30 min 后的值。每次计算的结果用预先确定的安全约束条件进行校核。如某一事故使得约束条件不能满足，则向调度人员发出警告并在 CRT 上显示分析结果，也可提供一些校正措施。例如重新分配各发电机组的出力，对负荷进行适当控制等，供调度人员选择实施，消除这种不安全隐患。

4.2.2　电力系统静态安全分析

(1)静态安全分析的内容

电力系统静态安全分析是图 4.1 中“故障分析”的一种具体形式，它的主要功能包括以下几个方面。

1)计算电力系统中由于有功不平衡而引起的频率变化

电力系统发生故障使大电源断开或使重要联络线断开而造成系统解列时，会出现有功不平衡，进而引起系统频率变化。电力系统频率变化时，一方面会通过发电机组的调速系统自动调节机组的有功出力；另一方面由于电力系统负荷的频率调节效应会自动改变负荷的有功功率。这样，通过电力系统中发电和用电两方面自动调节的结果会使电力系统在新的频率下稳定运行（如果故障后系统能够稳定运行的话）。计算机要对事故严重程度顺序表中所列事故逐一计算。

设电力系统中有 n 台机组运行，当电力系统频率变化时，各机组的有功增量与频率变化的关系为

$$\left.\begin{aligned} \Delta P_1 &= -\Delta f * \frac{P_{1e}}{K_{c1}} \\ \Delta P_2 &= -\Delta f * \frac{P_{2e}}{K_{c2}} \\ &\cdots\cdots \\ \Delta P_i &= -\Delta f * \frac{P_{ie}}{K_{ci}} \\ &\cdots\cdots \\ \Delta P_n &= -\Delta f * \frac{P_{ne}}{K_{cn}} \end{aligned}\right\} \quad (i = 1,2,\cdots,n) \tag{4.1}$$

式中 ΔP_i—— 第 i 台机组有功出力的增量，单位为 MW；

$\Delta f *$—— 系统频率变化的标么值；

K_{ci}—— 第 i 台机组调速控制系统的调差系数，标么值；

P_{ie}—— 第 i 台机组的额定有功功率，单位为 MW；

电力系统负荷的频率调节效应所调节的有功功率和电力系统频率变化的关系为：

$$\Delta P_D = \Delta f * \cdot K_D P_{De} \tag{4.2}$$

式中 K_D—— 负荷的频率调节效应系数，标么值；

ΔP_D—— 电力系统负荷调节的总功率，单位为 MW；

P_{De}—— 额定频率时负荷总功率，单位为 MW。

在电力系统出现有功功率不平衡数额 ΔP 时，如不计及线损，ΔP 就等于系统内各机组有功出力增量 ΔP_1、ΔP_2……ΔP_n 与负荷频率调节效应所调节的有功功率 ΔP_D 之和。考虑到机组有功出力增量与负荷调节的有功功率符号相反，将上述关系用数学表达即为：

$$\Delta P = \sum_{i=1}^{n} \Delta P_i - \Delta P_D = -\Delta f * \frac{p_{1e}}{K_{c1}} - \Delta f * \frac{P_{2e}}{K_{c2}} - \cdots - \Delta f * \frac{P_{ne}}{K_{cn}} - \Delta f * K_D P_{De}$$

$$\Delta f * = -\frac{\Delta P}{\dfrac{P_{1e}}{K_{c1}} + \dfrac{P_{2e}}{K_{c2}} + \cdots + \dfrac{P_{ne}}{K_{cn}} + K_D P_{De}} \tag{4.3}$$

每台机组增加的出力为

$$\Delta P_i = \frac{\Delta P \cdot P_{ie}}{K_{ci}\left(\dfrac{P_{1e}}{K_{c1}} + \dfrac{P_{2e}}{K_{c2}} + \cdots + \dfrac{P_{ne}}{K_{cn}} + K_D P_{De}\right)} \tag{4.4}$$

式中符号的意义与式(4.1)和(4.2)相同。

由式(4.3)知，电力系统出现有功功率不平衡后，频率变化的大小与系统总的负荷增量成正比，且符号相反，并与各机组调速控制系统的调差系数和负荷的频率调节效应系数有关。

2）校核在断开线路或发电机时电力系统元件是否过负荷、母线电压是否越限

本项校核要对事故顺序表中所列事故逐一进行。每次校核都相当于一次潮流计算。安全分析计算要求速度快是第一位的，而计算精度不要求像正常潮流计算那么高。目前在线静态安全分析方法主要有直流潮流法（简称为直流法）、P-Q 分解法和等值网络法三种。下面分别介绍这三种方法。

(2) 直流潮流法

1）直流潮流法的原理

直流潮流法的特点是将电力系统的交流潮流用等值的直流电流代替，用求解直流网络的方法计算电力系统的有功潮流，而完全忽略无功分布对有功潮流的影响。直流潮流法的突出优点是计算速度快，这一点对于在线安全分析是十分重要的。有的安全分析软件（如第六章介绍的 EMS 系统）能够在 60s 的时间内模拟 600 条单个支路、150 台单个机组的故障和 50 个复合故障。直流潮流法的缺点是计算精度差，因此有被其他方法取代的趋势。但是直流法仍旧是目前最成熟和应用最广泛的一种方法，而且通过对它的讨论可以比较容易地掌握安全分析中的某些基本关系。

图 4.2(a) 是交流网络中一条支路的等值电路图。流过该支路的有功功率为

$$P_{ij} = U_i^2 g_{ii} - U_i U_j g_{ij} \cos(\theta_i - \theta_j) - U_i U_j b_{ij} \sin(\theta_i - \theta_j) \tag{4.5}$$

式中　U_i、U_j—— 结点 i 和 j 的电压幅值；

θ_i、θ_j—— 结点 i 和 j 的电压相位角；

g_{ii}、g_{ij}—— 结点 i 的自电导和结点 i、j 之间的互电导；

b_{ij}—— 结点 i、j 之间的互电纳。

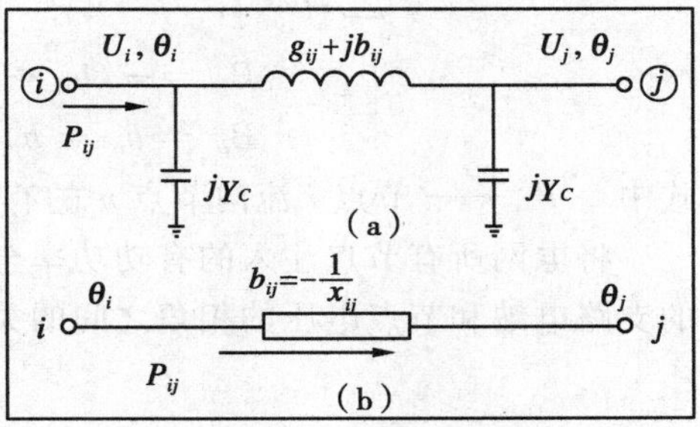

(a) 交流等值电路　　(b) 直流等值电路

图 4.2　直流潮流等值电路

为了用求解直流网络的方法来求电力系统的有功潮流，以达到快速计算的目的，考虑到交流网络的实际情况，对上式作如下简化：

① 高压电网中线路的电阻与电抗相比一般都小得多，忽略电阻 r_{ij}，则 $b_{ij} = -\dfrac{1}{x_{ij}}$；对地电导也很小，因此假设：$g_{ii} = 0, g_{ij} = 0$；

② 母电压与额定值相差不大，用标么值表示时，可设 $U_i = U_j = 1$；

③ 线路两端的电压相角差 $\theta_i - \theta_j$ 不大，可设 $\sin(\theta_i - \theta_j) = \theta_i - \theta_j$；$\cos(\theta_i - \theta_j) = 1$；

经过上述简化后，在用标么值表示时，式(4.5) 即可简化为：

$$P_{ij} = \frac{(\theta_i - \theta_j)}{x_{ij}} \tag{4.6}$$

式中　x_{ij}—— 支路 $i \sim j$ 的电抗。

式(4.6) 和一段直流电路的欧姆定律相似，即 P_{ij} 相当于流过这条直流支路的电流；θ_i、θ_j 相当于直流电位；x_{ij} 相当于直流电阻。通过简化，将图 4.2(a) 表示的一条交流网络支路简化成图 4.2(b) 表示的一条直流支路，也就是说，经过上述简化之后，就可以将求解交流网络的有功潮流变成求解直流网络的直流电流。因此称这种方法为直流潮流法。

设一个有 n 个节点的网络，每个节点都有支路与其他节点相连。图 4.3 是该网络的一部分。

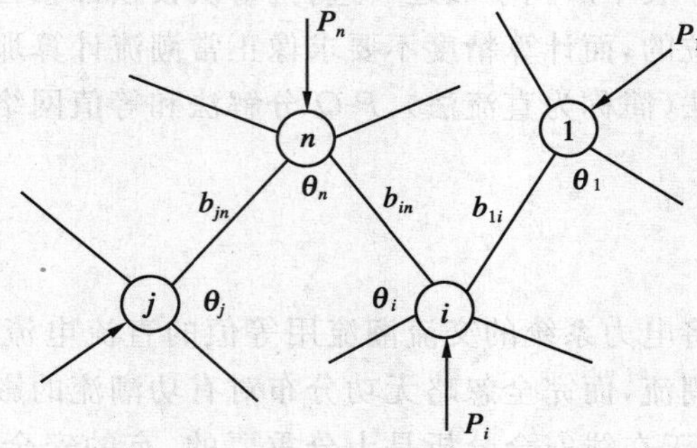

图 4.3　直流潮流法网络图

按照直流潮流法可以写出第 i 个节点的注入功率 P_i 为：

$$\begin{aligned}P_i &= P_{i1} + P_{i2} + \cdots + P_{in} = \\ &(-b_{i1})(\theta_i - \theta_1) + (-b_{i2})(\theta_i - \theta_2) + \cdots + (-b_{in})(\theta_i - \theta_{n1}) = \\ &b_{i1}\theta_1 + b_{i2}\theta_2 + \cdots + b_{in}\theta_n - (b_{i1} + b_{i2} + \cdots + b_{in})\theta_i = \\ &\sum_{j=1}^{n} B_{ij}\theta_j \qquad (i = 1,2,\cdots,n) \\ &\left.\begin{aligned} B_{ij} &= -(b_{i1} + b_{i2} + \cdots + b_{in}), i = j, b_{ii} = 0 \\ B_{ij} &= b_{ij} = b_{ji}, i \neq j \end{aligned}\right\}\end{aligned} \tag{4.7}$$

式中　P_{in}—— 节点 i 流向节点 n 的有功功率。

将电网所有节点注入的有功功率全部按式(4.7) 写出，就会发现各节点的注入功率、网络的支路电纳和节点电压的相角之间的关系可以用下列矩阵表示：

$$\left.\begin{aligned} &\boldsymbol{P} = \boldsymbol{B\theta} \\ &\boldsymbol{B} = \begin{bmatrix} B_{11} & B_{12} & \cdots & B_{1(n-1)} \\ B_{21} & B_{22} & \cdots & B_{2(n-1)} \\ \cdots & \cdots & \cdots & \cdots \\ B_{i1} & B_{i2} & \cdots & B_{i(n-1)} \\ \cdots & \cdots & \cdots & \cdots \\ B_{(n-1)1} & B_{(n-1)2} & \cdots & B_{(n-1)(n-1)} \end{bmatrix} \end{aligned}\right\} \tag{4.8}$$

式中　$\boldsymbol{P}$—— 注入节点的有功功率向量，$\boldsymbol{P} = (P_1, P_2, \cdots, P_{n-1})^T$；

$\boldsymbol{\theta}$—— 节点电压相角的向量，$\boldsymbol{\theta} = (\theta_1, \theta_2, \cdots, \theta_{n-1})^T$；

$\boldsymbol{B}$—— 电网支路的电纳矩阵，$\boldsymbol{B}$ 中的元素 B_{ii} 和 B_{ij} 由式(4.7) 确定。

在已知各节点注入功率和各支路电抗的情况下，可由式(4.6)、(4.7) 和(4.8) 求出各节点电压的相角，用矩阵表示即为

$$\boldsymbol{\theta} = \boldsymbol{B}^{-1}\boldsymbol{P} \tag{4.9}$$

将上式求出的各节点电压的相角代入式(4.6) 就可求出各支路的有功功率。至此，就可用求直流网络中支路电流的算法求出交流网络的有功潮流了。

2) 断开一条支路后的安全分析

首先介绍电网断开一条支路的数学描述。设断开支路 $i \sim j$ 前后，式(4.8) 分别为 $\boldsymbol{P}_0 =$

$\boldsymbol{B}_0\boldsymbol{\theta}_0$ 和 $\boldsymbol{P}_1=\boldsymbol{B}_1\boldsymbol{\theta}_1$。其中角标"0"表示断开前，角标"1"表示断开后；而且 $i\sim j$ 断开不影响各节点的注入功率，只影响式(4.8)中的电纳矩阵 $\boldsymbol{B}$ 中的元素。由于 $i\sim j$ 支路断开后，$B_{ij1}=0$，其他支路的电纳不变，所以有

$$\begin{aligned}B_{ij1}=&-(b_{i11}+b_{i21}+\cdots+b_{ij1}+\cdots+b_{in1})=\\&-[b_{i10}+b_{i20}+\cdots+(b_{ij0}-b_{ij0})+\cdots+b_{in0}]=\\&B_{ii0}+B_{ij0}\end{aligned}$$

同理，可以求出

$$\begin{aligned}B_{jj1}&=B_{jj0}+B_{ij0}\\B_{ij1}&=B_{ij0}-B_{ij0}=0\\B_{ji1}&=B_{ji0}-B_{ji0}=0\end{aligned}$$

而矩阵 $\boldsymbol{B}$ 中的其他元素在支路 $i\sim j$ 断开前后不变。为了描述电纳矩阵 $\boldsymbol{B}$ 中上式元素的变化，构造一个行向量 $\boldsymbol{M}$，其中第 i 个元素为1，第 j 个元素为 -1，其余均为零，即

$$\boldsymbol{M}=(0,\cdots,1,0,\cdots,-1,0,\cdots)$$

这样，$i\sim j$ 支路断开前的电纳矩阵 $\boldsymbol{B}_0$ 和断开后的电纳矩阵 $\boldsymbol{B}_1$ 之间的关系用下式描述：

$$\left.\begin{aligned}&\boldsymbol{B}_1=\boldsymbol{B}_0+B_{ij0}\boldsymbol{M}^T\boldsymbol{M}\\&B_{ij0}\boldsymbol{M}^T\boldsymbol{M}=\begin{bmatrix}0&\cdots&\cdots&\cdots&\cdots&\cdots&\cdots&0\\\cdots&\cdots&\cdots&\cdots&\cdots&\cdots&\cdots&\cdots\\0&\cdots&B_{ij0}&0&\cdots&-B_{ij0}&0\ \cdots&0\\0&\cdots&\cdots&\cdots&\cdots&\cdots&\cdots&0\\0&\cdots&-B_{ji0}&0&\cdots&B_{ji0}&\cdots&0\\0&\cdots&&&\cdots&&\cdots&0\\0&\cdots&&&\cdots&&\cdots&0\end{bmatrix}\end{aligned}\right\}\tag{4.10}$$

上式刚好表示断开 $i\sim j$ 支路后电纳矩阵中元素的变化。由于直流潮流法在描述一条支路断开时，只改变电纳矩阵的四个元素的值，而不须要重新形成电纳矩阵，所以，计算速度快。

断开一条线路的安全分析可分为以下几个方面：

① 计算 $i\sim j$ 支路断开后各节点电压的相角　根据矩阵反演公式，由式(4.10)求得

$$\left.\begin{aligned}\boldsymbol{B}_1^{-1}&=\boldsymbol{B}_0^{-1}-C\boldsymbol{WMB}_0^{-1}\\C&=(1/B_{ij0}+\boldsymbol{MW})^{-1}\\\boldsymbol{W}&=\boldsymbol{B}_0^{-1}\boldsymbol{M}^T\end{aligned}\right\}\tag{4.11}$$

将上式代入式(4.9)可以求出 $i\sim j$ 支路断开后系统各节点电压的相角向量为

$$\boldsymbol{\theta}_1=\boldsymbol{B}_1^{-1}\boldsymbol{P}_1=\boldsymbol{\theta}_0-C\boldsymbol{WM\theta}_0\tag{4.12}$$

② 计算各支路的有功功率　当 $i\sim j$ 支路断开后，将影响 $i\sim j$ 以外其他各支路有功功率，其表达式为

$$P_{km1}=-B_{km1}(\theta_{k1}-\theta_{m1})\tag{4.13}$$

式中　P_{km1}——支路 $i\sim j$ 断开后，支路 $k\sim m$ 中通过的有功功率；

B_{km1}——支路 $i\sim j$ 断开后，支路 $k\sim m$ 的电纳，$B_{km1}=B_{km0}=B_{km}$；

θ_{k1}、θ_{m1}——支路 $i\sim j$ 断开后，节点 k 和 m 上电压 $\dot{U}_k$ 和 $\dot{U}_m$ 的相角。

③ 计算各支路上有功功率增量　当支路 $i\sim j$ 断开后，电力网中其他各支路中的有功功率增量根据式(4.6)求出，有

$$\Delta P_{km} = -B_{km}(\Delta\theta_k - \Delta\theta_m) \tag{4.14}$$

式中 $\Delta\theta$ 可根据式(4.12)求出

$$\left.\begin{aligned}\Delta\boldsymbol{\theta} &= -\boldsymbol{CWM\theta}_0 = \boldsymbol{DW}\\ \boldsymbol{D} &= -\boldsymbol{CM\theta}_0\end{aligned}\right\} \tag{4.15}$$

④ 确定节点的调节功率　当断开支路 $i \sim j$ 使某些支路的有功功率超过极限值时，应提出消除或缓解过载的措施。在不改变电网结构的情况下，最有效的办法是调整发电机的出力消除过载。设支路 $i \sim j$ 断开后，系统内的某一条支路 $k \sim m$ 上出现过负荷值 ΔP_{km}。如果调节向节点 C 注入的有功功率 P_C 来消除支路 $k \sim m$ 的过负荷，则 P_C 的调节量 ΔP_C 由下式决定：

$$\Delta P_C = \frac{\Delta P_{km}}{A_{kmc}} \tag{4.16}$$

式中 A_{kmc} 为调节灵敏系数。它表示节点 C 注入的有功功率变化一个单位时引起支路 $k \sim m$ 上有功功率的变化量。

显然，通过调节向节点 C 注入有功功率消除 $k \sim m$ 支路过负荷的同时，也会引起 $k \sim m$ 支路以外其他支路上有功功率的变化，甚至引起其他支路的过负荷。因此，作为一个网络，计算时应通盘考虑，也可以同时调节几个节点的注入功率。

A_{kmc} 的值可以通过式(4.8)求出。设式(4.8)中 $\boldsymbol{P}$ 为 $\boldsymbol{P}_C$，且 $\boldsymbol{P}_C$ 中只有第 C 个元素为1，其余元素均为零，则通过式(4.8)就可以求出

$$\boldsymbol{\theta}'_C = \boldsymbol{B}_1^{-1}\boldsymbol{P}_C \tag{4.17}$$

式中　$\boldsymbol{\theta}'_C$——节点 C 注入功率变化一个单位时电力系统中各节点电压的相角向量的变化；

$\boldsymbol{B}_1$——支路 $i \sim j$ 断开后电网的电纳矩阵。

于是式(4.16)中 A_{kmc} 可用下式求出：

$$A_{kmc} = \frac{\boldsymbol{\theta}'_{kc} - \boldsymbol{\theta}'_{mc}}{x_{km}} \tag{4.18}$$

式中　$\boldsymbol{\theta}'_{kc}$、$\boldsymbol{\theta}'_{mc}$——向节点 C 注入的有功功率变化一个单位值时，节点 k 和 m 上电压 $\dot{U}_k$ 和 $\dot{U}_m$ 的相角变化，可由式(4.17)求出。

3）跳开一个电源后的安全分析

设向节点 a 注入的功率 p_a 突然断开，即 $p_a = 0$。这时式(4.8)中 $\boldsymbol{P}$ 将变为 $\boldsymbol{P}_1 = \boldsymbol{P}_0 + \boldsymbol{P}_\Delta$。其中 $\boldsymbol{P}_0$ 和 $\boldsymbol{P}_1$ 分别为 a 点注入的功率断开前、后的系统各节点注入功率的列向量；$\boldsymbol{P}_\Delta$ 是一个列向量，在 $\boldsymbol{P}_\Delta$ 中除了与 $\boldsymbol{P}_0$ 中 P_a 对应的元素为 $-p_a$ 之外，其余元素均为零。然后将 $\boldsymbol{P}_1$ 代入有关公式就可以求出 a 点电源断开之后各支路中通过的有功功率。

例 4.1　图 4.4 为经过简化的电力系统接线图，图中所标数据均为标么值，分别为支路电抗、母线上的负荷功率和向母线注入的有功功率。该系统支路 4～5 的传输功率极限为 2.0。试用直流潮流法计算支路 3～4 断开(预想事故)后各支路的有功潮流；说明支路 3～4 断开后支路 4～5 是否会过负荷(安全分析)；如果支路 4～5 过负荷，应当如何调节注入母线 1 的有功功率，以保证在支路 3～4 断开后，支路 4～5 不过负荷(控制决策)。

解　根据式(4.9)求出 3～4 未断开前(系统正常时)各母线电压的相角。求相角时取母线 ② 电压的相角 θ_2 为参考相角，即 $\theta_2 = 0$。这样，图 4.4 五个节点网络的电纳矩阵就是一个四阶方阵，其中没有与 2 相关的电纳。即

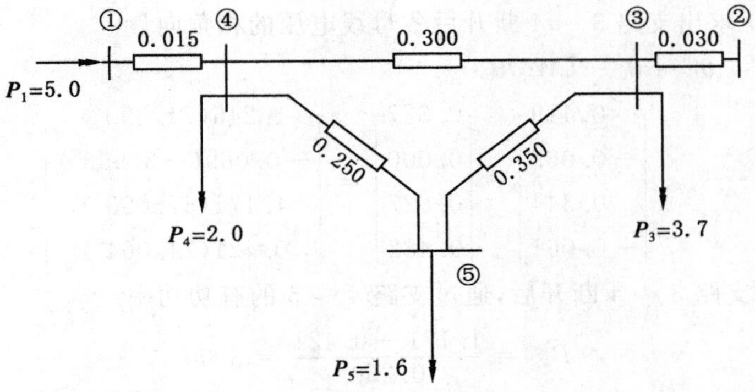

图 4.4　简化的电力系统接线图

$$\boldsymbol{B}_0=\begin{bmatrix} B_{11} & B_{13} & B_{14} & B_{15} \\ B_{31} & B_{33} & B_{34} & B_{35} \\ B_{41} & B_{43} & B_{44} & B_{45} \\ B_{51} & B_{53} & B_{54} & B_{55} \end{bmatrix}$$

根据式(4.7)结合系统的电抗值，可以求出 $\boldsymbol{B}_0$ 中个各元素的值。再结合给定的各母线功率，由式(4.9)求出支路 3～4 断开之前各母线电压的相角向量

$$\boldsymbol{\theta}_0=\boldsymbol{B}_0^{-1}\boldsymbol{P}_0=\begin{bmatrix} \frac{1}{0.015} & 0 & -\frac{1}{0.015} & 0 \\ 0 & 39.523 & -\frac{1}{0.300} & -\frac{1}{0.350} \\ -\frac{1}{0.015} & -\frac{1}{0.300} & 74 & -\frac{1}{0.250} \\ 0 & -\frac{1}{0.300} & -\frac{1}{0.250} & 6.875 \end{bmatrix}^{-1}\begin{bmatrix} 5.0 \\ -3.7 \\ -2.0 \\ -1.6 \end{bmatrix}=$$

$$\begin{bmatrix} 0.419(24.007^\circ) \\ -0.069(-3.953^\circ) \\ 0.344(19.710^\circ) \\ -0.061(-3.495^\circ) \end{bmatrix}=\begin{bmatrix} \theta_1 \\ \theta_3 \\ \theta_4 \\ \theta_5 \end{bmatrix}$$

根据式(4.6)求出支路 3～4 断开之前支路 4～5 中通过的有功功率

$$P_{45}=\frac{\theta_4-\theta_5}{x_{45}}=\frac{0.344-(-0.061)}{0.250}=1.620$$

其他支路的有功功率分别为：$P_{43}=1.377$，$P_{23}=2.300$，$P_{53}=0.023$。为了求出支路 3～4 断开后各母线电压的相角，设一个行向量：

$$\boldsymbol{M}=[0\quad 1\quad -1\quad 0]$$

根据式(4.11)求出

$$\boldsymbol{W}=\boldsymbol{B}_0^{-1}\boldsymbol{M}^T=\begin{bmatrix} -0.200 \\ 0.000 \\ -0.200 \\ -0.117 \end{bmatrix}$$

$$C=(1/B_{ij0}+\boldsymbol{MW})^{-1}=(-0.300+0.200)^{-1}=-10$$

根据式(4.12)求出支路 3～4 断开后各母线电压的相角向量

$$\boldsymbol{\theta}_1=\boldsymbol{\theta}_0-\boldsymbol{CWM\theta}_0=$$

$$\begin{bmatrix}0.419\\-0.069\\0.344\\-0.061\end{bmatrix}+\begin{bmatrix}0.827\\0.000\\0.827\\0.482\end{bmatrix}=\begin{bmatrix}1.246(71.390^\circ)\\-0.069(-3.953^\circ)\\1.171(67.093^\circ)\\0.421(24.064^\circ)\end{bmatrix}$$

根据式(4.6)支路 3～4 断开后,通过支路 4～5 的有功功率

$$P'_{45}=\frac{1.171-0.421}{0.250}=3.00$$

支路 4～5 的极限传输功率为 2.0。所以,在支路 3～4 断开后,支路 4～5 的传输功率超过了极限值。可以通过调节向母线 ① 注入的有功功率消除支路 4～5 的过负荷。下面计算进行安全调度时注入母线 ① 的有功功率的调节值。

根据有关公式,结合电网参数,在支路 3～4 断开后电网节点电纳矩阵为

$$\boldsymbol{B}_1=\begin{bmatrix}66.667&0&-66.667&0\\0&36.190&0&-2.857\\-66.667&0&70.667&-4.000\\0&-2.857&-4.000&6.857\end{bmatrix}$$

$$\boldsymbol{B}_1^{-1}=\begin{bmatrix}0.645&0.030&0.630&0.380\\0.030&0.030&0.030&0.030\\0.630&0.030&0.630&0.380\\0.380&0.030&0.380&0.380\end{bmatrix}$$

向母线 ① 的注入功率变化一个单位时,电力网各节点电压相角向量

$$\boldsymbol{\theta}_1=\boldsymbol{B}_1^{-1}\boldsymbol{P}_{(1)}$$

式中 $\boldsymbol{P}_{(1)}$——有功功率列向量,第一个元素为1,其余均为零,表示只向母线 ① 注入1个单位的有功功率。

将有关数据代入上式,有

$$\begin{bmatrix}\theta_1\\\theta_3\\\theta_4\\\theta_5\end{bmatrix}=\begin{bmatrix}0.645&0.030&0.630&0.380\\0.030&0.030&0.030&0.030\\0.630&0.030&0.630&0.380\\0.380&0.030&0.380&0.380\end{bmatrix}\begin{bmatrix}1\\0\\0\\0\end{bmatrix}=\begin{bmatrix}0.645\\0.030\\0.630\\0.380\end{bmatrix}$$

向母线 ① 注入 1 个单位的有功功率时,引起支路 4～5 有功功率的变化

$$A_{45(1)}=\frac{\theta_4-\theta_5}{x_{45}}=\frac{0.630-0.380}{0.250}=1$$

上式 $A_{45(1)}$ 称为电源 ① 对 4～5 线路的调节灵敏系数。

根据式(4.16),为了消除支路 4～5 的过负荷值 $\Delta P_{45\max}=-1$,须要调整向母线 ① 注入功率值:

$$P_{(1)}=\frac{\Delta P_{45\max}}{A_{45(1)}}=\frac{-1}{1}=-1$$

计算结果说明，向母线 ① 少注入一个单位的功率，便可以消除支路 4 ～ 5 中的过负荷，使支路 4 ～ 5 的功率回到允许值。

(3) P-Q 分解法

P-Q 分解法安全分析是利用电力系统潮流计算的 P-Q 分解法进行安全分析的一种方法。由于 P-Q 分解法潮流计算速度快，占用内存少，使得这种方法不仅在离线潮流计算中占有重要地位，而且也能适应在线计算的需要，适合在线安全分析中应用。与直流潮流法比较，P-Q 分解法计算精度高，不仅能计算出系统的有功潮流，还可以计算出系统各母线的电压幅值和相角。因此，可以校验母线电压和通过线路的无功功率是否越限。P-Q 分解法的缺点是比直流潮流法要慢一些。

1) P-Q 分解法潮流计算

电网节点 i 注入的有功功率 P_i 和无功功率 Q_i 用下式表示

$$\left.\begin{aligned} P_i &= U_i \sum_{j=1}^{n} U_j (g_{ij}\cos\theta_{ij} + b_{ij}\sin\theta_{ij}) \\ Q_i &= U_i \sum_{j=1}^{n} U_j (g_{ij}\sin\theta_{ij} + b_{ij}\cos\theta_{ij}) \end{aligned}\right\} \tag{4.19}$$

式中　j—— 电网节点编号；

n—— 电网的节点数。

U_i、U_j—— 节点 i 和 j 的电压幅值；

g_{ij}、b_{ij}—— 节点 i 和 j 间电力线路的电导和电纳；

θ_i、θ_j—— 节点 i 和 j 的电压相角；

θ_{ij}—— 节点 i 和 j 的电压相角差，$\theta_{ij} = \theta_i - \theta_j$。

P-Q 分解法计算潮流的过程是一个迭代过程，迭代方程可以通过增量方程推导出来。对于式(4.19)，在电力系统的平衡节点确定之后，增量为：

$$\left.\begin{aligned} \Delta P_i &= \sum_{j=1}^{n-1} \frac{\partial P_i}{\partial \theta_j} \cdot \Delta\theta_j + \sum_{j=1}^{n-1} \frac{\partial P_i}{U_j} \cdot \Delta U_j \\ \Delta Q_i &= \sum_{j=1}^{n-1} \frac{\partial Q_i}{\partial \theta_j} \cdot \Delta\theta_j + \sum_{j=1}^{n-1} \frac{\partial Q_i}{U_j} \cdot \Delta U_j \end{aligned}\right\} \tag{4.20}$$

由于基准电压节点（也是平衡节点）的电压幅值为 1、相角为零，所以上式只有 $n-1$ 项累加。

考虑到电力系统中有功功率主要与各节点电压的相角有关，无功功率主要与各节点电压幅值有关，式(4.20) 中 $\partial P_i / \partial U_j$ 和 $\partial Q_i / \partial \theta_j$ 的值很小，甚至为零，式(4.20) 可以简化为

$$\left.\begin{aligned} \Delta P_i &= \sum_{j=1}^{n-1} \frac{\partial P_i}{\partial \theta_j} \cdot \Delta\theta_j \\ \Delta Q_i &= \sum_{j=1}^{n-1} \frac{\partial Q_i}{U_j} \cdot \Delta U_j \end{aligned}\right\} \tag{4.21}$$

式中　$\dfrac{\partial P_i}{\partial \theta_i} = U_i U_j (g_{ij}\sin\theta_{ij} - b_{ij}\cos\theta_{ij})$

$\dfrac{\partial Q_i}{\partial U_j} = U_i (g_{ij}\sin\theta_{ij} - b_{ij}\cos\theta_{ij})$

为了使计算速度加快（这对于在线安全分析是至关重要的），考虑到一般线路两端电压的

相角差不大（通常不超过10°～20°），同时考虑到线路的电导 g_{ij} 与电纳 b_{ij} 相比一般都很小，且 $\sin\theta_{ij}$ 也很小，因此，可以假设 $\cos\theta_{ij}=1, g_{ij}\sin\theta_{ij}=0$。这样，式(4.21) 可以进一步简化为

$$\left.\begin{aligned}\Delta P_i &= U_i\sum_{j=1}^{n-1}U_j(-b_{ij})\Delta\theta_j\\ \Delta Q_i &= U_i\sum_{j=1}^{n-1}(-b_{ij})\Delta U_j\end{aligned}\right\}\tag{4.22}$$

电力系统中有 PV 节点，其电压的幅值是恒定的，即 $\Delta U_j=0$。如果电力系统中有 r 个 PV 节点，则式(4.22) 的第二式只有 $n-1-r$ 项相加。因此，考虑 PV 节点后，式(4.22) 应写为

$$\left.\begin{aligned}\frac{\Delta P_i}{U_i} &= -\sum_{j=1}^{n-1}b_{ij}U_j\Delta\theta_j\\ \frac{\Delta Q_i}{U_i} &= -\sum_{j=1}^{n-r-1}b_{ij}\Delta U_j\end{aligned}\right\}\tag{4.23}$$

如果电力系统中所有节点的注入功率和电压相角都用式(4.23) 的形式表示出来，则式(4.23) 可以表示为以下矩阵形式

$$\left.\begin{aligned}\frac{\Delta\boldsymbol{P}}{\boldsymbol{U}} &= -\boldsymbol{B}\cdot\boldsymbol{U}\cdot\Delta\boldsymbol{\theta}\\ \frac{\Delta\boldsymbol{Q}}{\boldsymbol{U}} &= -\boldsymbol{B}'\cdot\Delta\boldsymbol{U}\end{aligned}\right\}\tag{4.24}$$

式中　$\boldsymbol{B}$、$\boldsymbol{B}'$——$(n-1)$ 阶和 $(n-r-1)$ 阶方阵。$\boldsymbol{B}$ 和 $\boldsymbol{B}'$ 中的元素可以比照式(4.7) 的推导过程推出，为

$$\left.\begin{aligned}B_{ii} &= -(b_{i1}+b_{i2}+\cdots+b_{in}), i=j, b_{ii}=0\\ B_{ij} &= b_{ij}=b_{ji}, i\neq j\end{aligned}\right\}\tag{4.25}$$

将式(4.24) 第一分式等号两端分别左乘以 $\boldsymbol{B}^{-1}$；第二分式等号两端分别左乘以 $\boldsymbol{B}'^{-1}$，并将式(4.24) 第一分式等号右侧的矩阵 $\boldsymbol{U}$ 的对角元素取为单位电压，即额定电压，则式(4.24) 变为

$$\left.\begin{aligned}\Delta\boldsymbol{\theta} &= -\boldsymbol{B}^{-1}\cdot\boldsymbol{U}^{-1}\cdot\Delta\boldsymbol{P}\\ \Delta\boldsymbol{U} &= -\boldsymbol{B}'^{-1}\cdot\boldsymbol{U}^{-1}\cdot\Delta\boldsymbol{Q}\end{aligned}\right\}\tag{4.26}$$

P-Q 分解法潮流计算首先通过迭代计算出各节点电压的幅值和相角，然后再求出电力网各支路中通过的有功功率和无功功率，具体步骤如下：

① 给定各节点电压的初始值 $U_i^{(0)}$ 和 $\theta_i^{(0)}$。

② 求出各节点的有功功率误差 $\Delta P_i = P_{is}-P_i$ 及 $\Delta P_i/U_i$。

式中　P_{is}——注入节点 i 的有功功率，对于离线计算 P_{is} 为给定值，对于在线安全分析 P_{is} 为由状态估计提供的节点 i 的实时有功功率值；

P_i——注入节点 i 的有功功率计算值，由上一次迭代计算出来的各节点电压幅值和相角代入式(4.19) 第一分式求出。

③ 由式(4.26) 第一分式求出各节点电压相角的修正量 $\Delta\theta_i^{(t)}$。

④ 修正各节点电压相角，$\theta_i^{(t)}=\theta_i^{(t-1)}+\Delta\theta_i^{(t)}$。

⑤ 求出各节点无功功率误差 $\Delta Q_i = Q_{is}-Q_i$ 及 $\Delta Q_i/U_i$。

式中　Q_{is}——注入节点 i 的无功功率，对于离线计算 Q_{is} 为给定值，对于在线安全分析 Q_{is} 为由状态估计提供的注入节点的实时无功功率；

Q_i——注入节点 i 的无功功率计算值，由上一次迭代计算出来的各节点电压值和和相

角代入式(4.19)第二分式求出。

⑥ 由式(4.26)第二分式求出各节点电压的修正值 $\Delta U_i^{(t)}$。

⑦ 修正各节点的电压幅值，$U_i^{(t)} = U_i^{(t-1)} + \Delta U_i^{(t)}$。

⑧ 返回②，用各节点电压的新值 $U_i^{(t)}$ 和 $\theta_i^{(t)}$ 进行下一次迭代计算，直到各节点的功率误差 ΔP_i 和 ΔQ_i 足够小，收敛条件 $\Delta P_i/U_i \leqslant \varepsilon$ 和 $\Delta Q_i/U_i \leqslant \varepsilon$ 同时满足为止。至此就求出了系统各节点电压的幅值 U_i 和相角 θ_i。

⑨ 计算各支路中通过的有功功率和平衡节点注入的有功功率。支路中通过的有功功率由式(4.5)计算。平衡节点注入的有功功率由节点功率平衡关系求出，也可以用有关公式计算出各支路中通过的无功功率。

2)P-Q 分解法安全分析

① 断开一条支路的安全分析　用 P-Q 分解法计算系统潮流的方法已在前面介绍。除此之外，主要是如何描述支路断开前后电网的电纳矩阵 $\boldsymbol{B}$ 和 $\boldsymbol{B}'$ 以便进行式(4.26)的计算。P-Q 分解法安全分析时电网电纳矩阵的数学描述与直流法基本相同。

根据式(4.10)，当支路 $i \sim j$ 断开后的电网电纳矩阵为

$$\left.\begin{aligned} \boldsymbol{B}_1 &= \boldsymbol{B}_0 + B_{ij0}\boldsymbol{M}^T\boldsymbol{M} \\ \boldsymbol{B}'_1 &= \boldsymbol{B}'_0 + B_{ij0}\boldsymbol{M}'^T\boldsymbol{M}' \end{aligned}\right\} \tag{4.10'}$$

式中　$\boldsymbol{B}_0$、$\boldsymbol{B}_1$、B_{ij0}—— 意义与式(4.10)相同；

$\boldsymbol{B}'_0$—— 支路 $i \sim j$ 断开前电网的$(n-r-1)$阶电纳矩阵；

$\boldsymbol{B}'_1$—— 支路 $i \sim j$ 断开后电网的$(n-r-1)$阶电纳矩阵；

$\boldsymbol{M}'$—— 行向量，其中第 i 个元素为1，第 j 个元素为 -1，其余均为零。

根据式(4.11)，当支路 $i \sim j$ 断开后，有

$$\left.\begin{aligned} \boldsymbol{B}_1^{-1} &= \boldsymbol{B}_0^{-1} - \boldsymbol{C}\boldsymbol{X}\boldsymbol{M}\boldsymbol{B}_0^{-1} \\ \boldsymbol{B}_1'^{-1} &= \boldsymbol{B}_0'^{-1} - \boldsymbol{C}'\boldsymbol{X}'\boldsymbol{M}'\boldsymbol{B}_0'^{-1} \\ C &= (1/B_{ij0} + \boldsymbol{M}\boldsymbol{X})^{-1} \\ C' &= (1/B_{ij0} + \boldsymbol{M}'\boldsymbol{X}')^{-1} \\ \boldsymbol{W} &= \boldsymbol{B}_0^{-1}\boldsymbol{M}^T \\ \boldsymbol{W}' &= \boldsymbol{B}_0'^{-1}\boldsymbol{M}'^T \end{aligned}\right\} \tag{4.11'}$$

求出 $\boldsymbol{B}_1^{-1}$ 和 $\boldsymbol{B}_1'^{-1}$ 之后就可以按照前面介绍的 P-Q 分解法进行迭代计算，求出电网某一支路 $i \sim j$ 断开之后各节点电压的幅值和相角，求出电网内各支路的有功功率，校验 $i \sim j$ 断开后系统内其他支路是否会出现过负荷，是否会出现节点电压越限等。当出现线路有功功率越限时，如何调整发电机出力来消除越限以及调节灵敏系数的概念与直流潮流法相同。

② 断开发电机时的安全分析　设断开的发电机为 A，则该发电机发出的有功功率 $P_A = 0$。发电机 A 断开只改变了节点 A 的注入功率，电网的电纳矩阵不改变。其安全分析按照前面介绍的方法计算即可。

(4) 等值网络法

现代大型电力系统往往由成百的节点和两倍于节点以上的线路组成，是一个十分庞大的系统。在安全分析时，如果对电力系统内所有节点和线路不加区别地同等对待，就要在计算机内存贮大量的网络参数和系统的实时运行数据，要进行大量运算。这样做，或者使每次安全分

析计算时间延长,影响安全分析的实时性;或者须要装置更大容量更高速度的计算机,使投资增加。因此安全分析时都要对电力系统进行简化。

按照现代电力系统的分级调度方式,一个跨省电网有一个网调;网调下又分设几个省级电网调度(省调)。省调主要关心它所管辖电网的安全问题和其他电网对本电网安全运行的影响。对网调做安全分析时也必须抓住重点。一般说来系统负荷中心是安全分析的重点,离负荷中心较远的局部网络,在安全分析中的作用比较小。无论省调或网调在做安全分析时都有可能把电力系统分成两部分:① 对安全影响较大应是主要关心的部分;② 对安全影响较小是不必过多关心的部分。前者称为"待研究系统",后者称为"外部系统"。安全分析时就只分析在某些预想事故下,待研究系统的内部反应,看是否有越限发生。虽然在待研究系统与外部系统之间存在着联络线,但认为在该事故下外部系统不发生越限。这就是等值网络法的基本思想。一般说来外部系统的节点数和线路数都比待研究系统多得多,所以等值网络法可以大大降低安全分析中导纳方阵的阶数与状态变量的维数,非常有利于减少存储容量和提高安全分析的计算速度。

电力系统安全分析使用的网络简化方法有多种,不同方法求取的等值网络也不尽相同。求取等值网络时都应遵循以下原则:

① 待研究系统的网络结构尽量完整保留;

② 外部系统尽量简化,只保留那些对"待研究系统"有重要影响的节点和联络线,且简化后所得到的等值网络对"待研究系统"的影响,与外部系统对待研究系统的影响相比应有足够的准确性;

③ 系统状态变化时,也就是系统的实时数据正常变动时,等值外部系统的修正工作量应当很小,且很易进行;

④ 在满足上述条件的情况下,等值网络所包含的节点数越少越好。

下面介绍一种求取等值网络的方法。

第一步,在大量离线计算和网络分析的基础上,结合运行经验将网络分为"待研究系统"和"外部系统"两部分,而且按照实际的联络结构把两部分联结起来。

第二步,把外部系统中的节点分为重要节点和非重要节点两大类。凡是状态变量与注入功率的变化对联络线的运行状态有较大影响的节点都是重要节点,其余则划分为非重要节点。与联络线联结的节点称为边界节点。重要节点的选定一般依下式进行:

$$\left.\begin{aligned} A_{ij} &= \frac{\partial \theta_i}{\partial P_j} \\ W_{ij} &= \frac{\partial U_i}{\partial Q_j} \end{aligned}\right\} \tag{4.27}$$

式中 i——外部系统中边界节点的序号;

j——外部系统中边界节点以外的其余节点的序号;

U_i、θ_i——节点 i 的电压幅值和相角;

P_j、Q_j——向节点 j 注入的有功和无功功率;

A_{ij}、W_{ij}——节点 j 对边界节点 i 的灵敏系数。

根据对安全分析准确性的要求,并结合实践经验,可以确定灵敏系数的门槛值 ε_A 和 ε_W。当节点 j 满足下两式

$$A_{ij} \geqslant \varepsilon_A \tag{4.28}$$

$$W_{ij} \geqslant \varepsilon_W \tag{4.29}$$

之一时，节点 j 即为重要节点，否则就是非重要节点。

第三步，保留所有重要节点和边界节点以及重要节点间、重要节点与边界节点间的连接线。用两个等值节点（即等值发电机节点和等值负荷节点）代替全部非重要节点。等值发电机和等值负荷的功率以及上述两个节点与重要节点和边界节点的连接导纳通过计算求出。计算以系统尖峰负荷运行时的数据为基础进行。计算的结果应使重要节点和边界节点的注入功率与电网的实际运行值一致；应使重要节点间连接线的功率、重要节点与边界节点间连接线的功率以及边界节点与“待研究系统”间的联络线上的功率与电网的实际运行值一致。实现了上述两个“一致”就求出了等值发电机和等值负荷的功率值，求出了等值发电机节点和等值负荷节点与重要节点、边界节点的连接导纳，也就求出了外部系统的等值网络。等值网络的求取由计算机离线计算完成，并且技术上已经成熟。

图 4.5 是外部系统的等值网络，图中除校正电源及其与边界节点的连接线以外的部分是外部系统在尖峰负荷运行状态时的等值网络。按图 4.5 进行安全分析时，重要节点的注入功率、边界节点的状态变量要赋予经过状态估计的实时运行数据。而等值发电机和等值负荷的功率是按照该系统在尖峰负荷运行状态时计算出来的。这样，如果拿等值发电机和等值负荷的功率的计算值做潮流计算，必然会出现边界节点的输入功率与实时值不相符合的情况，于是增加了校正电源来平衡存在的误差。校正电源只与边界节点连接，因此求取校正电源及其与边界节点的连接导纳的计算工作量很小。求出等值网络之后，接下来就可以采用直流潮流法和 P-Q 分解法进行安全分析了。直流潮流法和 P-Q 分解法所研究解决的问题是如何通过简化潮流计算，以加快安全分析的计算速度。等值网络法所研究解决的问题是如何通过简化网络结构来提高安全分析的计算速度问题。以上两者相辅相成，是安全分析的两个方面。

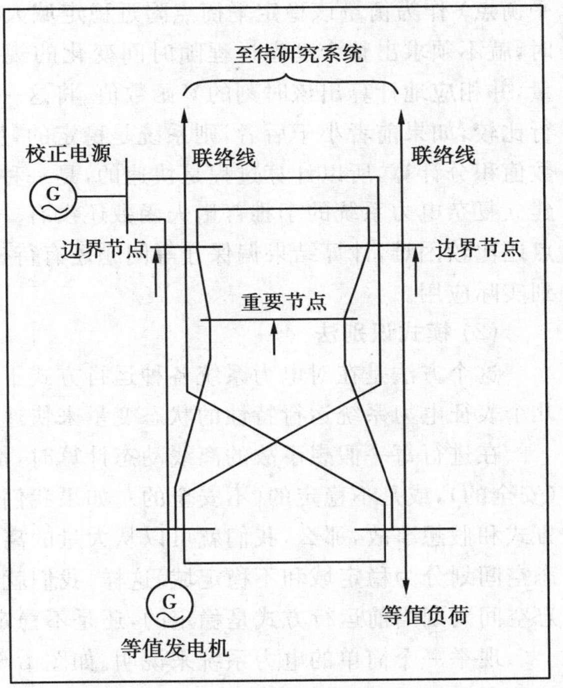

图 4.5　外部系统等值网络

4.2.3　电力系统动态安全分析

动态安全分析是分析电力系统出现预想故障时是否会失去稳定。目前解决上述问题一般采用数值积分法离线计算，逐时段地求解描述电力系统运动状态的微分方程式组，从而得到动态过程中各状态变量随时间变化的规律，并用此来判别电力系统的稳定性。利用这种方法的缺点是，计算工作量大，同时仅能给出电力系统的动态过程，而不能给出明确判别电力系统稳定性的依据。显然，这种方法不能适应实际运行中根据实时数据快速判别电力系统稳定性的要求。尤其是在预防性安全分析中，为了判别一组假想事故下的电力系统稳定性，更要求有一种快速的稳定性判别方法。

近年来，随着电力系统自动化的发展，特别是安全控制的要求，人们努力寻求快速的适应实时要求的稳定性估计方法。到目前为止，已取得一定研究成果的有李雅普诺夫法、模式识别法和扩展面积法。下面仅对这些方法作一些简单的介绍。

(1) 李雅普诺夫方法

用李雅普诺夫第二方法判断线性控制系统的稳定性在《自动控制理论》课程中已经介绍过。李雅普诺夫稳定性理论所要研究的对象是在状态空间内围绕原点(平衡点)的某一域中系统运动的稳定性。

应用李雅普诺夫方法的电力系统稳定性估计，就是针对描述电力系统动态过程的微分方程组的稳定平衡点，建立某一种形式的李雅普诺夫函数(V 函数)，并以系统运动过程中一个不稳定平衡点的 V 函数值(一般有多个不稳定平衡点，应取相应于 V 函数值为最小的那个不稳定平衡点)作为衡量该稳定平衡点附近稳定域大小的指标。这样，在进行电力系统动态过程计算时，就不须求出整个动态过程随时间变化的规律，而仅计算出系统最后一次操作时的状态变量，并相应地计算出该时刻的 V 函数值。将这一函数值与最邻近的不稳定平衡点的 V 函数值进行比较，如果前者小于后者，则系统是稳定的，反之则系统是不稳定的。这个方法避免了大量的数值积分计算，所以计算过程是快速的，是一种有前途的运用于实时控制的方法。但是，目前对建立复杂电力系统的李雅普诺夫函数还没有一个通用的方法，确切计算最邻近的不稳定平衡点还比较困难，计算结果偏保守等问题还有待进一步解决，所以这个方法还未在电力系统中得到实际应用。

(2) 模式识别法

这个方法是在对电力系统各种运行方式下假想事故的离线模拟计算的基础上，选用少数几个表征电力系统运行特性的状态变量来快速判别电力系统的稳定性。

在进行每一假想事故的离线动态计算时，都可以得到两个答案之一，即电力系统是稳定的(安全的)，或是不稳定的(不安全的)。如果我们所进行的离线计算能包括所有各种可能的运行方式和假想事故，那么，我们就可以从大量的离线计算结果中，将表征电力系统运行特征的状态空间划分为稳定域和不稳定域。这样，我们就可以根据实时得到的状态变量值，很快地在状态空间判别当前运行方式是稳定的，还是不稳定的。

现举一个简单的电力系统来说明。如图 4.6(a) 所示设 θ_1 和 θ_2 为两个表征电力系统状态的特征变量，则针对不同的运行方式和假想事故，可分别在 θ_1—θ_2 平面上(图 4.6,b) 表示出稳定情况(用 O 表示) 和不稳定情况(用 Δ 表示)。在经过若干典型事故的离线稳定计算后，在 θ_1—θ_2 平面上可得到 O 和 Δ 的分布图。如果能得到一稳定域和不稳定域的分界线，就可以根据电力系统实时的 θ_1 和 θ_2 在 θ_1—θ_2 平面上所处的领域，很快地判别系统是否稳定。

假定分界线为最简单的一次线性方程

$$g(\theta_1,\theta_2) = w_1\theta_1 + w_2\theta_2 + d = 0 \tag{4.30}$$

式中 w_1、w_2、d—— 常系数。

这样，在分界线的左侧为稳定域，而右侧为不稳定域。将电力系统实时运行方式下的 θ_1 和 θ_2 代入上式，如果 $g(\theta_1,\theta_2) \leqslant 0$，则系统是稳定的，反之，系统是不稳定的。

对于实际电力系统，表征系统的特征量是多维的，所以划分稳定域和不稳定域的是一超平面。如果用简单的一次型判别式，则分界面的方程式为

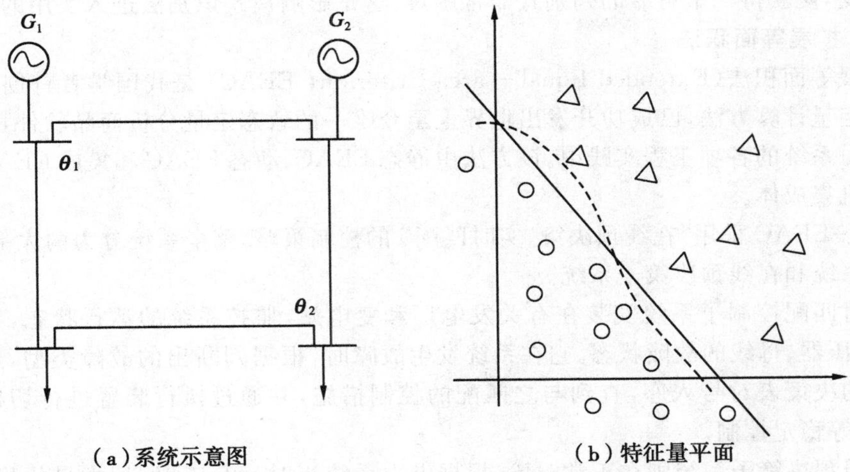

图 4.6　电力系统及其特征量平面示意图

$$g(\boldsymbol{X}) = w_1x_1 + w_2x_2 + \cdots + w_nx_n + d = 0 \tag{4.31}$$

也可应用二次型或更复杂形式的分界面(如图 4.6 中虚线所示),使分界面更为精确。

模式识别的具体工作大致可以分为以下几个步骤:

① 确立样本　选择若干典型的电力系统运行方式,通过离线稳定计算确定哪些运行方式是稳定的,哪些是不稳定的,由此构成样本集。

② 求取特征量　为了减少在线动态安全分析时的计算量,模式识别时,并不须要用表征电力系统运行状态的所有的状态变量来表征电力系统的运行状态,而是选择其中一部分最能表征当前运行状态特征的变量,即特征量来表征电力系统当前的运行状态。特征量一般为母线电压,也可以是其他量,如线路功率等。

③ 确定判别式　所谓判别式就是描述由特征量构成的状态空间中稳定域和不稳定域分界面的数学表达式。根据确定的样本集,在上述特征量空间确定代表分界面的判别式。判别式的精度与所选特征量空间和样本集有关。为了减少离线计算的工作量,希望样本数取得少,但是,样本数选择不适当将会使确定的判别式精确受到影响。同样地,不正确地选择特征量空间,或者特征量太少也会难以确定精确的判别式。

④ 样本集测试　样本集测试就是测试选定的稳定判别式是否正确。样本集不可能包括电力系统的所有运行方式和事故,因此在确定判别式后,应另外选择若干电力系统运行方式和事故形式组成试验样本集,以考验判别式的识别能力。显然用样本集中选定的样本来测试判别式是不会有问题的。因此,所谓样本集测试是选那些不包括在样本集中的运行状态来测试判别式是否正确。

上述模式识别方法是一个快速判别电力系统安全性的方法,因为只要将特征量代入简单的判别式就可以得出结果。要使这一方法得到实用,关键在于判别式的可靠性,一个误差率很大的判别式是没有实用价值的。所以,必须结合每一具体的电力系统,正确选择特征量和样本集,在离线计算的基础上,确定一个良好的判别式,并通过大量试验样本的考核和实际运行来不断修正。

理论上,模式识别法是无可挑剔的。然而实际运用时,由于电力系统结构越来越复杂,运行方式多变，使获得一个可靠的判别式非常困难。这是影响模式识别法进入实用的关键。

(3) 扩展等面积法

扩展等面积法(Extended Equal－area Criterion，EEAC)是我国学者首创的一种暂态稳定快速定量计算方法，已成功开发出世界上至今唯一的暂态定量分析商品软件，并已应用于国内外电力系统的各项工程实践中。该方法由静态EEAC、动态EEAC和集成EEAC三部分构成一个有机集成体。

静态EEAC采用"在线预决策、实时匹配"的控制策略，整个系统分为两大部分：实时匹配控制子系统和在线预决策子系统。

实时匹配控制子系统安装在有关发电厂和变电站，监控系统的运行状态，判断本厂站出线、主变压器、母线的故障状态。它在系统发生故障时，根据判断出的故障类型，迅速与存放在装置内的决策表对号入座，查到与之匹配的控制措施，并通过执行装置进行切机、快关、切负荷、解列等稳定控制。

在线预决策子系统则在正常时段，根据电力系统当时运行工况，搜索最优稳定控制策略，定期刷新后者的决策表。这类方案的精髓是一个快速的在线定量分析和相应的灵敏度分析方法。其分析计算的速度比离线分析要高得多，但比故障中实时计算要低得多，完全在EEAC的技术能力之内。

暂态稳定分析软件包FASTEST中将EEAC与时域仿真法集成在一起，已在中国、美国、加拿大、韩国、芬兰等国得到广泛应用。

4.3 电力系统安全控制对策

对预想事故进行安全评定时，当发现系统处于正常不安全状态，就须要采取控制措施使系统恢复到正常安全状态，这称为安全性提高，也称为安全性控制。它是通过对系统中可控变量的再安排来消除潜在的越限现象。

对预想事故评定时发现越限现象进行控制，是预防控制的任务，如果已存在越限现象，通过可控变量的再安排使系统恢复到安全状态，这就是校正控制。

由于安全性提高对系统的控制要求较高，代价很大，所以是否采用预防控制方案尚有争论。通常用计算机计算出预防控制的控制方案提示给调度员，作为调度员的参考，而并不直接按此方案去执行。对于已发生的越限现象，计算机计算出校正控制方案，调度员参考这个方案下令执行。

无论何种计算，都要求计算简捷快速，通常采用线性化的方法进行计算。例如用灵敏度分析方法和最小二乘法，也常用线性规划或者二次规划的方法。建模上比较普遍地采用P－Q解耦技术，将问题划分为有功、无功两个子问题分别求解。

在校正控制的目标上，有以某种经济指标为优化目标进行计算的，也有以控制变量调整量最小为目标计算的。

4.3.1 灵敏度矩阵

在电力系统静态安全分析中，经常要研究系统中的某些可控变量的变化将引起系统状态变量或其他被控变量的变化的问题。这虽然可以通过潮流计算来实现，但这样做计算代价太大。常用的比较快的方法是通过潮流灵敏度分析找出被控变量和控制变量之间的线性关系。这种灵敏度分析方法在对紧急状态的调整、电压控制和其他许多优化问题中都有应用。如潮流方程可用下式来描述：

$$f(x,u)=0 \tag{4.32}$$

其中 x 是状态变量，通常取为节点电压的幅值和相角。u 是控制变量，通常取为可调变量，例如发电机有功出力、发电机机端电压、变压器的可调分接头等，根据问题的不同而定。在 x 和 u 的某一初值（例如在初始运行点）附近将式(4.32) 展开为一阶泰勒级数

$$\frac{\partial f}{\partial x^T}\Delta x+\frac{\partial f}{\partial u^T}\Delta u=0$$

两个偏导数分别在 $x^{(0)}$ 和 $u^{(0)}$ 处取值。于是有

$$\Delta x=-\left[\frac{\partial f}{\partial x^T}\right]^{-1}\frac{\partial f}{\partial u^T}\Delta u=S_{xu}\Delta u \tag{4.33}$$

式中

$$S_{xu}=-\left[\frac{\partial f}{\partial x^T}\right]^{-1}\frac{\partial f}{\partial u^T} \tag{4.34}$$

称为状态变量和控制变量之间的灵敏度矩阵。其元素 S_{ij} 表示控制变量的单位变化引起的状态变量的变化量。分析灵敏度矩阵的元素就可以知道哪个控制变量的变化对状态变量的变化影响最大。

有时还须要了解 Δu 的变化对系统中的某些相关变量的影响，例如发电机有功出力的变化对支路有功潮流的影响。由于这些相关变量是状态变量的函数，所以可以找出它们和状态变量之间的线性关系，进而找出它们和控制变量之间的线性关系。例如相关变量是 y，并有

$$y=h(x) \tag{4.35}$$

同样在 $x^{(0)}$ 处将(4.35) 展开为一阶泰勒级数有

$$y=h(x^{(0)})+\frac{\partial h}{\partial x^T}\Delta x$$

$$\Delta y=\frac{\partial h}{\partial x^T}\Delta x=\frac{\partial h}{\partial x^T}\cdot S_{xu}\Delta u$$

令

$$S_{yu}=\frac{\partial h}{\partial x^T}\cdot S_{xu} \tag{4.36}$$

表示相关变量和控制变量之间的灵敏度矩阵，则有

$$\Delta y=S_{yu}\Delta u \tag{4.37}$$

例 4.2　如图 4.7 所示的三母线电力系统，其中母线 3 为发电机节点，设为平衡节点。母线 2 是 PV 节点，母线 1 是 PQ 节点。支路(1,3) 是变比可调的变压器支路，该系统的 P_{12} 和 V_1 设置为被控变量，则状态变量 x、控制变量 u 和被控变量 y 分别是

$$x=\begin{bmatrix}\theta_1\\\theta_2\\V_1\end{bmatrix}\quad u=\begin{bmatrix}P_{G2}\\V_2\\k_{13}\end{bmatrix}\quad y=\begin{bmatrix}P_{12}\\V_1\end{bmatrix}$$

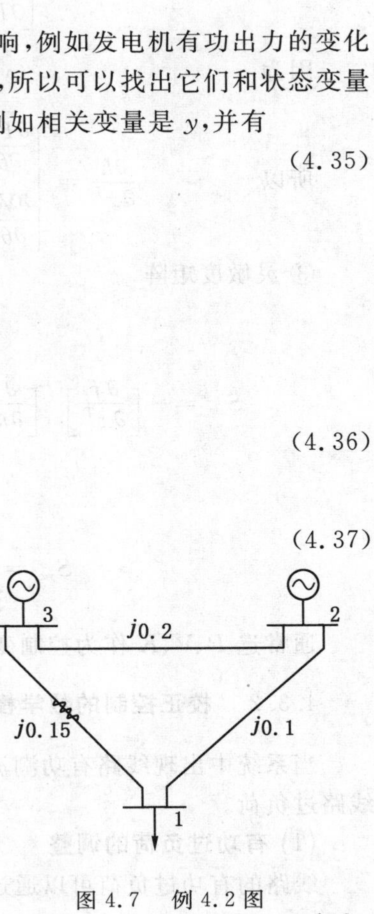

图 4.7　例 4.2 图

试写出 S_{xu} 和 S_{yu} 的示意公式

解 ① 潮流方程

$$f(x,u)=\begin{bmatrix}f_1\\f_2\\f_3\end{bmatrix}=\begin{bmatrix}0-P_{D1}-P_1(\theta_1,\theta_2,V_1,V_2,k_{13})\\P_{G2}-P_{D2}-P_2(\theta_1,\theta_2,V_1,V_2)\\0-Q_{D1}-Q_1(\theta_1,\theta_2,V_1,V_2,k_{13})\end{bmatrix}=0$$

式中 θ_3、V_3 是给定量，在公式中略去。

② 偏导数矩阵

$$\frac{\partial f}{\partial x^T}=\begin{bmatrix}\frac{\partial f_1}{\partial\theta_1}&\frac{\partial f_1}{\partial\theta_2}&\frac{\partial f_1}{\partial V_1}\\\frac{\partial f_2}{\partial\theta_1}&\frac{\partial f_2}{\partial\theta_2}&\frac{\partial f_2}{\partial V_1}\\\frac{\partial f_3}{\partial\theta_1}&\frac{\partial f_3}{\partial\theta_2}&\frac{\partial f_3}{\partial V_1}\end{bmatrix}=\begin{bmatrix}-\frac{\partial P_1}{\partial\theta_1}&-\frac{\partial P_1}{\partial\theta_2}&-\frac{\partial P_1}{\partial V_1}\\-\frac{\partial P_2}{\partial\theta_1}&-\frac{\partial P_2}{\partial\theta_2}&-\frac{\partial P_2}{\partial V_1}\\-\frac{\partial Q_1}{\partial\theta_1}&-\frac{\partial Q_1}{\partial\theta_2}&-\frac{\partial Q_1}{\partial V_1}\end{bmatrix}$$

$$\frac{\partial f}{\partial u^T}=\begin{bmatrix}\frac{\partial f_1}{\partial P_{G2}}&\frac{\partial f_1}{\partial V_2}&\frac{\partial f_1}{\partial k_{13}}\\\frac{\partial f_2}{\partial P_{G2}}&\frac{\partial f_2}{\partial V_2}&\frac{\partial f_2}{\partial k_{13}}\\\frac{\partial f_3}{\partial P_{G2}}&\frac{\partial f_3}{\partial V_2}&\frac{\partial f_3}{\partial k_{13}}\end{bmatrix}=\begin{bmatrix}0&-\frac{\partial P_1}{\partial V_2}&-\frac{\partial P_1}{\partial k_{13}}\\1&\frac{\partial P_2}{\partial V_2}&0\\0&-\frac{\partial Q_1}{\partial V_2}&-\frac{\partial Q_1}{\partial k_{13}}\end{bmatrix}$$

因为

$$y=h(x)=\begin{bmatrix}P_{12}(\theta_1,\theta_2,V_1,V_2)\\V_1\end{bmatrix}$$

所以

$$\frac{\partial h}{\partial x^T}=\begin{bmatrix}\frac{\partial P_{12}}{\partial\theta_1}&\frac{\partial P_{12}}{\partial\theta_2}&\frac{\partial P_{12}}{\partial V_1}\\\frac{\partial V_1}{\partial\theta_1}&\frac{\partial V_1}{\partial\theta_2}&\frac{\partial V_1}{\partial V_1}\end{bmatrix}=\begin{bmatrix}\frac{\partial P_{12}}{\partial\theta_1}&\frac{\partial P_{12}}{\partial\theta_2}&\frac{\partial P_{12}}{\partial V_1}\\0&0&1\end{bmatrix}$$

③ 灵敏度矩阵

$$S_{xu}=-\left[\frac{\partial f}{\partial x^T}\right]^{-1}\left[\frac{\partial f}{\partial u^T}\right]=-\begin{bmatrix}\frac{\partial P_1}{\partial\theta_1}&\frac{\partial P_1}{\partial\theta_2}&\frac{\partial P_1}{\partial V_1}\\\frac{\partial P_2}{\partial\theta_1}&\frac{\partial P_2}{\partial\theta_2}&\frac{\partial P_2}{\partial V_1}\\\frac{\partial Q_1}{\partial\theta_1}&\frac{\partial Q_1}{\partial\theta_2}&\frac{\partial Q_1}{\partial V_1}\end{bmatrix}^{-1}\begin{bmatrix}0&-\frac{\partial P_1}{\partial V_2}&-\frac{\partial P_1}{\partial k_{13}}\\1&-\frac{\partial P_2}{\partial V_2}&0\\0&-\frac{\partial Q_1}{\partial V_2}&-\frac{\partial Q_1}{\partial k_{13}}\end{bmatrix}$$

$$S_{yu}=\frac{\partial h}{\partial x^T}S_{xu}=\begin{bmatrix}\frac{\partial P_{12}}{\partial\theta_1}&\frac{\partial P_{12}}{\partial\theta_2}&\frac{\partial P_{12}}{\partial V_1}\\0&0&1\end{bmatrix}\cdot S_{xu}$$

通常选 P、V、K 作为控制变量，若母线 V 作为控制变量，则状态变量少一个。

4.3.2 校正控制的数学模型

当系统中出现线路有功潮流过负荷或者线路过电流时，须要对控制变量进行调整来解除线路过负荷。

(1) 有功过负荷的调整

线路的有功过负荷可以通过调整发电机有功功率出力来解除。利用发电转移分布因子可以建立发电机有功调整量和线路有功潮流变化量两者之间的关系。

$$\Delta P_b = G\Delta P_G \tag{4.38}$$

如果有 NL 条支路有功潮流过负荷，其中第 K 条支路有功潮流为 P_k，其允许的最大输送功率为 P_k^M，$P_k^M > 0$，则支路 K 的有功潮流调整量应是 ΔP_k，并有

$$\Delta P_k = \begin{cases} P_k^M - P_k & P_k > 0 \\ -P_k^M - P_k & P_k < 0 \end{cases} \tag{4.39}$$

若同时有 NG 台发电机有功可调，则 G 是 $NL \times NG$ 阶矩阵。其中第 K 个元素是：

$$G_{kg} = \frac{M_k^T B_0^{-1} e_g}{x_k} = \frac{x_{ig} - x_{jg}}{x_k} \tag{4.40}$$

其中 x_{ig} 和 x_{jg} 是 B_0^{-1} 的元素，x_k 是支路 K 的电抗，e_g 是第 g 个元素为 1，其他元素为 0 的矢量。如果我们用 Δy 表示被控变量的期望变化量，Δu 表示控制变量的调整量，C 表示 Δy 和 Δu 之间的灵敏度矩阵，则有功过负荷调整的数学模型可用下式表示

$$\Delta y = C\Delta u \tag{4.41}$$

如何用此式求 Δu，将在后面介绍。

(2) 过电流的调整

支路 $i \sim j$ 的电流是支路两端节点的电压幅值和相角的函数。可用下式表示：

$$I_{ij} = \left|\dot{I}_{ij}\right| = f(\theta_i, \theta_j, V_i, V_j) \tag{4.42}$$

所以有

$$\Delta I_{ij} = I_{ij}^M - \left|\dot{I}_{ij}\right| = \frac{\partial I_{ij}}{\partial \theta_i}\Delta\theta_i + \frac{\partial I_{ij}}{\partial \theta_j}\Delta\theta_j + \frac{\partial I_{ij}}{\partial V_i}\Delta V_i + \frac{\partial I_{ij}}{\partial V_j}\Delta V_j =$$

$$\begin{bmatrix} \frac{\partial I_{ij}}{\partial \theta_i} & \frac{\partial I_{ij}}{\partial \theta_j} & \frac{\partial I_{ij}}{\partial V_i} & \frac{\partial I_{ij}}{\partial V_j} \end{bmatrix} \begin{bmatrix} \Delta\theta_i \\ \Delta\theta_j \\ \Delta V_i \\ \Delta V_j \end{bmatrix} \tag{4.43}$$

如果有 NL 条支路过电流，则有

$$\Delta I = [C_1]\Delta x \tag{4.44}$$

ΔI 是 $NL \times 1$ 矢量，C_1 是 $NL \times N$ 阶稀疏矩阵，Δx 是状态变量的变化量。$\Delta x = [\Delta\theta^T \quad \Delta V^T]$，令 NG 个节点的有功变化量 ΔP_G 和无功变化量 ΔQ_G 定义为控制变量的变化量 $\Delta u^T = [\Delta P_G^T \quad \Delta Q_G^T]$。令 $[C_2]$ 是潮流 Jacobian 矩阵的逆阵中与 Δu 对应的列组成的矩阵。于是有

$$\Delta x = [C_2]\Delta u \tag{4.45}$$

于是

$$\Delta y = \Delta I = [C_1][C_2]\Delta u = [C]\Delta u \tag{4.46}$$

其中 $[C]$ 是 $NL \times NG$ 阶矩阵。这里当 NG 个节点的发电机功率变化 Δu 时，可使过电流支路电流变化 Δy。问题是如何求解上式得到 Δu。

(3) 节点过电压的调整

节点电压幅值是状态变量 x 中的一部分。如果有 NV 个节点电压越限，我们希望调整系统中发电机的无功或变压器的分接头，使这些节点的电压越界解除。如果控制变量仍然是 NG 个，则状态变量和控制变量之间的灵敏度关系为

$$\Delta x = S_{xu}\Delta u \tag{4.47}$$

$$S_{xu} = -\left[\frac{\partial f}{\partial x}\right]^{-1}\frac{\partial f}{\partial u} \tag{4.48}$$

如果 NV 个节点的电压调整量是 Δy，而

$$\Delta y_i = V_i^M - V_i \qquad i = 1,2,\cdots,NV$$

则有

$$\Delta y = [C]\Delta u \tag{4.49}$$

其中 $[C]$ 是 S_{xu} 的 NV 个行组成的 $NV \times NG$ 阶矩阵。

4.3.3 控制变量变化量 Δu 的求解

对于上述三类问题，最后都可以化为如何求解 Δu，使被调量 y 变化 Δy 这样的问题。一般情况下 Δy 和 Δu 的维数不相等，所以 $[C]$ 矩阵不是方阵，不能用求解线性方程组的方法求解。

假设 Δy 的维数是 n_1，Δu 的维数是 n_2，当 $n_1 < n_2$ 时，已知量 Δy 比待求量 Δu 少，这是一组相容方程组，求使得 $\|\Delta u\|$ 为极小或求 Δu 的极小范数解为

$$\Delta u = [C]^T([C][C]^T)^{-1}\Delta y \tag{4.50}$$

这样得到的 Δu 是控制量调整最小的控制策略。由下述模型，建立拉氏函数，然后求最小值，可得

$$\min \frac{1}{2}\Delta u^T \Delta u \tag{4.51}$$

约束条件是

$$\Delta y - [C]\Delta u = 0 \tag{4.52}$$

如果 $n_1 > n_2$，则已知量比待求量多，这时是一组矛盾方程组，可以求该方程组的最小二乘解。即使

$$F = \frac{1}{2}\|\Delta y - [C]\Delta u\|_2 \to \min_{\Delta u} \tag{4.53}$$

有

$$\Delta u = ([C]^T[C])^{-1}[C]^T\Delta y \tag{4.54}$$

求出控制变量 u 的调节量以后，应对 u 进行修正。但首先要检查修正后的 u 是否满足 u 的上下限约束。如果不满足，则要将越界的 u 固定在限值上，重新进行安全评定计算。

4.3.4 线性规划的数学模型

校正控制常量用线性规划的数学模型来解算。线性规划是一类目标函数和约束条件都是线性函数的优化问题。

常常用控制变量的变化引起系统中的某项经济指标变化最小为目标函数。

目标函数

$$\min C^T \Delta u \tag{4.55}$$

约束条件

$$\begin{cases} \Delta y^{\min} \leqslant [C]\Delta u \leqslant \Delta y^{\max} \\ \sum B_i \Delta u_i = 0 \\ \Delta u \leqslant \Delta u^{\min} \end{cases} \tag{4.56}$$

约束条件中，控制变量的变化 Δu 应使被调量处于本身的上下限范围之内。由于控制量的变化，系统的功率平衡可能会发生变化，但还是应满足功率平衡条件。第三个约束是控制变量本身的上下限约束。

4.3.5　电力系统安全控制对策

处于正常运行状态的电力系统可以是安全的，也可以是不安全的。对正常不安全电力系统可以通过调整系统中的可控变量，即改变系统的运行方式使之变为正常安全状态。这类控制问题称为安全性提高，这属于预防性控制的范围。如果系统已存在约束越界现象，可以通过控制变量的调整使越界消除，恢复到正常状态。这种控制叫做校正控制。

预防性控制是一种代价很高的控制，包括系统元件要有足够多的备用容量，实现起来难度太大。通常的作法是允许系统处于正常不安全状态，然后对现有的或潜在的静态紧急状态采用校正控制使其回到正常状态。即如果现有系统已处于静态紧急状态，则计算出控制对策并参考此对策重新调整系统中的可调变量。如果现在系统正常，则进行预想事故分析，找出哪些预想事故会导致系统进入静态紧急状态，并对该状态通过计算给出校正对策的方案。

由于校正对策分析要在实时情况下使用，要求计算速度快，而计算精度要求相对不高，所以常采用线性化的潮流模型。

根据有功- 无功解耦的特点，校正对策又分为有功校正和无功校正两个子问题，这样可减少每个子问题的规模和复杂性。

(1) 电力系统有功安全校正对策分析

有功安全校正是指当系统中出现线路有功过负荷时，如何改变发电机的有功出力使得过负荷解除。

根据发电机出力转移分布因子可知，当系统中第 i 台发电机有功变化 ΔP_i 时，系统中支路 k 上的有功潮流将变化 ΔP_{k-i}，两者之间的关系为

$$\Delta P_{k-i} = G_{k-i}\Delta P_i \qquad i \in G \tag{4.57}$$

G 是可调的发电机集合，G_{k-i} 是发电出力转移分布因子，并有

$$G_{k-i} = \frac{X_{k-i}}{x_k} \tag{4.58}$$

式中 x_k—— 支路 k 的电抗；$X_{k-i} = M_k^T X e_i$，M_k 是 n 维列向量，它的元素只在支路 k 的两个端节点上有 1 和 -1，其余为零元；e_i 是 n 维单位列向量，只在发电机 I 所在节点处有 1，其余为零；$X = B_0^{-1}$，B_0 是以 $\frac{1}{x}$ 为支路电导建立的节点电纳矩阵。如果支路 k 当前的有功为 $P_k^{(0)}$，该支路有功的上下限值分别为 $P_{k\max}$ 和 $P_{k\min}$，则当

$$\Delta P_k = P_{k\max} - P_k^{(0)} < 0 \text{ 或 } \Delta P_k = P_{k\min} - P_k^{(0)} > 0$$

时，支路 k 上发生支路潮流越界。为了系统的安全运行，如果支路 k 的校正功率是 ΔP_k，则校正后的支路有功潮流应在界内，即应满足

$$P_{k\min} \leqslant P_k^{(0)} + \Delta P_k \leqslant P_{k\max} \tag{4.59}$$

或写成

$$P_{k\min} - P_k^{(0)} = \Delta P_{k\min} \leqslant \Delta P_k \leqslant \Delta P_{k\max} = P_{k\max} - P_k^{(0)} \tag{4.60}$$

当发电机功率改变 ΔP_{Gi}，支路 k 的潮流将变化 ΔP_k，则

$$\Delta P_k = \sum_{i=1}^{NG} G_{k-i} \Delta P_{Gi} \tag{4.61}$$

式中 NG 是可调出力的发电机数。将式(4.61) 代入(4.60)，有

$$\Delta P_{k\min} \leqslant \sum_{i=1}^{NG} G_{k-i} \Delta P_{Gi} \leqslant \Delta P_{k\max} \tag{4.62}$$

另外，对于发电机本身也有可调范围的约束，即

$$\Delta P_{Gi\min} \leqslant \Delta P_{Gi} \leqslant \Delta P_{Gi\max} \qquad i \in G \tag{4.63}$$

发电机功率的变化应满足功率平衡条件。当忽略发电机出力变化所引起的系统网损变化时，应有

$$\sum_{i=1}^{NG} \Delta P_{Gi} = 0 \tag{4.64}$$

求解满足式(4.60) 到(4.64) 的解即为一组可行的校正控制对策。当然，这样的控制对策有多种，可以从中选取满足某种需要的一组控制对策，例如，可以选取使控制量的变化最小的一组控制对策，也可以选取满足某种经济目标的控制对策。

建立目标函数

$$F = \sum_{i=1}^{NG} \left| \Delta P_{Gi} \right| \tag{4.65}$$

或

$$F = \sum_{i=1}^{NG} C_i \Delta P_{Gi} \tag{4.66}$$

寻求在满足式(4.60) 到(4.64) 约束条件下，使式(4.65) 或(4.66) 的目标函数取极小值的一组控制 ΔP_{Gi}，就可以既解除支路的过载，又满足所选的优化目标。

在式(4.62) 中选定的约束只是越界支路集，校正以后，又有可能产生新的支路越界。一种办法是把所有支路约束都包括到式(4.62) 的约束中。这样处理将使得约束方程太多。另一种方法是每次计算出校正对策后，再用直流潮流校核支路潮流越界情况，若还有越界，则再一次校正，直到完全消除越界为止。这种处理方法需要多次迭代，但每次迭代求解的问题规模较小。

上面建立的有功安全校正的数学模型是一种线性规划模型，由于控制变量也有上下限约束，所以是有上下界约束的线性规划模型。有专门的程序可以用来求解这类问题。

(2) 电力系统无功安全校正对策分析

当系统中出现节点电压越界，或者线路无功传送功率超过允许的限制值时，可以通过改变系统无功电源点的电压或者无功出力，以及有载调压变压器支路的可调变比使这些越界消除。

首先建立无功安全校正的数学模型。假设有 r 个 PV 节点和 1 个平衡节点上的无功功率可调，t 个变压器变比 T 可调，则有

$$L\Delta V + K\Delta T = \Delta Q \tag{4.67}$$

式中 ΔQ—— 无功功率变化量的 n 维向量，是控制变量；

ΔV—— 电压变化量的 n 维向量，是状态变量；

ΔT—— 有载调压变压器可调变比变化量的 t 维向量，也是控制变量；

$L = \dfrac{\partial Q}{\partial V^T}$，为 $n \times n$ 阶方阵；$K = \dfrac{\partial Q}{\partial T^T}$，为 $n \times t$ 阶矩阵。

由式(4.67) 可求出：

$$\Delta V = L^{-1}(\Delta Q - K\Delta T) \tag{4.68}$$

如果调整无功电源节点的无功功率时，负荷节点的无功不变，则 ΔQ 中只有对应 r 个 PV 节点即无功电源节点的无功变化量不为零，即在 $\Delta Q^T = [\Delta Q_D^T, \Delta Q_G^T]$ 中 $\Delta Q_D = 0$，若令 $M = L^{-1}$，则有

$$\Delta V = M_G \Delta Q_G - MK\Delta T = [M_G - MK]\begin{bmatrix}\Delta Q_G \\ \Delta T\end{bmatrix} \tag{4.69}$$

式中 M_G 由矩阵 M 中对应于 PV 节点的 r 个列向量组成。

由支路无功潮流的增量公式有

$$\Delta Q_b = \left[\frac{\partial Q_b}{\partial V^T}\right]\Delta V = H\Delta V \tag{4.70}$$

式中 $H = \dfrac{\partial Q_b}{\partial V^T}$ 为 $b \times n$ 阶矩阵。

将式(4.70) 代入(4.71) 则有

$$\Delta Q_b = H[M_G - MK]\begin{bmatrix}\Delta Q_G \\ \Delta T\end{bmatrix} \tag{4.71}$$

再考虑到在忽略网损的情况下，无功电源点的无功变化和变压器变比变化所引起各节点注入无功的变化总和应为零，故还有 $1^T\Delta Q = 0$ 或写成

$$\Delta Q_s + 1_G^T \Delta Q_G + 1^T K\Delta T = 0 \tag{4.72}$$

式中　1_G 是 r 维列向量，其元素全是 1；1 是 n 维 1 列向量；ΔQ_s 是平衡节点无功增量。

综上所述，可以得出无功校正应满足的约束条件

$$\Delta V_{\min} \leqslant [M_G - MK]\begin{bmatrix}\Delta Q_G \\ \Delta T\end{bmatrix} \leqslant \Delta V_{\max} \tag{4.73a}$$

$$\Delta Q_{b\min} \leqslant H[M_G - MK]\begin{bmatrix}\Delta Q_G \\ \Delta T\end{bmatrix} \leqslant \Delta Q_{b\max} \tag{4.73b}$$

$$\Delta Q_{G\min} \leqslant \Delta Q_G \leqslant \Delta Q_{G\max} \tag{4.73c}$$

$$\Delta T_{\min} \leqslant \Delta T \leqslant \Delta T_{\max} \tag{4.73d}$$

$$[1_G^T \quad 1_K^T]\begin{bmatrix}\Delta Q_G \\ \Delta T\end{bmatrix} + \Delta Q_s = 0 \tag{4.73e}$$

式(4.73) 中的两端增量型的限值都表示相应的上下限值与校正前的运行值之间的差值。式(4.73) 的一组 ΔQ_G、ΔT 即为问题的解。如果有多组解，可以从中找到满足某一优化准则的最优解。例如，可以用使 ΔQ_G 最小为目标。设目标函数为

$$\min F = \sum_{i=1}^{r+1} \alpha_i \left|\Delta Q_{Gi}\right| \tag{4.74}$$

其中：α_i 是对每个无功电源点的权系数。

式(4.73) 和(4.74) 组成了有上下限约束的线性规划问题，可以用线性规划算法求解。

4.3.6　电力系统最优潮流简介

以上介绍的安全校正问题实际上也是一种最优潮流问题。最优潮流用于对紧急状态的电力系统进行优化时，就是通常所说的安全校正；当电力系统处于正常状态时，应用最优潮流可

以给出一种满足运行约束的经济运行解；当用于预想事故分析时，则可以作为预想事故的校正对策分析。

如果将电力系统的运行变量分为状态变量(x)及控制变量(u)两类，控制变量通常由调度人员可以调整、控制的变量组成；控制变量确定以后，状态变量也就可以通过潮流计算而确定下来。

如果电力系统应满足的潮流方程用下式表示

$$g(u,x)=0 \tag{4.75}$$

电力系统潮流应满足的各种约束条件统一用下式表示

$$h(u,x)\leqslant 0 \tag{4.76}$$

所谓最优潮流就是要找一组控制变量 u，使得在满足(4.75)和(4.76)两种约束条件下使目标函数

$$\min_{u} f(u,x) \tag{4.77}$$

取得最小值。

目标函数可以是任何一种按特定的应用目的而定义的标量函数。常见的目标函数有以下两种。

1) 全系统发电燃料总耗量(或总费用)

$$f=\sum_{i\in NG}K_i(P_{Gi}) \tag{4.78}$$

式中 NG 为全系统发电机的集合，其中包括平衡节点 s 的发电机组；$K_i(P_{Gi})$ 为发电机组 G_i 的耗量特性，可以采用线性、二次或更高次的函数关系式。

2) 有功网损

$$f=\sum_{(i,j)\in NL}(P_{ij}+P_{ji}) \tag{4.79}$$

式中 NL 表示所有支路的集合。在采用有功网损作为目标函数的最优潮流问题中，除平衡节点以外，其他发电机的有功出力都认为是给定不变的。因而对于一定的负荷，平衡节点的注入功率将随着网损的变化而改变，于是平衡节点有功注入功率的最小化就等效于系统总的网损的最小化。为此可以直接采用平衡节点的有功注入作为有功网损最小化问题的目标函数，即有

$$\min f=\min P_s(U,\theta) \tag{4.80}$$

采用不同的目标函数，并选择不同的控制变量，再与相应的约束条件相结合，就可以构成不同应用目的的最优潮流问题。例如：

① 目标函数采用发电燃料耗量(或费用)最小，以除去平衡节点以外的所有有功电源出力及所有可调无功电源出力(或用相应的节点电压)，还有带负荷调压变压器的变比作为控制变量，则就是对有功及无功进行综合优化的通常泛称的最优潮流问题。

② 若仍以发电燃料耗量(或费用)最小为目标函数，但仅以有功电源出力作为控制变量而将无功电源出力(或相应节点电压模值)固定，则称为有功最优潮流。

③ 若目标函数采用系统的有功网损最小，将各有功电源出力固定而以可调无功电源出力(或相应节点电压模值)及调压变压器变比作为控制变量，就称为无功优化潮流。

各种电力系统最优潮流问题都可以用以下数学模型表示

$$\left.\begin{aligned} &\min_{u} f(u,x) \\ \text{s.t.}\quad &g(u,x)=0 \\ &h(u,x)\leqslant 0 \end{aligned}\right\} \tag{4.81}$$

由于目标函数 f 及等式、不等式约束中的大部分约束都是变量的非线性函数，因此电力系统的最优潮流计算是一个典型的有约束非线性规划问题。可以采用相应的优化算法求解。

如果将式(4.81)中的不等式约束用罚函数引入到目标函数中，即有

$$C(u,x)=f(u,x)+\sum_{i\in\Omega}w_i h_1^2(u,x)$$

式中　Ω 是不等式约束的集合。

在新目标函数下的最优潮流计算可以表示为

$$\left.\begin{aligned} &\min_{u} C(u,x) \\ \text{s.t.}\quad &g(u,x)=0 \end{aligned}\right\} \tag{4.82}$$

应用经典的拉格朗日乘子法，引入和等式约束 $g(u,x)=0$ 中方程式数同样多的拉格朗日乘子 λ，则构成拉格朗日函数为：

$$L(u,x)=C(u,x)+\lambda^T g(u,x) \tag{4.83}$$

式中 λ 为由拉格朗日乘子所构成的向量。

这样就把原来的有约束最优问题变成了一个无约束最优问题。采用经典的函数求极值的方法，将式(4.83)分别对变量 x、u、λ 求导并令其等于零，即得到求极值的一组必要条件为

$$\frac{\partial L}{\partial x}=\frac{\partial C}{\partial x}+\left(\frac{\partial g}{\partial x}\right)^T\lambda=0 \tag{4.84}$$

$$\frac{\partial L}{\partial u}=\frac{\partial C}{\partial u}+\left(\frac{\partial g}{\partial u}\right)^T\lambda=0 \tag{4.85}$$

$$\frac{\partial L}{\partial \lambda}=g(u,x)=0 \tag{4.86}$$

这是三组以 x、u、λ 为变量的非线性代数方程组，每组的方程式个数分别等于向量 x、u、λ 的维数。最优潮流的解必须同时满足这三组方程。

直接联立求解这三个极值条件方程组，可以求得此非线性规划问题的最优解。但通常由于方程式数目众多及其非线性性质，联立求解的计算量非常巨大，有时还相当困难。在实际中常采用一种迭代下降算法，其基本思想是从一个初始点开始，确定一个搜索方向，沿着这个方向移动一步，使目标函数有所下降，然后由这个新的点开始，再重复进行上述步骤。直到满足一定的收敛判据为止。结合具体模型，则这个迭代求解算法的基本步骤如下：

1) 令迭代计数 $k=0$；

2) 假定一组控制变量初值 $u^{(0)}$；

3) 由于式(4.86)是潮流方程，所以通过潮流计算就可以由已知的 u 求得相应的 $x^{(0)}$；

4) 在式(4.84)中，$\frac{\partial g}{\partial x}$ 就是牛顿法潮流计算的雅可比矩阵 J，利用求解潮流时已经求得的潮流解点的 J 及其 LU 三角因子矩阵，可以方便地求出

$$\lambda=-\left[\left(\frac{\partial g}{\partial x}\right)^T\right]^{-1}\frac{\partial C}{\partial x} \tag{4.87}$$

5) 将已经求得的 x、u 及 λ 代入式(4.86)则有

$$\nabla_u = \frac{\partial L}{\partial u} = \frac{\partial C}{\partial u} - (\frac{\partial g}{\partial u})^T[(\frac{\partial g}{\partial x})]^{-1}\frac{\partial C}{\partial x} \tag{4.88}$$

式中 ∇_u 是目标函数对控制变量 u 的梯度矢量，即控制变量的变化引起目标 Lagrange 函数值的变化；

6) 若 $\frac{\partial L}{\partial u} = 0$，则说明这组解就是待求的最优解，计算结束，否则，转入下一步；

7) 当 $\frac{\partial L}{\partial u} \neq 0$ 时，须要进一步迭代。由于某一点的梯度方向是该点函数值变化率最大的方向，因此若沿着函数在该点的负梯度方向前进时，函数值下降最快，所以最简单方便的方法就是取负梯度作为每次迭代的搜索方向，为此按照能使目标函数下降的方向对 u 进行修正，即

$$\begin{aligned} u^{(k+1)} &= u^{(k)} + \alpha\Delta u^{(k)} \\ \Delta u^{(k)} &= -\nabla_u^{(k)} \end{aligned} \tag{4.89}$$

然后回到步骤 3)。这样重复进行上述过程，直到这种调整不能进一步减少目标函数为止，即 $\frac{\partial L}{\partial u} \leqslant \varepsilon$ 为止。这样便得到了最优解。式(4.89)中 α 是标量，它决定了修正的步长，可以用一维优化搜索法求出最优步长。

上面介绍的就是用简化梯度法求解最优潮流的方法。除此以外，还有其他一些方法，这里不作介绍。

最优潮流集潮流和优化为一体，是在线安全经济分析的一个最有力的工具，虽然计算复杂，计算量大，但经多年的发展，现在已经具备了在线应用的条件。

4.4 电力系统的安全控制

4.4.1 电力系统正常运行状态的安全控制

电力系统正常运行时的控制分为常规调度控制和安全控制。常规调度控制是电力系统处于正常状态时的控制，控制的目的是在保证电力系统优质、安全运行的条件下尽量使电力系统运行得更经济。安全控制是电力系统处于警戒状态时的控制。

为了保证电力系统正常运行的安全性，应根据电力系统的实际结构出力及负荷分布，在离线计算的基础上确定若干安全界限。在正常运行情况下，应保证相应的运行参数满足这些界限的要求。例如：①系统的最小旋转备用出力；②系统的最小冷备用出力，即在短时间内能动用的发电出力；③母线电压和线路两侧电压相位角差的安全界限值；④按静态和暂态稳定要求确定的通过线路、变压器等元件的功率潮流的安全界限值等。在确定这些安全界限值时，均考虑了一定的安全储备。当发现不满足这些事先确定的安全界限时，说明系统进人警戒状态，应立即向运行人员发出报警信号。

在电力系统中，事故往往是突然出现的，或者是由于电力系统安全水平逐渐降低而诱发的。所以，即使在正常运行时也要时刻准备着下一时刻可能出现的事故。电力系统正常状态安全控制的有效性，在很大程度上取决于这种预防性的安全分析和控制。为了避免可能出现的不安全情况，从“防患于未然”的观点出发，应及时采取相应的控制措施(如进行电力系统结

构和潮流的调整，改变发电机出力和切换负荷等)，以保证即使出现假想的事故，电力系统仍然是安全的，或者尽量减轻对电力系统安全性的威胁。

电力系统进入警戒状态后，系统虽然处于正常状态，但它的安全水平已经下降到不能承受干扰的程度，在受到干扰时可能会出现不正常状态。在进行安全控制时电力系统并没有受到干扰，而是事先采取的一种预防性控制，防止出现事故时电力系统由警戒状态转移到紧急状态。安全控制的首要任务是调度人员要认真监视不断变化着的电力系统运行状态，如发电机出力、母线电压、系统频率、线路潮流和系统间交换功率等等。根据经验和预先编制的运行方案及早发现电力系统是否由正常状态进入了警戒状态。一旦发现电力系统进入了警戒状态就应当及时采取调度措施，防止系统滑向紧急状态，并尽量使系统回到正常状态运行。另一方面，调度计算机在线安全分析也会发现系统是否进入警戒状态，一旦发现电力系统进入了警戒状态，就会将结果在 CRT 显示。如果须要进行预防性控制，即安全控制，调度计算机还会在屏幕提出进行预防控制的步骤，供调度人员决策时参考。预防性安全控制是针对下一时刻可能出现的事故后的不安全状态而提出的控制措施，这种事故有可能出现，也可能不出现。为了预防这种可能出现但不一定出现的不安全状态，须要很大地改变正常运行方式和接线方式，影响正常运行的经济性(例如，要改变机组启停方式，改变水火发电厂间的功率分配等)，因此要由运行人员来作出判断，决定是否须要进行这种控制。

从上述说明可知，这种安全控制与常规的调度控制最大的差别就在于它的“预防性”，即在进行控制时电力系统尚未经受干扰，但在一定程度上预测到未来可能威胁电力系统安全性的条件，以便事先采取合适的预防性措施，避免出现电力系统由正常状态向警戒或紧急状态的转移。这样，运行人员将处于主动控制电力系统的地位，而不是要等事故发生之后，才采取相应的措施，因为那样往往要延缓事故处理的时间，有可能扩大事故，造成不必要的损失。

对运行方式进行安全校核、提出安全运行方案供调度人员参考是安全控制的重要功能之一。运行方式是根据预计的负荷曲线编制的。运行方式安全校核是用计算机根据负荷、气象、检修等条件的变化，并假设一系列事故对未来某一时刻的运行方式进行校核。其内容有过负荷校核、电压异常校核、短路容量校核、稳定裕度校核、频率异常校核和继电保护整定值校核等。如果计算结果不能满足安全条件则要修改计划中的某种运行方式，重新进行校核计算，直到满足安全条件为止。安全校核选择的时刻应包括晚间高峰负荷时刻、上午高峰负荷时刻和夜间最小负荷时刻等典型时间段。通过安全校核还要给出系统运行的若干安全界限，如系统最小旋转备用出力、最小冷备用容量(即在短时间内能够发挥作用的发电机出力)、母线电压极限值、电力线路两端电压相角差的安全界限、通过线路和变压器等元件的功率界限等。

4.4.2　电力系统紧急状态的安全控制

电力系统紧急状态是电力系统受到大干扰后出现的异常运行状态。这时，系统频率和电压会较大幅度地偏离额定值甚至超出允许范围，直接影响对负荷正常供电；同时还会出现某些电力设备(如线路或变压器等)的负荷超过允许极限。这时已不能满足正常运行的等式和不等式约束条件。在这种情况下，安全控制的目的是，迅速抑制事故及电力系统异常状态的发展和扩大，尽量缩小故障延续时间及其对电力系统其他非故障部分的影响，使电力系统能维持和恢复到一个合理的运行水平。紧急状态的安全控制一般分为两个阶段，即选择性切除故障阶段和防止事故扩大阶段。在第一阶段，目前均依靠多种继电保护和自动装置，有选择地快速切除部分发生故障的电力系统元件(如发电机、线路、负荷等)。为了尽可能减少故障对电力系统正常部分的影响(如过电流、过电压等),避免个别发电机的失步,应尽量加快继电保护及相应开关设备的动作时间,目前最快可在一个周波内(20ms)切除故障。

在第二阶段,故障切除后,如不能立即恢复到警戒状态,而系统仍处于紧急状态时,除了允许对部分用户停止供电外,应避免发生连锁性的故障,导致事故的扩大或电力系统的瓦解。同时,也应尽可能减小停电的范围,使用户的损失达到最小。

在进入紧急状态后,一般较多关心的是维持电力系统的稳定性,即避免局部发电机的失步。但是,实际的运行经验告诉我们,在某些情况下,局部发电机的失步不一定是导致大面积停电的主要原因。局部发电机失步后,借保护装置迅速切除失步的发电机就有可能使系统恢复到警戒状态。如果系统具有足够容量的话,即使失去一台主力发电机,也不会导致严重的后果。然而,在安全水平较低的电力系统中,即使是一个并不十分严重的初始事故,也会引起连锁反应,不断扩大事故,致使系统崩溃。

所以,紧急状态的控制应从避免全系统扩大事故的要求出发来考虑,而不是仅从单个发电机组的稳定性来考虑。在事故未切除或切除以后,事故扩大的原因是多种多样的,例如:

1)由于电力系统的有功功率备用不足, 在切除部分发电机或联络线后, 在电力系统的有功出力和负荷间发生很大不平衡时, 会引起电力系统频率的很大变化, 以致一些对频率要求较高的发电厂辅助设备(如水泵、鼓风机等)不能正常运转, 从而导致整个发电厂与电力系统的解列, 使电力系统的有功功率平衡进一步恶化, 频率进一步下降。如此恶性循环,将使全系统崩溃。

2)在电力系统无功功率备用不足的情况下,当切除发电机(或线路)或突然增加负荷无功功率的时,使系统无功功率出现不平衡,电压迅速下降,引起电压崩溃。

3)在平行线路(或变压器)或环网运行情况下,当一回线路发生故障而断开后,被断开线路的负荷将转移到相邻线路上去,使相邻线路的负荷突然增大。如果负荷超过该相邻线路的输送容量,将使过负荷的线路自动断开,剩下的健全线路的负荷进一步增加,有可能再断开另一条线路。一系列相继断开线路的结果,有可能扩大事故,使电力系统瓦解。

4)事故后,当电力系统的某一部分失去稳定而处于失步状态时,由于未能及时将失去稳定的部分系统解列或采取有效的措施使之迅速恢复正常工作,剧烈的功率和电压波动有可能在电力系统的相邻部分引起新的失步现象。

5)在因雷击等而发生过电压的情况下,有可能在电力系统中若干个绝缘薄弱点同时发生闪络事故,这种同时发生的多重故障会造成大面积停电。

6)继电保护装置的拒动作和误动,往往使应该及时断开的系统元件不能断开或延长断开时间,导致后备保护的动作;或者不该断开的系统元件由于误动切除,扩大停电范围。

在这种情况下,如果能够及时而正确地采取一系列紧急控制措施,就有可能使系统恢复到警戒状态乃至正常状态;如果采取的措施不及时或虽及时而不得力,就会使系统的运行状态进一步恶化,严重时可能使系统失去稳定而不得不解列成几个较小的系统,甚至造成大面积停电。

电力系统紧急状态控制的目的是迅速抑制事故及异常的发展和扩大,尽量缩短故障延续时间、减少事故对电力系统非故障部分的影响,使电力系统尽量维持在一个较好的运行水平。紧急控制一般分为两个阶段。第一阶段,事故发生后快速而有选择地切除故障,使电力系统处于无故障运行。这主要靠继电保护和自动装置完成。目前最快的继电保护可以在 1 个周波(约 20ms)内切除故障。第二阶段是故障切除后的紧急控制。控制目标是防止事故扩大和保持系统稳定,使系统恢复到警戒状态或正常状态。这时须要采取各种提高系统稳定的措施,在必要时允许切除一部分负荷,停止向部分用户供电。在上述努力均无效的情况下,系统将解列成几个小系统,并努力使每个小系统正常运行。

继电保护和自动装置是电力系统紧急状态控制的重要组成部分,这些装置的作用如图4.8所示。图 4.8 中左边线内序号的意义为:①电力系统发生扰动;②继电保护动作;③自动重合闸动作;④提高电力系统稳定的其他自动装置动作;⑤电力系统失步和解列。

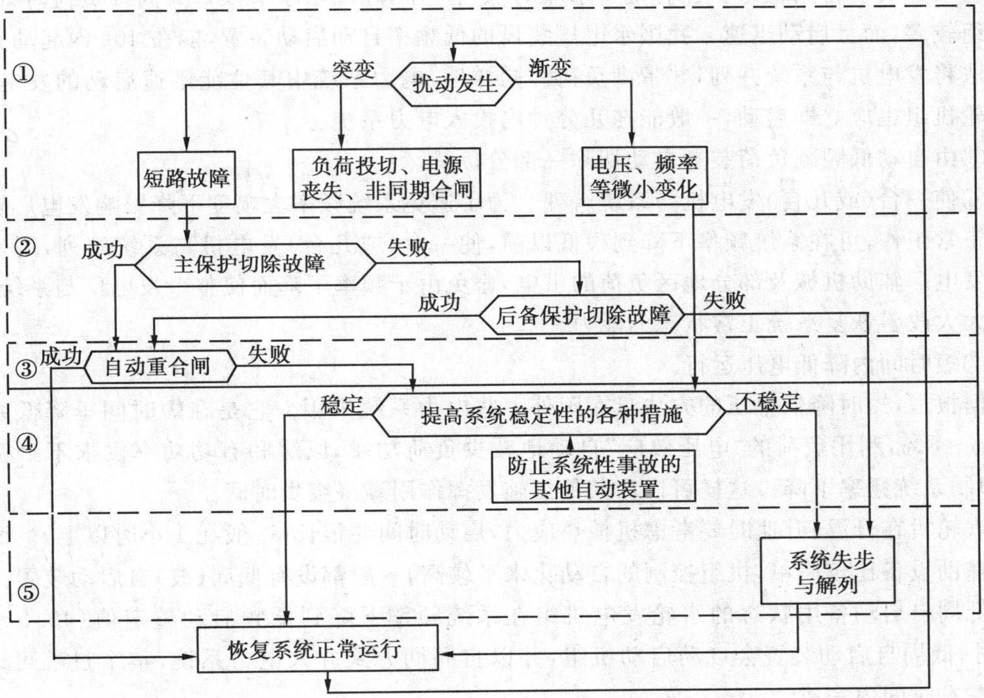

图 4.8　电力系统紧急状态自动控制示意图

电力系统的紧急状态控制是全局控制问题,不仅需要系统调度人员正确调度指挥以及电厂、变电站运行人员认真监视和操作,而且需要自动装置的正确动作来配合。下面分几个方面较详细地介绍。

(1)电力系统频率的紧急控制

当系统内突然大面积切除负荷、大机组突然退出运行或者大量负荷突然投入时,由于电源和负荷间有功功率的严重不平衡会引起电力系统频率突然大幅度急剧上升或下降,威胁到电力系统的安全运行,如汽轮机叶片的强烈振动,发电机辅机的不正常工作等。如果不立即采取措施,使频率迅速恢复,将会使整个发电厂解列,产生频率崩溃,导致全系统的瓦解。这时,系统调度人员必须密切监视系统频率变化,并及时进行调度指挥。一般说来,系统频率过高时,及时切除部分电源就可使系统频率下降,而制止系统频率急剧下降则要困难和复杂得多。这是因为频率过低会对电力系统造成灾难性的后果,必须迅速制止频率下降;同时,又要在不使系统频率崩溃的前提下尽量保住更多的用户用电，而不能把切除负荷作为抑制频率下降的主要手段。在频率大幅度下降时，应当采取的紧急控制措施有以下几项：

①立即增加具有旋转备用容量的发电机组的有功出力。在电力系统正常运行时，除了调速器反映频率的变化，自动进行相应的出力调节外，一般安排一定数量的旋转备用（热备用），所以当频率下降时，应立即增加具有旋转备用的机组出力，使频率得以恢复。

②立即将调相运行的水轮发电机组改为发电运行。

③立即将抽水蓄能水电站中正在抽水运行的机组改为发电运行；在有抽水蓄能发电厂的电力系统中，可迅速改变这些发电厂的工作方式，使由抽水改为发电运行。

④迅速启动备用机组。在有调节水库的水电厂中，除洪水季节及每天高峰负荷时刻外，备用机组较多，而且启动迅速。我国水电厂装设的低频率自动启动装置，能在40s内起动并用自同步法将发电机与系统并列，并带满负荷。同样地，电力系统中其他能迅速启动的发电机，如燃气轮机组也应立即启动，一般能在几分钟内投入电力系统。

⑤由自动低频减负荷装置自动切除一部分负荷。

⑥使一台（或几台）发电机与系统解列。为了避免系统频率大幅度下降影响发电厂辅助机械的正常工作，可在系统频率下降到很低以前，使一台（或几台）发电机与系统解列，用来保证对全发电厂辅助机械及部分地区负荷的供电，避免由于频率下降而使整个发电厂与系统解列，这将大大改善恢复系统正常状态的能力。

⑦短时间内降低电压运行。

据报道，短时降低电压的方法只在国外一些电力系统采用。它是在短时间里降低系统电压5%～8%，利用负荷的“电压效应”自动地减少负荷功率，以缓和有功功率供求不平衡的矛盾，抑制系统频率下降。这样可以为其他措施发挥作用赢得宝贵时间。

汽轮机在升温、升速时要考虑机械热应力，启动时间要很长（一般在1小时以上）。而水轮机的辅助设备比较简单，机组控制的自动化水平较高，一般都设有低周（波）自启动装置。对于处在低周自启动备用状态的水轮发电机组在系统频率下降到低频启动整定值（49.5～49.0 Hz）时，低周自启动装置会自动启动机组，并以自同期方式并入电力系统，整个过程可以在1分钟左右时间内完成。

在电力系统中一般装设有按频率变化自动切除负荷的低频减载装置，它能根据频率降低的程度分几级切除负荷，例如当频率由49Hz变到48Hz时，将负荷按每级0.2Hz的频率，分五级顺序切除负荷，使电力系统的频率能迅速地恢复到正常水平。增加切除负荷的级数，可改善出力和负荷间的平衡。理想的切除负荷方案是使切除的负荷值尽量接近系统的功率缺额。

低频减载装置所切除的总负荷，应根据各种运行方式和各种可能发生的事故情况下，最大可能出现的功率缺额（如电力系统中最大发电厂的断开，远距离输电线路的断开等）来确定。在大型电力系统中，接到低频减载装置上的总负荷大约为全系统负荷的30%；在中、小型电力系统中为40%～50%。被切除的负荷一般应为次要负荷。只有在次要负荷全部被切除后，还不能满足恢复频率的要求时，才允许切除部分较重要的负荷。在设定切除负荷的数量及其在各负荷点的配置时，还应考虑到负荷切除后对有关设备和元件的影响，例如设备和线路有无过载，枢纽点电压是否太高或太低等。

图 4.9 表示频率下降的过程。曲线 1 表示电力系统失去电源 ΔP_1，但电力系统尚有足够的备用电源，所以能够很快使频率恢复。曲线 2 表示电力系统失去电源 ΔP_2，因为 $\Delta P_2 > \Delta P_1$，所以频率下降得比曲线 1 快，因有部分备用电源，所以频率仍能上升，但已不能恢复到正常频率。曲线 3 表示失去电源 ΔP_3（$\Delta P_3 > \Delta P_2$），同时又无足够备用电源，所以频率就一直下降。曲线 4 表示电力系统失去电源 ΔP_4（$\Delta P_4 > \Delta P_3$）。但由于切去部分负荷，所以频率仍能回升。

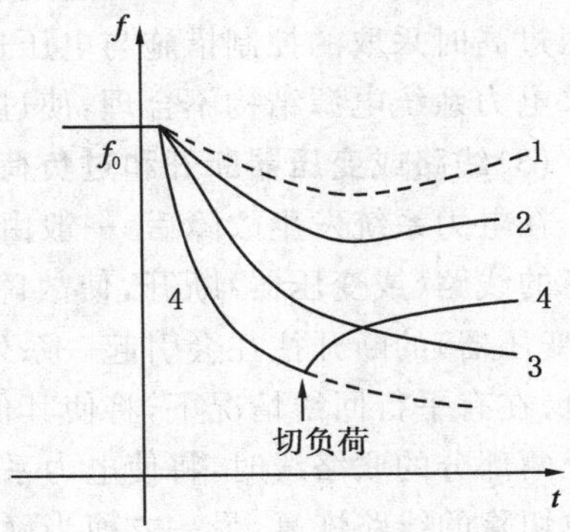

图 4.9　频率变化曲线

为了适应频率变化的快慢，也有采用瞬时频率和频率变化率组合的自动减载装置的。当频率下降很快时，使每级以 t＝0.1～0.3s 的延时快速切除负荷。如果频率变化缓慢，恢复时间很长，可以每级 3 秒的延时切除负荷。

在现代电力系统中，还正在研究二层控制方案。系统出力的缺额由中央控制中心根据测得的系统频率及其变化率，通过系统频率特性模型计算得到，然后将控制命令传送到各切除负荷点。

(2)电力系统电压的紧急控制

在电力系统运行中，当无功电源（发电机、调相机或静电电容器）突然被切除，或者在无功电源不足的电力系统中，无功负荷缓慢且持续增长到一定程度时，会导致系统电压大幅度下降，甚至出现电压崩溃现象。这时，系统中大量电动机停止转动，大量发电机甩掉负荷，其结果往往使部分输电线路、变压器或发电机因严重过载（过电流）而断开，最后导致电力系统的解列，甚至使电力系统的一部分或全部瓦解。

从电压下降开始到发生电压崩溃，常需要一段时间（几十秒到几分钟），所以一般来得及采取有效的提高电压措施，以防止电压崩溃。控制措施包括：

①立即调大发电机励磁电流，增加发电机无功出力，甚至可以在短时间内让发电机过电流运行，在紧急时，允许发电机的定子和转子短时间过载，例如 15％的电流过载；

②立即增加调相机的励磁电流，增加调相机的无功出力；

③立即投入各级电压母线上的并联电容器、调节静止补偿器的补偿出力或投切接在超高压线路上的并联电抗器来调节电力系统的无功出力，改善系统电压；

④迅速调节有载调压变压器的分接头，来维持电压；

⑤启动备用机组；

⑥将电压最低点的负荷切除。在采用上述办法后，仍不能使电压恢复时，可根据设定的电压值及相应的时延切除电压最低点的部分或全部负荷。

电压紧急控制是一个动态过程。一方面采取防止电压下降的措施，另一方面电压仍在不停地变化。如果所采取的措施不能制止电压继续下降，则可以考虑将电压最低点的负荷切除。这也是一种不得已的办法。

系统电压也有因事故升高的情况。例如，一个水、火电联合的电力系统，水电占的比重较大且离负荷中心较远，为了减少远距离输送无功造成的线路有功损耗，负荷所需的无功在负荷中心就地补偿。对于这种系统，当远距离输送水电厂有功功率的输电线路因故障跳开时，负荷中心不仅会出现有功功率不足造成频率下降，而且会同时出现无功过剩造成电压升高。系统电压过高时采取的控制措施与电压过低时相反。一般说来系统电压过高比较好消除。但是，如果电力系统电源结构不合理，使过高的电压降下来也不是一件容易的事。

(3)线路或变压器断开和过负荷

在电力系统发生故障后，一般由继电保护及自动装置动作(必要时也可人工干预)，将发生故障的线路(或变压器)断开，使故障部分与电力系统其他完好的部分隔离。但是，故障线路(或变压器)的断开往往会引起一系列影响系统安全性的后果。在单端供电情况下，将使用户停电；在有平行回线情况下，将使其他回路过载或进一步威胁系统的安全；当故障线路为电力系统两部分的联络线时，将使电力系统解列。所以，当出现上述情况时，一方面要尽快使故障后被切除的线路恢复，另一方面当确认故障不能马上消除时，要采取相应的措施，避免由于故障线路的切除而导致电力系统运行状态的进一步恶化，或者连锁出现新的故障。

由于一般架空线路的故障多是瞬时性的，在线路断开，经过短时间的无电压间隔后，能自动消除故障。所以，在我国的电力系统中普遍采用自动重合闸装置，即在线路两侧因故障断开后，经过一定时间的间隔，使之自动重新合上，恢复运行。这样就可以大大提高输电容量(提高暂态稳定极限)，减轻其他非故障设备的过载条件，加速线路的恢复，从而改善系统运行的安全性。重合闸的时间取决于电力系统稳定性的要求、故障点的去游离时间、故障形式(单相或三相)、断路器的性能、自然条件(如风速)等多方面的因素。无电压时间一般为0.3秒左右，最长为1～2秒。但是，由于某些故障的特殊性，如重复雷击、熄弧时间较长的故障等，或者由于断路器及重合闸装置的缺陷，有可能使重合闸不成功，从而使断开的线路不能及时恢复正常工作。为了保证可靠的熄弧，也可采用快速和慢速重合的混合方案，即在快速单相重合闸不成功后，慢速的三相自动重合闸(可长达3秒)经同期检定后进行重合。估计这种重合方式的成功率比常规的要高，因为在慢速三相重合过程中有足够的无电压间隔时间来消除故障和熄弧。

变压器和电缆线路内部的故障所引起的断开现象，一般不能用重合闸来消除，应该在排除故障后才能恢复工作。只有确认完全是由外部故障引起的断开(如后备保护动作)，才能将变压器或电缆线路重合，使其恢复工作。

在电力系统中，断开某些线路或变压器后，往往由于功率潮流的重新分配，使通过系统中另一些线路或变压器的功率或电流超过允许值，如不及时处理这些过载现象，往往会使设备损坏或进一步发生连锁性的事故。有时在受端系统减少出力时也会使输电线出现过载现象。在这些情况下，一般应适当改变运行方式，如局部改变发电机组间的出力分配，控制潮流或限制局部负荷等。

(4)稳定控制

所谓电力系统稳定问题(不论是静态稳定、暂态稳定还是动态稳定)都是指电力系统受到某种干扰后，能否重新回到原来的稳定运行状态或者安全地过渡到一个新的稳定运行状态的问题。电力系统稳定控制的核心是控制电力系统内同步发电机转子的运动状态，使

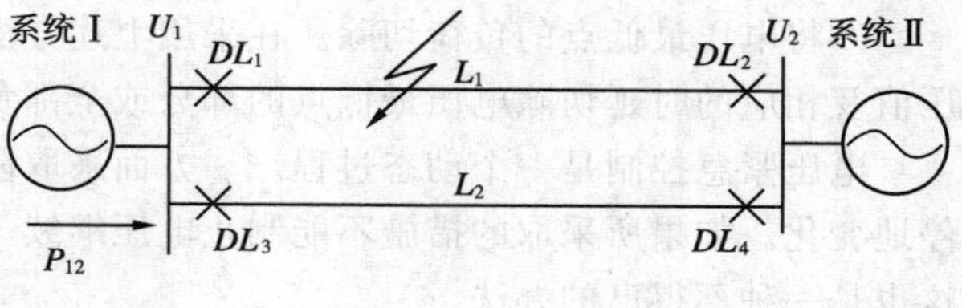

图4.10　双回线联接的系统示意图

其保持同步运行。电力系统发生故障后往往出现振荡。如图 4.10 所示的系统，双回线 L_1 和 L_2 将系统 Ⅰ 和 Ⅱ 连接成一个联合系统，系统 Ⅰ 向系统 Ⅱ 输送有功功率。当 L_1 因故障被切除后，如果 L_2 的传输能力小而不能使系统 Ⅰ 向系统 Ⅱ 输送故障前一样多的功率，系统 Ⅰ 就会出现过剩功率而使其内的机组转子加速，系统 Ⅱ 则由于有功不足而使其内的机组转子减速。在这种情况下，就会引起系统振荡。电力系统振荡时，各电源间联络线上的功率、电流以及系统内某些节点的电压均会出现不同程度的周期性振荡。系统中电压振荡得最强烈的地方称为振荡中心。电力系统一旦发生振荡就必须通过调度指挥和安全自动装置尽快平息。如果事故延续时间较长（接续发生事故）或者事故处理不及时，就会使振荡加剧。振荡加剧的严重后果是使得系统中一台或几台发电机失步，这时系统就会失去稳定。电力系统振荡和稳定破坏是危害十分严重的事故，它将严重影响正常供电、损坏电气设备和机械设备，甚至导致系统崩溃。电力系统紧急状态下常用的稳定控制措施有以下几种。

1）切除部分机组　　现代电力系统中，有些大容量的坑口（煤矿附近）电厂和水电厂通过长距离输电线路将有功功率送往负荷中心。一般常称这些电厂为送端，称负荷中心为受端。在发生故障而跳开输电线路时，送端机组发出的有功功率会突然减少。由于机组的机械惯性和调速系统具有时间常数，使原动机输入功率的减少没有发电机发出的有功功率减少得那么快，于是就出现了过剩功率使机组加速。如不及时采取措施就有可能使送端机组失去稳定。经验表明，自动而快速地切除送端的一部分机组，使剩下的机组的原动机输入功率和发电机输出的有功功率尽可能保持平衡，是抑制发电机转子加速、防止机组失去稳定的一种有效措施。

图 4.11 是快速切机示意图，图中水电厂装有四台机组，经中间变电站将功率送往受端系统。自动切机分为就地联跳切机和远方切机两种方式。就地联跳切机比较简单，用被跳开线路的断路器辅助接点作为启动信号自动跳开发电机组。例如，线路 L_1 故障，继电保护跳开断路器 DL_2 之后，由 DL_2 的辅助接点自动跳开断路器 DL_1 将发电机 1F 切除。当线路 L_2 发生故障时，跳开断路器 DL_4，则需远方切机；即由断路器 DL_4 的辅助接点启动发信装置发出特定信号，经相应的通道将信号送往水电厂的接收装置，或由调度自动化系统接收到中间变电站的 DL_4 的跳闸信号后，向水电厂发出切机信号，切除相应的发电机组。

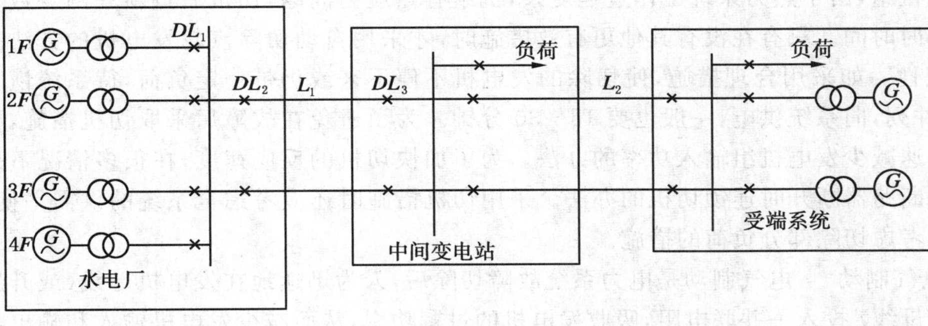

图 4.11　快速切除机组示意图

当线路装有重合闸装置时，只有在重合不成功、线路再次断开后，才能联跳切机。如线路故障，DL_2 和 DL_3 跳开后自动重合良好，此时 DL_2 并不联跳切机。但是，当 DL_2 重合不成功时，才由 DL_2 联跳发电机组。如果 DL_2 重合成功，DL_3 重合不成功，则要 DL_3 的辅助接点起动远方联跳切机。

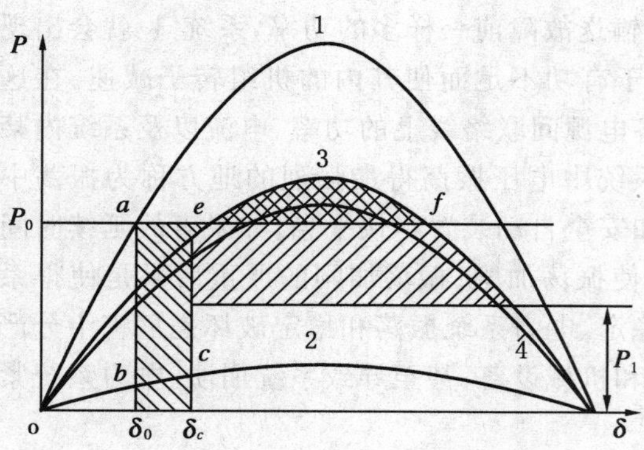

图 4.12 联跳切机时等效发电机的功能特性曲线

图 4.12 是联跳切机时等效发电机的功能特性曲线。图中曲线 1 是水电厂四台机组并网运行时等效发电机的功能特性曲线，δ 为水电厂等效机组的等效电势同中间变电站母线电压之间的夹角。设故障前水电厂等效发电机运行在 a 点，原动机输出的功率和发电机输出的有功功率相等为 P_0。当线路 L_1 发生短路故障时，由于水电厂高压母线电压降得很低，等效发电机的功能特性会由曲线 1 下降为曲线 2，等效发电机也由“a”点变到“b”点运行，瞬时间出现剩余功率 ab。剩余功率将使机组加速，使功率角由 δ_0 开始增加。δ 增加到 δ_c 时线路 L_1 的短路故障被继电保护装置切除，水电厂高压母线电压恢复到额定值。由于 L_1 被断开了，使水电厂与中间变电站之间的连接电抗增加了，所以此时水电厂等效机组的功角特性曲线变成了曲线 3。从图 4.12 看出，直线 af 以上、曲线 3 以下所围成的减速面积小于 a、b、c、e 间连线所围成的加速面积，如不及时采取措施，水电厂的 4 台机组将与受端系统内的发电机失去同步。在这种情况下，如果在 DL_2 跳开后联动跳 DL_1 切除机组 $1F$，使水电厂原动机输入的功率由 P_0 减少到 P_1，等效发电机的功能特性曲线 3 变成曲线 4，则使减速面积变为直线 P_1 以上曲线 4 以下所围成的面积。由于此时的减速面积大于加速面积，就使得线路 L_1 切除后，水电厂中与系统并联运行的三台机组 $2F \sim 4F$ 可以与受端系统中的机组保持同步运行，从而提高了系统的暂态稳定性。因为 $1F$ 切除后水电厂等效发电机的等值电抗有所增加，使得曲线 4 要比曲线 3 略低一些。

自动切机主要用于水电厂。这是因为水电厂自动化水平高，切机对机组没有什么影响，而且还可以在数十秒或稍长一些时间里将切除的机组重新并入电力系统，恢复正常送电。对于汽轮发电机组，由于热力系统工作过程复杂，机组有热应力问题，切机后重新并网要数十分钟到几个小时时间。只有在没有其他更有效措施时，才采用自动切除汽轮发电机的方法提高系统的稳定性。如采用合理措施，使切除的发电机不停下来或仍带一定负荷，待系统恢复正常后，重新并列，向系统供电，一般也要 15～30 分钟。为了避免在故障后采取切机措施，国外也有采用快速减少发电机组输入功率的办法。为了加快切机的反应速度，在很多情况下采用在输电线路断路器断开时连锁切机的办法。采用切机措施时还应考虑全系统的供需平衡，必要时应同时考虑切除部分负荷的措施。

2）电气制动　电气制动是电力系统故障切除后，人为迅速地在发电机母线（或升压变压器高压侧母线）投入一并联电阻，吸收发电机的过剩功率，从而减少发电机输入和输出功率间的不平衡，制止机组失去稳定。图 4.13 是电气制动的一种方式。图中 R 是制动电阻，由断路器 DL_5 投入和切除。另一种方案是将电阻接在发电机的 $\triangle/Y$ 接法的升压变压器 Y 侧的中性点与地之间。在正常状态下，没有电流通过电阻，所以也没有功率消耗。当出现不对称故障时，有零序电流通过中性点电阻，这时该电阻中的功率损耗就起着电气制动的作用。

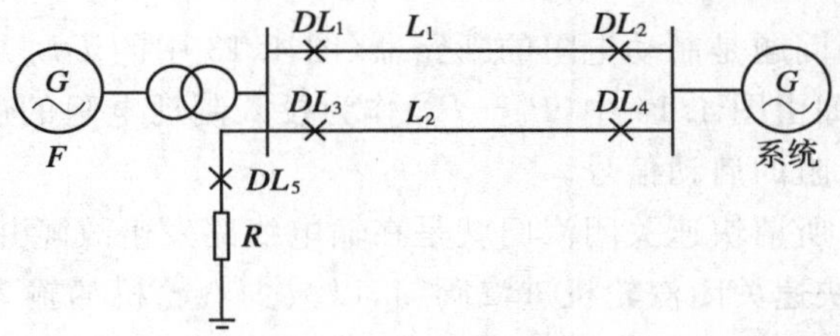

图 4.13　电气制动示意图

电气制动的原理可用图 4.14 说明。图中 P 是发电机有功功率；δ 是发电机电势和系统电压之间的夹角；曲线 1 是系统和线路 L_1、L_2 运行正常，制动电阻 R 未投入时的功能特性曲线；曲线 3 是 L_1 因故障被切除（断路器 DL_1 和 DL_2 跳开）后，机组只由 L_2 与系统连接，不投入制动电阻 R 时的功能特性曲线；曲线 4 是 L_1 断开、L_2 运行、R 投入时的功能特性曲线。图 4.14(a) 是没有电气制动的情况。设机组运行在 a 点，双回线向系统供电，且 R 未投入（断路器 DL_5 断开），这时，机组输入输出功率相等，均为 P_0。a 点是机组的稳定运行点。当 L_1 短路时，功能特性曲线会由曲线 1 变为曲线 2，机组也由在 a 点运行变到 b 点运行，出现过剩功率 $P_0 - P_b$，使机组加速，δ 增加。等到 δ 增加到 δ_c 时，L_1 的短路被切除。由于没有投入制动电阻，功能特性曲线会由曲线 2 变成曲线 3，机组也由 c 点运行变到 d 点，然后沿曲线 3 运行。这种情况下，由于由 a、b、c、d、e、a 之间连线围成的加速面积大于直线 ef 之上、曲线 3 之下围成的减速面积，机组会失去稳定。图 4.14(b) 是在线路 L_1 故障切除的同时投入制动电阻的情况。在这种情况下功能特性曲线会由曲线 2 变到曲线 4。当直线 al 之上、曲线段 $\overset{\frown}{gh}$ 之下围成的减速面积（画影线部分）等于直线 al 之下的加速面积（画影线部分）时，机组转速和系统等值机组转速相等，$\delta = \delta_m$，且不再增加。显然，在这种情况下机组不会失步。这就是电气制动的原理。

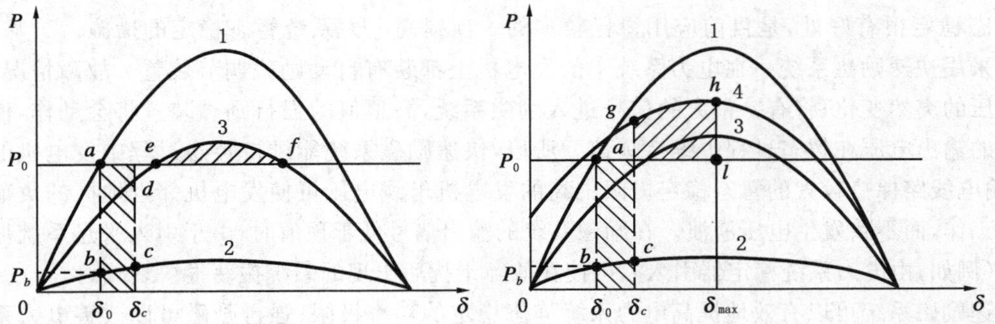

图 4.14　电气制动的作用

电气制动只用于水电厂，而且制动电阻的容量需足够时才有效。国外有些发电厂的制动电阻容量达电厂装机容量的 1/4～1/3。美国四角(Four Corner)水电厂的制动电阻容量达 1 400MW；我国丹江口水电厂曾使用的容量为 100MW。制动电阻的投入和切除时间很重要，控制得不好就会出现过制动或欠制动。一般在故障后立即投入制动电阻，在机组第一个摇摆周期的最大功率角时切除。制动电阻值和作用时间是在大量离线计算基础上确定的，它只是对某种运行方式、在某一故障地点、发生某种类型的故障时是合适的，在其他情况下会引起过制动或欠制动。

电气制动的另一个问题是制动电阻的断路器(图 4.13 中的 DL_5)用什么信号启动。一般采用故障前后功率差,即由图 4.14 中(P_0-P_b)作为投入制动电阻的启动信号,用机组加速度 $\Delta\omega=0$ 作为切除制动电阻的启动信号。

3)快速关闭汽门　所谓快速关闭汽门就是在输电线路发生故障并使火电厂发电机输出的有功功率突然减少时,快速关闭汽轮机进汽阀门,以减少汽轮机的输入功率,在发电机第一摇摆周期摆到最大功能时,再慢慢地将汽门打开。快速关闭汽门的目的是为了减少机组输入和输出之间的不平衡功率,减少机组摇摆,提高汽轮发电机组的暂态稳定性。一般关闭中压缸前的截止阀门。这是因为中压缸截止阀门前面是过热器,有一定容积起调节作用,不致影响锅炉运行,也不致使安全阀动作。

从理论上讲,快速关闭汽门对提高机组的暂态稳定性是一种有效措施,因而也是提高电力系统暂态稳定性的有效措施。但是由于由汽轮机和锅炉组成的热力系统结构和运行都很复杂,快速关闭汽门可能会影响锅炉的稳定燃烧,或出现其他问题。因此,电厂对应用此项措施往往持慎重态度,致使快速关闭汽门的运行经验不足。

对于水轮发电机组,由于机组的转动惯量与同容量的汽轮发电机相比大得多,快速关闭导水叶效果不会明显。同时由于水电厂引水系统的水锤效应也不允许导叶开得太快,所以水轮发电机组不采用关导水叶的方法防止机组失步,而采用快速切机和电气制动等方法。

4)自动重合闸　电力系统的运行经验表明,架空输电线路故障大多数是瞬时性的,例如,线路遭雷击引起绝缘子表面闪络、大风吹动导线摇摆与线路附近摇动的大树造成的对地放电、鸟群飞行造成的相间短路等。这种故障的特点是故障时间短暂。为了防止继电保护装置将瞬时性故障线路永久切除,在继电保护装置动作跳开故障线路的断路器、延迟故障点电气绝缘恢复时间之后,再将断开的断路器重新闭合一次,这就是自动重合闸。如果线路果真是瞬时性故障,重合闸后就可以恢复故障前的运行状态。重合闸的成功率一般比较高,所以它对提高电力系统暂态稳定很有好处,是目前应用得比较多的一项提高电力系统暂态稳定的措施。

5)采用快速励磁系统　在电力系统中的发电机上都装有自动励磁调节装置。故障情况下,随着电压的突然变化,将有一很大的信号进入励磁系统,高顶值的强行励磁装置将会动作,使励磁系统的输出电压在暂态过程中维持顶值。所以,快速励磁系统能维持暂态过程中发电机的电压,使输电线路保持较大的暂态稳定极限。高的发电机母线电压可使发电机邻近地区的负荷维持正常工作,而不致发生电压崩溃。在励磁系统的输出信号低于顶值时,由于引入平息系统振荡的信号(例如,由电力系统稳定器引入),可使在故障干扰后出现的系统振荡很快衰减。

快速励磁系统可以有效地提高电力系统静态稳定的功率极限;强行励磁可以改善电力系统的暂态稳定性;电力系统稳定器(PSS)在某些情况下可以有效地抑制电力系统的低频振荡。

6)汽轮机的旁路阀门控制　在欧洲的一些发电厂中设置高压及低压蒸汽的分路系统,使在暂态条件下汽轮机—发电机组和蒸汽系统能相互独立运行。这时,汽轮机—发电机组能卸去全部负荷,而再热器仍在满负荷运行。因为锅炉仍在全负荷运行,所以最多在故障后 15min 就可使汽轮机—发电机组立即带上负荷。

7)串联电容器的切换　在远距离高压输电线路上,用串联电容器来补偿线路电抗,使输送容量增加。在故障情况下,可短时间接入串联电容器(或短时间切除部分并接的串联电容器)。使串联容抗增大,用以提高暂态稳定性。待故障消除,系统恢复正常工作后,再将暂时接入的串联电容器退出(或将暂时退出的部分并接串联电容器重新投入)。

8)调节直流输电的功率　有直流输电线路存在的交、直流混合电力系统中,在交流系统中发生故障时,可利用对交流桥间的迅速调节,改变通过直流线路的功率,来调节交流系统的功率不平衡。在交、直流线路并联运行的情况下,这个措施的特点是改变潮流分布,而不涉及发电机出力和负荷的变化。在用直流线路联系两个交流系统的情况下,增大直流线路的功率相当于增加送端交流系统的负荷和受端交流系统的出力。

9)切除部分负荷　在计算机离线计算和运行经验的基础上发现,在某些特定运行方式下发生某些形式的故障时,在继电保护跳开某条线路的同时切除一部分负荷对电力系统稳定有很明显的好处。于是可以在跳开故障线路的同时,由跳开线路的断路器的辅助接点发出联切负荷的启动信号,并由远动系统传到有关变电站。一般在短路故障切除 0.5s 内切负荷,然后在大约 15min 内分级将负荷重新投入。这种快速切负荷和低频减载装置切负荷的概念不同,切负荷时系统频率并没有降低,切负荷的目的在于防止系统失步。

10)再同步控制　以上介绍了各种电力系统稳定控制措施。实际上由于电力系统非常复杂,以上诸项措施并不能保证系统一定不失去稳定。电力系统稳定破坏的主要特征是系统内并联运行的同步发电机组失去同步,电力系统出现振荡。由于振荡对电力系统和用户都有较大的影响,所以在系统出现振荡时应当尽快采取措施使失去同步运行的机组重新恢复到同步运行,即再同步控制。

再同步控制是指自动控制未能阻止系统振荡时,调度人员实施的调度控制。调度控制的原则是设法缩小电力系统中各发电机间的频率差;对于电力系统频率升高的部分减少原动机输入功率或切除部分机组,使这部分频率降低;对于电力系统频率降低的部分则应动员备用出力或切除部分负荷,使频率回升。

11)解列　系统失步后,经过努力在规定时间不能再同步时,应将系统解列,以避免故障在全系统进一步扩大。待到事故消除后再将分开的系统逐步并列起来,恢复正常运行。

解列点的选择很重要。选择解列点首先要考虑使解列后电力系统各部分的功率基本平衡,以防止解列后的电力系统再发生振荡或过负荷;其次要适当考虑操作的方便性,如解列的电力系统再并列比较方便、通信可靠性高、远动设备水平高等。

表 4.4 中列出各种紧急控制措施及其相应的控制效果。表中符号○表示这种措施起主要作用,符号 Δ 表示起辅助作用。

4.4.3　电力系统恢复状态的安全控制

通过紧急状态的安全控制,事故已被抑制,系统已稳定下来,这时电力系统处于恢复状态。但是,系统中的很多元件(发电机、线路和负荷)被断开。在严重情况下,系统被分解为若干个独立的小系统。这时,要借助一系列的操作,使系统在最短的时间内恢复到正常状态(或警戒状态),减少对社会各方面的不良影响。电力系统恢复状态控制就是将已崩溃的系统重新恢复到正常状态或警戒状态。

恢复状态控制首先要使已分开运行的各小系统的频率和电压恢复正常,消除各元件的过负荷状态。然后再将已解列的系统重新并列,重新投入被解列的发电机组并增加机组出力,重新投入被切断的输变电设备,重新恢复对用户的供电。目前上述控制大多是由人工操作完成的,国内外一些变电站和水力发电厂都装有自动恢复装置,并正在进一步研究电力系统的综合自动恢复控制。随着我国电力系统调度自动化技术的普及和提高，恢复操作的自动化肯定也会得到应用和发展。

电力系统是一个十分复杂的系统，每次重大事故之后的崩溃状态不同，因此恢复状态的控制操作必须根据事故造成的具体后果进行。一般说来，恢复状态控制应包括以下几个方面。

1）确定系统的实时状态　通过远动和通信系统以及调度自动化系统了解系统解列后的状态，了解各个已解列成小系统的频率和各母线电压，了解设备完好情况和投入或断开状态、负荷切除情况等，确定系统的实时状态。这是系统恢复控制的依据。

2）维持现有系统的正常运行　电力系统崩溃以后，要加强监控，尽量维持仍旧运转的发电机组及输、变电设备的正常运行，调整有功出力、无功出力和负荷功率，使系统频率和电压恢复正常，消除各元件的过负荷状态，维持现有系统正常运行，尽可能保证向未被断开的用户供电。

3）恢复因事故被断开的设备的运行　首先要恢复对发电厂辅助机械和调节设备的供电，恢复变电站的辅助电源。然后启动发电机组并将其并入电力系统，增加其出力；投入主干线路和有关变电设备；根据被断开负荷的重要程度和系统的实际可能，逐个恢复对用户供电。

表 4.4　电力系统紧急状态控制措施及其作用

效果 措施	使部分系统或全部系统供需平衡	避免线路过载	避免失去稳定				保证非故障部分和维持系统完整性	改善恢复能力
			静稳定	暂态稳定		电压稳定		
				非周期性	振荡性			
减少负荷								
1. 减低电压	○	△						
2. 切负荷	○	△	△	△	△			
发电机								
1. 减出力	△	○	△	○	○			
2. 切机	△	○		△	○			
3. 使辅机隔离							△	○
4. 励磁系统和调速系统				○	○			
5. 电气制动				○				
6. 快关阀门				○				
7. 快速励磁				○	△	△		
8. 旁路阀门								△
9. 改变抽水蓄能发电方式	○	△	△	△	△			
10. 启动水轮机和燃气轮机	○							○
电　网								
1. 合闸（快速）		△		○				○
2. 重合闸（慢速）		○						○
3. 插入串联电容				○				
4. 解列								△

4）重新并列被解列的系统　在被解列的小系统恢复正常（频率和电压已达到正常值，已消除各元件的过负荷）后，将它们逐个重新并列，使系统恢复正常运行，逐步恢复对全系统供电。

在恢复过程中，应尽量避免出力和负荷间的动态不平衡和线路过负荷现象的发生，充分利用自动监视功能，监视恢复过程中各重要母线电压、线路潮流、系统频率等运行参数，以确认每一恢复步骤的正确性。

目前，这些操作极大部分是人工进行的，只有少数是利用自动装置重合被断开的线路，并进行局部系统间的同步检定。负荷的恢复一般为手动操作，有时也用遥控。电压的恢复一般借助自动调节发电机励磁和变压器的分接头实现。

一次大面积停电事故后的恢复，需要有一个有次序的协调过程。一般来讲，首先要使系统的频率和电压恢复，消除各元件的过负荷状态，然后才是恢复各解列部分的并列运行和逐个恢复对用户的供电。

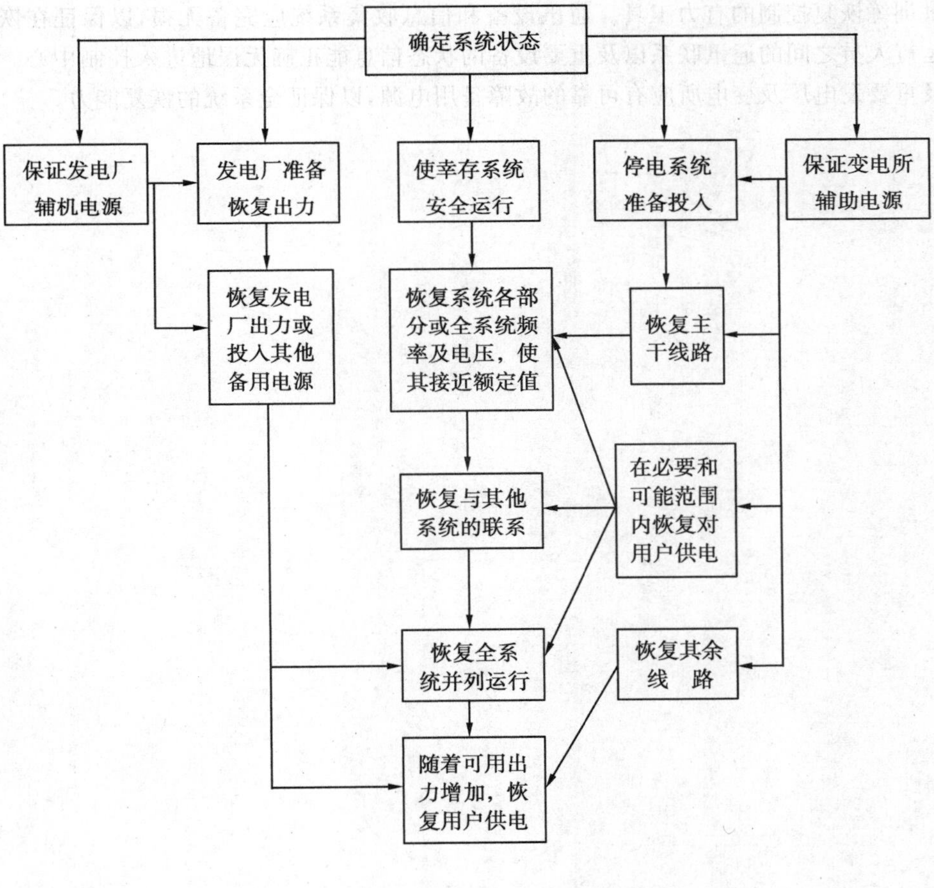

图 4.15　恢复状态控制流程图示例

图 4.15 表示一恢复状态安全控制流程图的例子。首先是通过信息收集系统了解和确定系统的实时状态，如系统的解列状态、发电机和线路的接入或断开状态等。一方面应该使仍旧维持运转的发电机和输电设备尽可能保证对未断开的用户供电；另一方面，准备发电厂恢复出力，输变电设备重新投入。为此，要有次序地投入在紧急状态时断开的（或停用的）发电厂和变电所内的备用电源，为所有辅助机械和调节控制设备提供电源，使被断开的发电机组或主干线路能顺序地重新投入系统。在恢复的各个阶段，在必要和可能范围内逐个地恢复对负荷的供

电。在各个部分系统已经恢复到一定程度后，即各部分系统的频率及电压接近额定值后，应将在紧急状态时解列的各部分系统逐个重新并列，使系统尽可能恢复到事故前的运行状态。随着可用出力的增加和线路的重新投入，逐步恢复对全系统的供电。

进行恢复控制的困难不仅与可恢复的出力及输变电设备有关，而且也与恢复的顺序有关。不恰当的恢复顺序可能会引起一次新的事故。所以在恢复过程中，应逐一进行设备的启动、带上负荷、重新投入系统、恢复对用户的供电等操作，尽量避免在恢复过程中产生出力和负荷间的动态不平衡、线路过载等现象。应充分利用安全监视的功能，使其在恢复过程中能监视各重要母线电压、线路潮流、系统频率等运行参数，以确认每一恢复步骤的正确性。

为了保证恢复过程的顺利进行，要求运行人员熟悉系统特点和各种恢复手段，对各种故障后的恢复过程的操作顺序应深思熟虑，并制订详细而明确的步骤。先进的培训模拟器可以为运行人员提供训练恢复控制的有力工具。通讯设备和信息收集系统应完备无损，以保证在恢复过程中各级运行人员之间的通讯联系以及重要设备的状态信息能正确无误地进入控制中心。各级控制中心及重要发电厂及变电所应有可靠的故障备用电源，以保证全系统的恢复能力。

第 5 章

电力系统经济运行和电能质量的控制

5.1 电力系统自动调频的任务及调整准则

这一节将着重从电力系统调度和运行的角度来讨论电力系统调频的任务及调整准则。

在稳态情况下,电力系统的频率是一个全系统一致的运行参数,当电力系统的总出力与总负荷(包括线损)发生不平衡时,电力系统频率就要发生变化。由于电力系统的负荷是经常发生变化的,任何一处的负荷发生变化,都将引起全系统的功率不平衡,因而导致电力系统频率的变动。所以,电力系统运行中的重要任务之一,就是要根据出力和负荷的变化对电力系统频率进行监视和调节。频率调节的任务就是当系统有功功率出现不平衡而使频率偏离额定值超出允许范围时,相应地调节发电机的出力,使电力系统的有功功率达到新的平衡,从而保证电力系统频率的偏移维持在允许范围之内(根据我国《电力工业技术管理法规》规定,在电力系统具有足够的发电出力情况下,电力系统的频率偏差不得超过±0.2Hz)。

频率调整涉及电力系统的有功功率平衡。在保证频率质量的条件下,如何使发电成本为最小,使电力系统具有良好的经济性,这就是经济调度的问题,也就是在给定的发电机组的条件下,电力系统负荷在各机组间的最佳分配问题。所以,自动频率调节和经济调度是整个电力系统有功功率调节中两个密切相关的问题,应该统一考虑,合理解决。

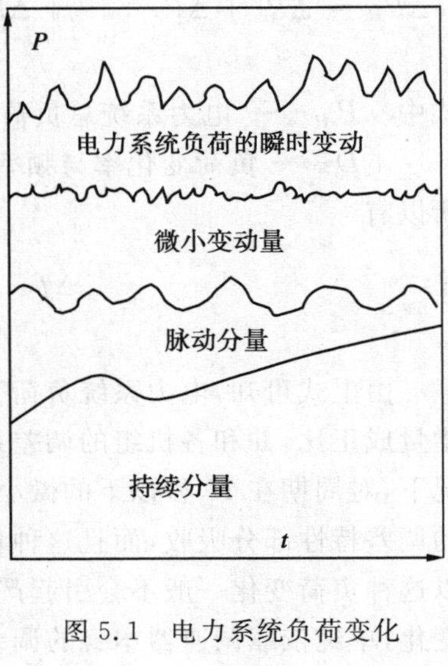

图 5.1　电力系统负荷变化

电力系统中的负荷是瞬息万变的,图 5.1 是电力系统中负荷瞬时变动情况的示意图。从图上的负荷变动情况可以看出,一般包含几种不同的变化分量:一种是变化很少但频率很高的随机分量,其变化周期一般在 10 秒以下;第二种为脉动变化负荷,变化幅度较大,变化周期在 10 秒到 2~3 分钟范围内,如电炉、压延机械等带有冲击性的负荷;第三种为变化很缓慢的持续变动负荷,这是由于工农业生产、人民生活、气象条件变化等引起的负荷变动。

负荷的变化必将导致电力系统频率的变化，而在电力系统频率变化时，整个电力系统负荷功率也要随着频率的变化而变化，这种负荷功率随频率而变化的特性称为负荷的频率静态特性。由于负荷性质的不同，其功率与频率变化的相互关系也是不同的。

电力系统综合负荷的频率静态特性如图 5.2 所示。负荷调节效应系数的定义为

$$D=\frac{\Delta P_{H*}}{\Delta f_{*}}=\frac{\Delta P_{H}/P_{HN}}{\Delta f/f_{N}} \tag{5.1}$$

即负荷变化标么值与频率偏移标么值之比。

在机组装设有有差调节特性调速器的电力系统中，当负荷发生变化时，可利用这些调速器的调节作用，来保持频率在一定范围内变化，并在机组间确定地分配有功功率。当频率变化时，电力系统负荷的频率特性对维持频率也起一定作用。这种由调速器和电力系统负荷自动调整频率的方法称为有差特性调频法。所进行的调整称为频率的一次调整。

设电力系统中有 n 台机组并列运行。它们的额定功率分别为 P_{e1}、P_{e2}、…、P_{en}，各机组的调差系数分别为 K_{c1}、K_{c2}、…、K_{cn}，则当系统负荷增加 ΔP_H 时，各机组的功率增量与电力系统频率变化的关系为

$$\left.\begin{aligned}&\Delta f_{*}+K_{c1}\frac{\Delta P_1}{P_{e1}}=0\\&\Delta f_{*}+K_{c2}\frac{\Delta P_2}{P_{e2}}=0\\&\cdots\cdots\cdots\cdots\cdots\cdots\\&\Delta f_{*}+K_{cn}\frac{\Delta P_n}{P_{en}}=0\end{aligned}\right\} \tag{5.2}$$

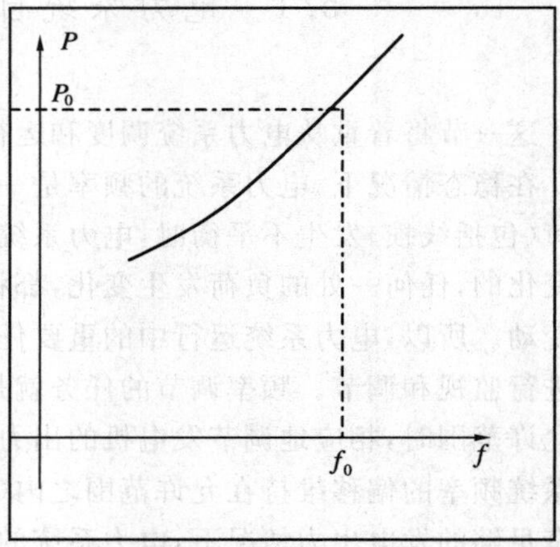

图 5.2 电力系统负荷综合的频率静态特性

式中 Δf_*——频率偏移的标么值。

上式也称为电力系统有差特性调频法的准则。

电力系统总的负荷增量为 ΔP_H，它等于各机组的增量 $\Delta P_1,\Delta P_2,\cdots,\Delta P_n$ 之和与电力系统负荷的频率调节效应 $DP_{eH}\Delta f_*$ 之差，即

$$\Delta P_H=\Delta P_1+\Delta P_2+\cdots+\Delta P_n-DP_{eH}\Delta f_* \tag{5.3}$$

式中 P_{eH}—— 电力系统总负荷的额定功率；

D—— 负荷变化率与频率偏移标么值之比。

所以有

$$\Delta f_*=-\frac{\Delta P_H}{\frac{P_{e1}}{K_{c1}}+\frac{P_{e2}}{K_{c2}}+\cdots+\frac{P_{en}}{K_{cn}}+DP_{eH}} \tag{5.4}$$

由上式可知，电力系统负荷变化后，频率将产生相应的变化，变化的大小与电力系统负荷增量成正比，并和各机组的调差系数和负荷的频率调节效应有关。一般在没有外加调节的情况下，对周期在 10 秒以下的微小负荷波动及周期在 2～3 分钟以下的脉动负荷可以由调速器的调差特性部分吸收，而且这种负荷变动所引起的频率变化大多在频率允许偏移的范围内，所以这种负荷变化一般不会引起严重的调频问题。但是，对较大的脉冲负荷变化及持续的负荷变化，单纯依靠调速器本身的调差作用，往往不能使电力系统频率的偏移满足要求。所以，为

了维持正常的电力系统频率，必须具备相应的调频措施。

目前较多采用主调频厂的方法，即在电力系统中选择一个有足够调频容量的发电厂来负担全系统的频率调整。根据电力系统频率的变动，由调度中心指示主调频厂或直接由主调频厂根据频率的变化调节发电机出力，使电力系统频率维持在允许的偏移范围之内。这种调整称为频率的二次调整。在选择主调频厂时，应该考虑该发电厂具有与负荷变化相适应的调整速度(所以，一般选择响应较快的水电厂为主调频厂)，同时，在调整出力时还要考虑电力系统的安全及经济运行。在一个主调频厂不能满足要求时，也可选择一些辅助调频厂。

随着现代电力系统的规模日益扩大，出现了将几个区域电力系统相互连接起来构成的大型电力系统，即联合电力系统。联合电力系统实行分区控制：把每个区域电力系统看成一个控制区域，每个控制区域的负荷由本区域内的电源和从其他控制区域中经过联络线送来的电力供电；联络线上交换的功率按一定的约定进行控制，或规定联络线上通过的有功功率的限值，或规定通过的电量的限值，或既规定功率限值又规定电量限值，等等。这样就出现了联合电力系统的频率和有功功率控制问题。

联合电力系统频率和有功功率自动控制有两种观点。一种是单一系统观点，它将联合电力系统看成一个电力系统进行统一的频率和有功功率自动控制。现代的联合电力系统容量越来越大，联合在一起的区域电力系统的数量也越来越多，把一个庞大的联合电力系统看成一个单一系统进行频率和有功功率控制越来越困难，特别是在考虑网损修正等经济运行控制时，会把自动调频变得非常复杂。因此单一系统观点只适应联系紧密的小型电力系统。另一种观点是多系统观点，这种观点认为联合电力系统是由各区域电力系统通过联络线连接而成的，在调节过程中，联合电力系统中所有并联运行的机组都参与调节，各区域系统之间通过联络线上的交换功率相互支援；在调节过程结束之后，系统频率回到额定值，联络线上交换的功率回到规定的值，各区域电力系统内负荷变化由各个区域电力系统内的发电机组承担。大型联合电力系统均采用多系统观点进行频率和有功功率控制。在进行联合电力系统的频率和有功功率调整时需要调节控制的是系统的频率和联络线上的有功功率变化。下面以两个区域电力系统组成的联合电力系统为例说明联合电力系统频率和联络线上的有功功率的变化情况。

若在两个区域电力系统 A 和 B 间有联络线(如图5.3所示)，设A系统的有功功率变化为

$$\Delta P_A = \Delta P_{FA} - \Delta P_{DA} \tag{5.5}$$

式中　ΔP_{FA}——A 系统的出力变化；

ΔP_{DA}——A 系统的负荷变化。

这将使联合电力系统的频率变化 Δf_*。因为 A 和 B 两系统是并列运行的，所以两系统的频率变化也是相同的。设 B 系统的有功功率没有变动，那么，由于全系统频率的变化，将使联络线中从 A 系统流向 B 系统的功率变化 ΔP_{AB}(设功率从 A 系统流向 B 系统为正方向)。如 A、B 系统的调差系数分别为 K_A 和 K_B，则

$$\Delta P_A = \frac{\Delta f}{K_A} + \Delta P_{AB} \tag{5.6}$$

$$0 = \frac{\Delta f}{K_B} - \Delta P_{AB} \tag{5.7}$$

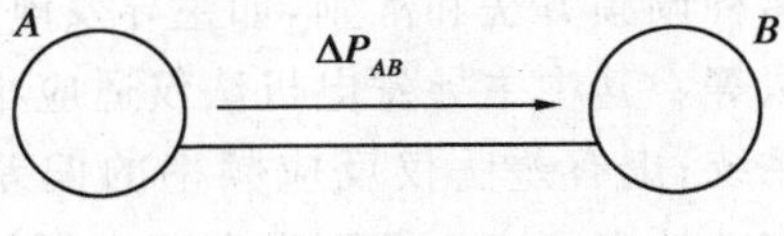

图5.3　联合系统

所以

$$\Delta f = \frac{K_A K_B \Delta P_A}{K_A + K_B} \tag{5.8}$$

$$\Delta P_{AB} = \frac{K_A}{K_A + K_B} \Delta P_A \tag{5.9}$$

同样，当 A、B 两系统的有功功率均有变动时，频率和联络线功率的变化为

$$\Delta f = \frac{K_A K_B (\Delta P_A + \Delta P_B)}{K_A + K_B} \tag{5.10}$$

$$\Delta P_{AB} = \frac{K_A \Delta P_A - K_B \Delta P_B}{K_A + K_B} \tag{5.11}$$

由上式可知，在联合系统中频率的变化取决于电力系统总的功率变化和总的调节效应。联络线的功率变化也与线路两侧的电力系统的功率变化有关，有功功率过剩的系统将通过联络线将多余的功率送向相连的系统；反之，有功功率缺额的系统则通过联络线接受相连系统送来的功率。

对于这样的联合系统的调节，除了可应用上述调频方法进行全电力系统调节外，在两系统按一定协议供电的情况下，应该在两相邻电力系统中同时调整出力，使电力系统恢复频率，同时维持计划规定的联络线交换功率。

5.2 电力系统的自动调频方法和自动发电控制

对于现代电力系统仅靠手动调频是很难维持电力系统的频率在允许范围内的。因为手动调频具有反应速度较慢，在调整幅度较大时，往往具有不符合经济性和安全原则等缺点。所以，需要采取自动调频的措施。自动调频的目的是使出力满足负荷有功功率需求的情况下自动保持电力系统频率及相邻电力系统间规定的交换功率。所以，自动调频就是通过改变各机组调速器的调节特性，按一定的准则将出力自动分配于各调节机组，以达到上述调频的目的。在稳态运行方式下，机组的调节特性一般是按经济运行的要求来确定的；也可能是由安全运行的要求来确定的。

5.2.1 电力系统自动调频的方法

电力系统自动调频的发展过程中，采用过多种调频方法和准则，如主导发电机法、虚有差法等。其中主导发电机法仅适应小容量的电力系统；虚有差法仅反应频率的偏差信号，并且，有功功率在多个调频发电厂之间是按固定比例分配的，不能实现经济分配原则，同时也不能控

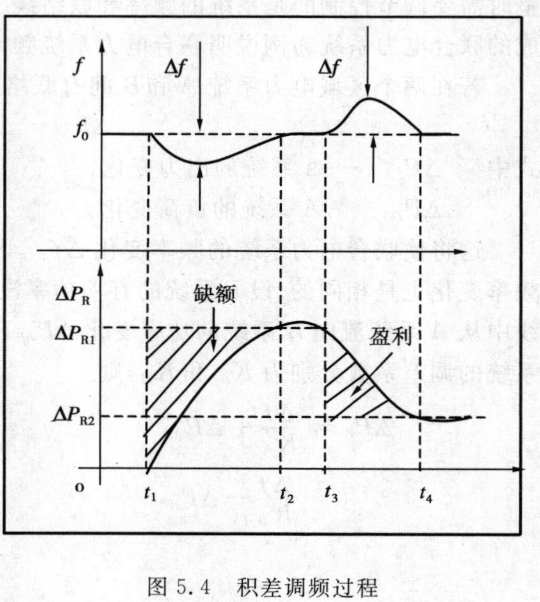

图 5.4 积差调频过程

制区域间联络线功率。所以，这些调频方法已不能适应现代化电力系统的运行要求。这里着重介绍积差调节法。

(1)积差调节法的原理

积差调节法是根据系统频率偏差的累积值调节系统的频率。先假设系统中由一台发电机进行频率积差调节，调节准则为

$$K\Delta P_R + \int \Delta f \mathrm{d}t = 0 \tag{5.12}$$

式中　$\Delta f = f - f_e$—— 系统的频率偏差；

ΔP_R—— 调频机组的有功出力增量；

K—— 调频功率的比例系数。

积差调频过程可以用图 5.4 说明。在 $0 \sim t_1$ 时段内，$f = f_0$，$\Delta f = 0$，因此 $\int_0^{t_1} \Delta f dt = 0$ 所以有

$$\Delta P_R = -\frac{1}{K}\int_0^{t_1} \Delta f \mathrm{d}t = 0 \tag{5.13}$$

即调频机有功出力不变。

设 t_1 时出现计划外负荷增量，在 $t_1 \sim t_2$ 时段内，$f < f_0$，$\Delta f < 0$，因此 $\int_{t_1}^{t_2} \Delta f dt < 0$，所以有

$$\Delta P_R = -\frac{1}{K}\int_0^{t_2} \Delta f \mathrm{d}t = -\frac{1}{K}\int_{t_1}^{t_2} \Delta f \mathrm{d}t = \Delta P_{R1} > 0 \tag{5.14}$$

即调频机组增大有功出力，频率下降到一最低值后，逐步回升，直至 t_2 时刻为止。

在 $t_2 \sim t_3$ 时段内，调频机组增加的有功出力与计划外负荷增量相等，系统以额定频率稳定运行，$\Delta f = 0$，所以 $\int_{t_2}^{t_3} \Delta f dt = 0$。这时 ΔP_R 维持 ΔP_{R1} 值，即调频机组保持 t_2 时刻的有功出力不再增大。

设 t_3 时刻出现了计划外的负荷减少，再 $t_3 \sim t_4$ 时刻内，$f > f_0$，$\Delta f > 0$，因此 $\int_{t_3}^{t_4} \Delta f dt > 0$，有

$$\Delta P_R = -\frac{1}{K}\left[\int_{t_1}^{t_2} \Delta f \mathrm{d}t + \int_{t_3}^{t_4} \Delta f \mathrm{d}t\right] = \Delta P_{R1} - \frac{1}{K}\int_{t_3}^{t_4} \Delta f \mathrm{d}t = \Delta P_{R2} \tag{5.15}$$

即调频机组有功出力减少，直至 t_4 时刻，调频机组出力增量又与计划外负荷变化相等，$f = f_0$，$\Delta f = 0$，调节过程又一次结束。

积差调节法的特点是频率调节过程只能在 $\Delta f = 0$ 时结束。当 $\Delta f \neq 0$ 时，$\int \Delta f dt$ 就不断积累，式(5.12) 就不能平衡，调节过程就要继续下去。当调节过程结束时，$\Delta f = 0$，而 $\int \Delta f dt = -\frac{1}{K}\Delta P_R =$ 常数。该常数与计划外负荷成正比。计划外负荷越大，系统频率偏差的积累值也就越大，则电钟的计时误差也越大。为了保证电钟的准确性，可以在夜间低谷负荷时进行补偿。所以积差调节法又称为同步时间法。

在电力系统中，用多台机组进行积差调频时，调节方程式为

$$\left.\begin{aligned} K_1\Delta P_{R1}+\int\Delta f\mathrm{d}t=0\\ K_2\Delta P_{R2}+\int\Delta f\mathrm{d}t=0\\ \cdots\cdots\cdots\cdots\cdots\cdots\cdots\cdots\\ K_n\Delta P_{Rn}+\int\Delta f\mathrm{d}t=0 \end{aligned}\right\} \tag{5.16}$$

上式可以改写为

$$\Delta P_{Ri}=-\frac{1}{K_i}\int\Delta f\mathrm{d}t \qquad (i=1,2,\cdots,n) \tag{5.17}$$

式中 i—— 系统中并联运行机组的序号。

一般认为系统中各点频率相同，是一个全系统统一的参数(实际上，在暂态过程中系统各点的频率是有差别的)，所以各机组的$\int\Delta f dt$是相等的。设系统计划外负荷为ΔP_D，则有

$$\Delta P_D=\sum_{i=1}^{n}\Delta P_{Ri}=-\int\Delta f\mathrm{d}t\sum_{i=1}^{n}\frac{1}{K_i} \tag{5.18}$$

得

$$\int\Delta f\mathrm{d}t=-\frac{\sum\limits_{i=1}^{n}\Delta P_{Ri}}{\sum\limits_{i=1}^{n}\frac{1}{K_i}} \tag{5.19}$$

将上式代入式(5.17)得到每台调频机组承担的计划外负荷为

$$\Delta P_{Ri}=\frac{\Delta P_D}{K_i\sum\limits_{i=1}^{n}\frac{1}{K_i}}=a_i\Delta P_D \qquad (i=1,2,\cdots,n) \tag{5.20}$$

上式表明，调节过程结束后，各调节机组按一定比例分担了系统计划外负荷，使系统有功功率重新平衡，实现了无差调节。这种方法的缺点是频率的积差信号滞后于频率瞬时值的变化，因此调节过程缓慢。为此，可在频率积差调节的基础上增加频率瞬时偏差调节信号，这就得到了改进的频率积差调节方程式

$$\Delta f+\delta_i\left(\Delta P_{Ri}+a_i\int\beta\Delta f\mathrm{d}t\right)=0 \qquad (i=1,2,\cdots,n) \tag{5.21}$$

式中 Δf—— 系统频率瞬时偏差，$\Delta f=f-f_e$；

δ_i—— 第 i 台调频机组的调差系数；

a_i—— 第 i 台调频机组的有功功率分配系数，$\sum\limits_{i=1}^{n}a_i=1$；

β—— 系统功率与频率的转换系数。

在式(5.21)中，Δf项起加快调节过程的作用。在调节过程结束时，必须有$\Delta f=0$，否则，$\int\beta\Delta f dt$就会不断变化，调节过程不会结束。最后每台调频机组承担的有功出力变化量为

$$\Delta P_{Ri}=-a_i\int\beta\Delta f\mathrm{d}t \qquad (i=1,2,\cdots,n) \tag{5.22}$$

由上式得

$$\Delta P_D = \sum_{i=1}^{n} \Delta P_{Ri} = -\int \beta \Delta f \mathrm{d}t \sum_{i=1}^{n} a_i = -\int \beta \Delta f \mathrm{d}t \tag{5.23}$$

上两式表示调频结束后将把系统增加的负荷 ΔP_D 按一定比例(由 a_i 确定)在调频机组间进行分配。

5.2.2　自动发电控制(AGC)

(1) 自动发电控制的目标

自动发电控制 AGC(Automatic Generation Control) 是现代电力系统运行中一个基本而重要的计算机实时控制功能。自动发电控制的目的就是按事先设定的准则实现对区域内发电机出力的调整,使系统出力和系统负荷相适应,从而保持系统频率在允许范围和通过联络线的交换功率等于计划值,并尽可能实现机组(电厂)间负荷的经济分配。具体地说,自动发电控制有五个基本目标:

① 使全系统的发电出力和负荷功率相匹配;

② 将电力系统的频率偏差调节到零,保持系统频率为额定值;

③ 控制区域间联络线的交换功率与计划值相等,实现各区域内有功功率的平衡;

④ 对周期性的负荷变化按发电计划调整发电功率,对偏差预计的负荷,在区域内在线地实现各发电厂间负荷的经济分配;

⑤ 监视和调整备用容量,满足电力系统安全要求。

上述的第一个目标与所有发电机的调速器有关,即与频率的一次调整有关。第二和第三个目标与频率的二次调整有关,也称为负荷频率控制 LFC(Load Frequency Control)。通常所说的 AGC 是指前三项目标,包括第四项目标时,往往称为 AGC/EDC(经济调度控制,即 Economic Dispatching Control),但也有把 EDC 功能包括在 AGC 功能之中的。

(2)AGC 的控制方式

将系统频率和区域净交换功率与目标的差值加权线性相加构成区域(i) 的控制误差:

$$ACE_i = \beta_i \Delta f + \Delta P_{T,i} \tag{5.24}$$

式中　β_i—— 区域 i 的频率偏差因子;

Δf—— 频率偏差,$\Delta f = f - f_N$;

$\Delta P_{T,i}$—— 区域 i 的交换功率偏差,$\Delta P_{T,i} = P_{T,i} - P_{H,i}$,$P_{T,i}$ 为区域 i 的交换功率,$P_{H,i}$ 为区域 i 的计划交换功率。

式(5.24) 只是基本控制误差,若考虑时差校正和交换电量校正可以将控制误差写为:

$$ACE_i = \beta_i(\Delta f - \Delta f_N) + \Delta P_{T,i} - \Delta P_{H,i} \tag{5.25}$$

式中　Δf_N 为时差;$\Delta P_{H,i}$ 为区域 i 的交换电量偏差

以(5.24) 式区域控制误差为目标的 AGC 有三种控制方式:

① 恒定频率控制 FFC(Flat Frequency Control)　这种控制方式的控制目标是使系统的频率保持不变,即 $\Delta f = 0$。区域控制误差为式(5.24) 中忽略 $\Delta P_{T,i}$ 项。这种方式适用于互联系统中的主系统或孤立电力系统。

② 恒定交换功率控制 FTC(Flat Tie_Line Control)　这种控制方式的控制目标是使联络线交换功率保持在给定值,即 $\Delta P_{T,i} = 0$。区域控制误差为式(5.24) 中忽略 $\beta_i \Delta f$ 项。这种方式适用于互联系统中的小子系统。当互联系统中某些小子系统采用这种控制方式时,另一些子系

统必须采用 FFC 方式控制，否则系统频率将不能维持。

③ 频率 — 联络线交换功率偏差控制 TBC(Tie_Line Bias Control)　这种控制方式的控制目标是使系统的频率维持不变的同时，还要使联络线的交换功率保持在给定值。其区域控制误差就是式(5.24) 的完整形式。一般大系统的 AGC 只能采用这种控制方式。

(3)AGC **对机组的功率分配**

AGC 对机组功率的分配包括两个部分：一部分是按经济调度原则分配负荷和计划外负荷，以平衡系统的基本负荷；另一部分将消除式(5.24) 区域控制误差所需要的调节功率 P_R 分配给机组。

对于区域控制误差，AGC 的调节功率 P_R 按比例积分式计算

$$P_{R,i} = G_{I,i}\int_0^t ACE_i\,dt + G_{p,i}ACE_i = P_{I,i} + P_{p,i} \tag{5.26}$$

式中　$G_{I,i}$ —— 区域 i 的积分增益；

$G_{P,i}$ —— 区域 i 的比例增益；

$P_{I,j}$ —— 区域 i 的稳定调节功率；

$P_{P,j}$ —— 区域 i 的暂态调节功率。

区域 i 的 AGC 调节功率 $P_{R,i}$ 可以按下面的线性公式分配到区域 i 中的具体机组

$$P_{s,ij} = P_{0,ij} + (\alpha_{ij}P_{I,j} + \beta_{ij}P_{p,i}) \tag{5.27}$$

式中　$P_{s,ij}$ —— 区域 i 机组 j 的设定功率；

$P_{0,ij}$ —— 区域 i 机组 j 的实发功率；

α_{ij} —— 区域 i 机组 j 的经济负荷分配系数，它反比于该机组的发电费用微增率，并有

$$\sum_{j\in i}\alpha_{ij} = 1 \tag{5.28}$$

β_{ij} —— 区域 i 机组 j 的调节能力系数，且

$$\sum_{j\in i}\beta_{ij} = 1 \tag{5.29}$$

区域 i 机组 j 由 AGC 分配的功率增量为：

$$\Delta P_{s,ij} = P_{s,ij} - P_{0,ij} = (\alpha_{ij}P_{I,j} + \beta_{ij}P_{p,i}) \tag{5.30}$$

(4)AGC **的实现**

自动发电控制(AGC) 是由自动装置和计算机程序对频率和有功功率进行二次调整实现的。所需的信息(如频率，发电机的实发功率，联络线的交换功率等) 是通过 SCADA 系统经过上行通道传送到调度控制中心，然后根据 AGC 的计算机软件功能形成对各发电厂(或) 发电机的 AGC 命令，通过下行通道传送到各调频发电厂(或发电机)。

现代 AGC 一般可用图 5.5 的结构图描述。其控制回路有三个：

① 机组控制回路；

② 区域调整控制回路；

③ 区域跟踪控制回路。

机组控制回路提供发电机输出的闭环控制，使发电机出力等于机组给定出力。同时参照系统的实际频率，计及调速器的频率响应、机组控制的输出给出调频器的驱动信号。机组控制环节还要计及约束条件，如机组允许出力限制、出力变化率限制等。另外调频器位置不应很快反向，以免造成阀门控制机构的损坏。

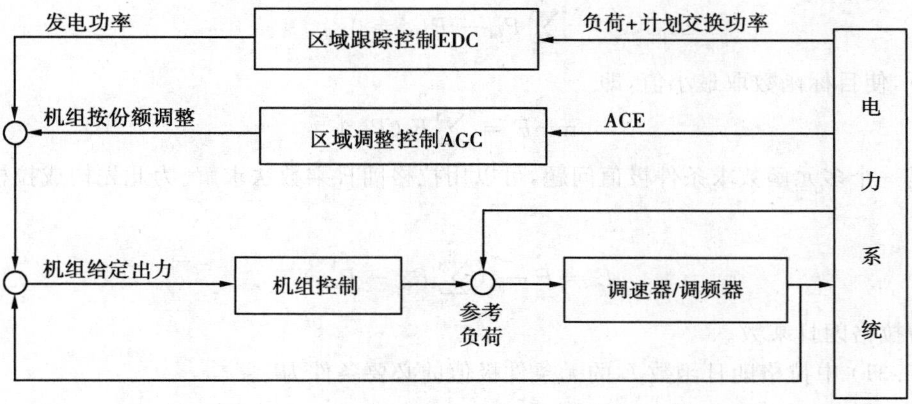

图 5.5 自动发电控制总体结构示意图

区域调整控制就是 AGC 的基本控制环节，它根据区域控制误差 ACE 的大小决定如何改变机组出力的设定值，它的动作时间在 10 ～ 30 秒，使区域控制误差 ACE 维持为零，完成负荷频率控制功能。

区域跟踪控制实际上是完成经济功率分配的功能，即 EDC 功能。它给出机组发电出力的计划值和交换功率的设定值，其动作时间为数分钟到十多分钟。

现代 AGC 实际上已将 AGC 和 EDC 融为一体，既能实现系统频率的稳定和交换计划的完成，又能实现经济功率分配。

5.3 电力系统的经济运行

电力系统经济运行的目的是在给定的系统运行方式下，以保证整个系统安全可靠和电能质量符合标准为前提，在系统中并列运行的机组间合理地分配出力，使全电力系统达到最大的经济性(如发电成本为最小)。在经济运行的调度过程中必须考虑到电力系统安全可靠运行的约束条件，例如适当的运转备用和线路的过负载能力等。所以经济运行是电力系统运行中一项经常的中心工作。

5.3.1 火电厂间有功功率的经济分配

在电力系统中，当机组的总容量大于负荷功率时，应如何分配各机组的出力，使在满足一定的约束条件下(如每台机组的极限功率)发电成本为最小。在电力系统中解决这个问题通常应用著名的等微增率准则来进行经济负荷分配。

假设系统有 n 个火电厂(或 n 台火电机组)，各厂(或机组)的燃料耗量特性分别为 $F_1(P_{G1}),F_2(P_{G2}),\cdots,F_n(P_{Gn})$，系统的总负荷为 P_{LD}，暂不考虑网络中的功率损耗，假设各发电厂(或机组)的输出功率不受限制，则系统在各发电厂(或机组)间的经济分配问题可以表述为

在满足

$$\sum_{i=1}^{n} P_{Gi} - P_{LD} = 0$$

的条件下，使目标函数取最小值，即

$$\min F = \sum F_i(P_{Gi})$$

这是一个多元函数求条件极值问题，可以用拉格朗日乘数法求解。为此先构成拉格朗日函数

$$L = F - \lambda(\sum_{i=1}^{n} P_{Gi} - P_{LD}) \tag{5.31}$$

式中 λ 为拉格朗日乘数。

式(5.31)中拉格朗日函数 L 的无条件极值的必要条件为

$$\frac{\partial L}{\partial P_{Gi}} = \frac{\partial F}{\partial P_{Gi}} - \lambda = 0 \quad (i = 1,2,\cdots,n) \tag{5.32}$$

或

$$\frac{\partial F_i}{\partial P_{Gi}} = \lambda \quad (i = 1,2,\cdots,n) \tag{5.33}$$

由于每个发电厂（或机组）的燃料消耗只是该厂（或机组）输出功率的函数，因此式(5.33)可以写成

$$\frac{\mathrm{d}F_i}{\mathrm{d}P_{Gi}} = \lambda \quad (i = 1,2,\cdots,n) \tag{5.34}$$

或

$$\frac{\mathrm{d}F_1}{\mathrm{d}P_{G1}} = \frac{\mathrm{d}F_2}{\mathrm{d}P_{G2}} = \cdots = \frac{\mathrm{d}F_n}{\mathrm{d}P_{Gn}} = \lambda$$

这就是火电厂（或机组）之间负荷经济分配的等微增率准则。按这个条件确定的功率分配是最经济的功率分配。

以上讨论都没有涉及不等式约束条件。负荷经济分配中的不等式约束条件与潮流计算中不等式约束条件一样

$$P_{Gi\min} \leqslant P_{Gi} \leqslant P_{Gi\max} \tag{5.35}$$

$$Q_{Gi\min} \leqslant Q_{Gi} \leqslant Q_{Gi\max} \tag{5.36}$$

$$V_{i\min} \leqslant V_i \leqslant V_{i\max} \tag{5.37}$$

在计算发电厂间（或发电机组间）有功功率负荷经济分配时，这些不等式约束条件可以暂不考虑，待算出结果后，再按式(5.35)进行校验，对于有功功率值越限的发电厂，可以按其限值（上限或下限）分配负荷；然后再对其余的发电厂分配剩余的负荷功率。至于约束条件(5.36)和(5.37)可留在有功负荷分配基本确定以后的潮流计算中再处理。

一般用迭代修正 λ 的方法来进行计算，直到发电机的总出力满足系统总负荷和线损（若计及线损）之和时为止。下面以一个简单的例子来说明等微增率经济运行的计算。

例 5.1　三个火电厂并联运行，各电厂得的耗量特性及约束条件分别为

$F_1 = 4 + 0.3P_{G1} + 0.000\,7P_{G1}^2(t/h)$　　100MW $\leqslant P_{G1} \leqslant$ 200MW

$F_2 = 3 + 0.32P_{G2} + 0.000\,4P_{G2}^2(t/h)$　　120MW $\leqslant P_{G2} \leqslant$ 250MW

$F_3 = 3.3 + 0.3P_{G3} + 0.000\,45P_{G3}^2(t/h)$　　150MW $\leqslant P_{G3} \leqslant$ 300MW

当总负荷为 700MW 和 400MW 时，试分别确定发电厂间功率的经济分配（不考虑线损）。

解　① 按所给耗量特性可得各机组的耗量微增率为

$$\lambda_1 = \frac{\mathrm{d}F_1}{\mathrm{d}P_{G1}} = 0.001\,4P_{G1} + 0.3$$

$$\lambda_2 = \frac{\mathrm{d}F_2}{\mathrm{d}P_{G2}} = 0.000\,8P_{G2} + 0.32$$

$$\lambda_3 = \frac{\mathrm{d}F_3}{\mathrm{d}P_{G3}} = 0.000\,94P_{G3} + 0.3$$

令 $\lambda_1 = \lambda_2 = \lambda_3$，可解得

$$P_{G1} = 14.29 + 0.572P_{G2} = 0.643P_{G3}$$
$$P_{G3} = 22.22 + 0.889P_{G2}$$

② 总负荷为700MW，即 $P_{G1} + P_{G2} + P_{G3} = 700\mathrm{MW}$

将 P_{G1} 和 P_{G3} 都用 P_{G2} 表示，便得

$$14.29 + 0.572P_{G2} + P_{G2} + 22.22 + 0.889P_{G2} = 700$$

由上式可得 $P_{G2} = 270\mathrm{MW}$，已越出上限值，故应取 $P_{G2} = 250\mathrm{MW}$。剩余的负荷功率450MW再由电厂1和3进行经济分配。

$$P_{G1} + P_{G3} = 450\mathrm{MW}$$

将 P_{G1} 用 P_{G3} 表示，便得

$$0.643P_{G3} + P_{G3} = 450$$

由此解出　$P_{G3} = 274\mathrm{MW}$ 和 $P_{G1} = 450 - 274\mathrm{MW} = 176\mathrm{MW}$，都在限值以内。

③ 总负荷为400MW，即 $P_{G1} + P_{G2} + P_{G3} = 400\mathrm{MW}$

将 P_{G1} 和 P_{G3} 都用 P_{G2} 表示，便得

$$2.461P_{G2} = 363.49$$

由上式可得 $P_{G2} = 147.7\mathrm{MW}$，$P_{G1} = 14.29 + 0.572P_{G2} = 98.77\mathrm{MW}$ 已越出下限值，故应取 $P_{G1} = 100\mathrm{MW}$。剩余的负荷功率300MW再由电厂2和3重新进行负荷经济分配。

$$P_{G2} + P_{G3} = 300\mathrm{MW}$$

将 P_{G3} 用 P_{G2} 表示，便得

$$P_{G2} + 22.22 + 0.889P_{G2} = 300$$

由此解出　$P_{G2} = 147.05\mathrm{MW}$ 和 $P_{G3} = 300 - 147.05\mathrm{MW} = 152.95\mathrm{MW}$，都在限值以内。

电力网络中的有功功率损耗是进行发电厂间有功负荷分配时不容忽视的一个因素。假设网络损耗为 P_L，则等式约束条件(5.30)将改写为

$$\sum_{i=1}^{n} P_{Gi} - P_L - P_{LD} = 0 \tag{5.38}$$

拉格朗日函数可改写为

$$L = F - \lambda\left(\sum_{i=1}^{n} P_{Gi} - P_L - P_{LD}\right) \tag{5.39}$$

于是函数 L 取极值的必要条件为

$$\frac{\partial L}{\partial P_{Gi}} = \frac{\partial F_i}{\partial P_{Gi}} - \lambda\left(1 - \frac{\partial P_L}{\partial P_{Gi}}\right) = 0 \qquad (i = 1,2,\cdots,n) \tag{5.40}$$

或

$$\frac{\partial F_i}{\partial P_{Gi}} \times \frac{1}{(1-\frac{\partial P_L}{\partial P_{Gi}})} = \frac{\partial F_i}{\partial P_{Gi}}\alpha_i = \lambda \qquad (i=1,2,\cdots,n) \tag{5.41}$$

这就是经过网损修正后的等耗量微增率准则。式(5.41)也称为 n 个火电厂负荷经济分配的协调方程式。

式中，$\alpha_i = \frac{1}{(1-\frac{\partial P_L}{\partial P_{Gi}})}$ 称为网损修整系数；$\frac{\partial P_L}{\partial P_{Gi}}$ 称为网损微增率，表示网络有功损耗对第 i 个发电厂有功出力的微增率。

由于各个发电厂在网络中所处的位置不同，各厂的网损微增率是不一样的。当 $\frac{\partial P_L}{\partial P_{Gi}} > 0$ 时，说明发电厂 i 出力增加将会引起网损的增加，这时网损修正系数 $\alpha_i > 1$，发电厂本身的燃料消耗微增率宜取较小的数值。若 $\frac{\partial P_L}{\partial P_{Gi}} < 0$，则表示发电厂 i 出力增加将会导致网损的减少，这时网损修正系数 $a_i < 1$，发电厂的燃料消耗微增率宜取较大的数值。

5.3.2 水、火电厂间有功功率负荷的经济分配

当电力系统中既有火电厂又有水电厂时，水电厂运行的主要特点是在指定的较短运行周期(一日、一周或一月)内总发电用水量 W_Σ 为给定值。水、火电厂间最优运行的目标是：在整个运行周期内满足用户的电力需求，合理分配水、火电厂的负荷，使总燃料(煤)耗量为最小。

设系统中有 m 个水电厂和 n 个火电厂，在指定的运行期间 τ 内，系统的负荷 $P_{LD}(t)$ 已知，第 j 个水电厂的发电总用水量也已给定为 $W_{j\Sigma}$；$P_{T,i}$、$F_i(P_T,i)$ 分别表示火电厂 i 有功出力和耗量特性；$P_{H,j}$、$W_j(P_{H,j})$ 分别表示水电厂 j 有功出力和耗量特性；对此，计及有功网损 $P_L(t)$ 时，水、火电厂间负荷经济分配的目标就是在满足约束条件

$$\sum_{j=1}^{m} P_{H,j}(t) + \sum_{i=1}^{n} P_{T,i}(t) - P_L(t) - P_{LD}(t) = 0 \tag{5.42}$$

$$\int_0^t W_j(P_{H,j})\mathrm{d}t - W_{j\Sigma} = 0 \qquad (j=1,2,\cdots,n) \tag{5.43}$$

的情况下，使目标函数

$$F_\Sigma = \sum_{i=1}^{n}\int_0^t F_i(P_{T,j})\mathrm{d}t \tag{5.44}$$

为最小。

这是求泛函极值的问题，一般可应用变分法来求解，并用拉格朗日函数处理。

把指定的运行周期 τ 划分为 s 个更短的时段

$$\tau = \sum_{k=1}^{s}\Delta t_k \tag{5.45}$$

在每一个时间小段内假定各电厂的功率以及负荷功率都不变，则式(5.42)～(5.44)可以分别改写为

$$\sum_j P_{H,j,k} + \sum_i P_{T,i,k} - P_{L,k} - P_{LD,k} = 0 \qquad (k=1,2,\cdots,s) \tag{5.46}$$

$$\sum_{k=1}^{s} W_{j,k}(P_{H,j,k})\Delta t_k - W_{j\Sigma} = 0 \qquad (j=1,2,\cdots,m) \tag{5.47}$$

$$F_{\Sigma} = \sum_{i=1}^{n}\sum_{k=1}^{s} F_{i,k}(P_{T,i,k})\Delta t_k \tag{5.48}$$

设置拉格朗日乘数 $\lambda_k(k=1,2,\cdots,s)$ 和 $\gamma_j(j=1,2,\cdots,m)$，构造拉格朗日函数

$$L = \sum_{i=1}^{n}\sum_{k=1}^{s} F_{i,k}(P_{T,i,k})\Delta t_k - \sum_{j=1}^{s}\lambda_k\Big(\sum_{j=1}^{m}P_{H,j,k} + \sum_{i=1}^{n}P_{T,j,k} - P_{L,k} - P_{LD,k}\Big)\Delta t_k + \sum_{j=1}^{m}\gamma_j\Big[\sum_{k=1}^{s}W_{j,k}(P_{H,j,k})\Delta t_k - W_{j\Sigma}\Big] \tag{5.49}$$

将函数 L 对 $P_{H,j,k}$、$P_{T,i,k}$、λ_k 和 γ_j 分别取偏导数，并令其等于零，便得

$$\frac{\partial L}{\partial P_{H,j,k}} = -\lambda_k\left(1-\frac{\partial P_{L,k}}{\partial P_{H,j,k}}\right)\Delta t_k + \gamma_j\frac{\mathrm{d}W_{j,k}(P_{H,j,k})}{\mathrm{d}P_{H,j,k}}\Delta t_k = 0 \tag{5.50}$$

$$(j=1,2,\cdots,m);(k=1,2,\cdots,s)$$

$$\frac{\partial L}{\partial P_{T,i,k}} = \frac{\mathrm{d}F_{i,k}(P_{T,i,k})}{\mathrm{d}P_{T,i,k}}\Delta t_k - \lambda_k\left(1-\frac{\partial P_{L,k}}{\partial P_{T,i,k}}\right)\Delta t_k = 0 \tag{5.51}$$

$$(i=1,2,\cdots,n);(k=1,2,\cdots,s)$$

$$\frac{\partial L}{\partial \lambda_k} = -\Big(\sum_{j=1}^{m}P_{H,j,k} + \sum_{i=1}^{n}P_{T,i,k} - P_{L,k} - P_{LD,k}\Big)\Delta t_k = 0 \tag{5.52}$$

$$(k=1,2,\cdots,s)$$

$$\frac{\partial L}{\partial \gamma_j} = \sum_{k=1}^{s}W_{j,k}(P_{H,j,k})\Delta t_k - W_{j\Sigma} = 0 \qquad (j=1,2,\cdots,m) \tag{5.53}$$

以上共包括有 $(m+n+1)s+m$ 个方程，从而可以解出所有的 $P_{H,j,k}$、$P_{T,i,k}$、λ_k 和 γ_j。式(5.52)和(5.53)就是等式约束条件式(5.46)和(5.47)；而式(5.50)和(5.51)两个方程可以合写成

$$\frac{\mathrm{d}F_{i,k}(P_{T,i,k})}{\mathrm{d}P_{T,i,k}}\times\frac{1}{\left(1-\dfrac{\partial P_{L,k}}{\partial P_{T,i,k}}\right)} = \gamma_j\frac{\mathrm{d}W_{j,k}(P_{H,j,k})}{\mathrm{d}P_{H,j,k}}\times\frac{1}{\left(1-\dfrac{\partial P_{L,k}}{\partial P_{H,j,k}}\right)} = \lambda_k \tag{5.54}$$

上式对任一时段均成立，故可写成

$$\frac{\mathrm{d}F_i}{\mathrm{d}P_{T,i}}\times\frac{1}{\left(1-\dfrac{\partial P_L}{\partial P_{T,i}}\right)} = \gamma_j\frac{\mathrm{d}W_j}{\mathrm{d}P_{H,j}}\times\frac{1}{\left(1-\dfrac{\partial P_L}{\partial P_{H,j}}\right)} = \lambda \tag{5.55}$$

这就是计及网损时，水、火电厂负荷经济分配的条件，亦称为协调方程式。

在实时控制的电力系统中，计算机定期地在线进行经济运行计算，计算机的输入信息是发电机的出力、负荷或交换功率的遥测信息，而输出则是每台机组(或发电厂)的经济出力信息。输出信息是选定自动调频的基准运行点和分配系数的依据。

实时经济运行计算的周期一般为几分钟，甚至更长的时间。这是考虑到发电机停、开和进行出力控制的时间。一般不计算经济调度的动态过程，而是把经济调度作为静态优化来考虑的。这是因为电力系统一般运行于稳态条件下，另一方面是因为经济调度计算要解很多因次很高的非线性等式和不等式约束条件，如计及动态过程将使实时计算成为不可能。此外，从动态计算中可得到的额外经济效益也是很小的，不值得花很大的计算时间获得它。

随着优化算法的发展，可以把经济运行问题看做是最佳潮流计算的内容。

5.4 电力系统无功功率及电压的控制

电压值也是供电质量的重要指标之一。电压值的变化对用户的运行特性有很大影响。所以，为了保证用户电气设备的正常运行，在电力系统的运行中必须进行系统各节点电压的监视和调节，以保证电力系统中电压的偏移在允许的变化范围之内。

电力系统无功功率的配置及传输是影响电力系统电压变化的重要因素。因此，在电力系统运行中电压和无功功率的自动调整是紧密地联系在一起的。它们不仅是保证电能质量和提高电力系统运行经济性的一个重要方面，也是电力系统安全运行（如提高电力系统稳定极限）的重要因素。

电压及无功功率的自动调节，应当完成的任务是：

1）根据供电的要求，保证用户的供电电压在允许范围之内；

2）有效地利用无功电源及调压措施，使无功功率尽可能就地平衡，合理分配，以减少因远距离输送无功功率而引起的线路损耗（某些情况下，远距离输送无功功率，甚至在技术上是不能实现的）；

3）根据电力系统远距离输电稳定性的要求，应保持枢纽点电压在规定水平。一般在重负荷时，为了保证功率的输送，应使电压保持较高值；轻负荷时，使电压降低，以避免过电压现象。

在电力系统运行中，最常用的调节电压手段是：①调节发电机励磁电流，改变发电机机端电压；②调整变压器分接头，改变变压器变比；③调整并联的无功功率电源（并联电容器、调相机等），改变系统的无功功率分布。

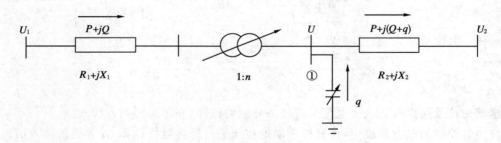

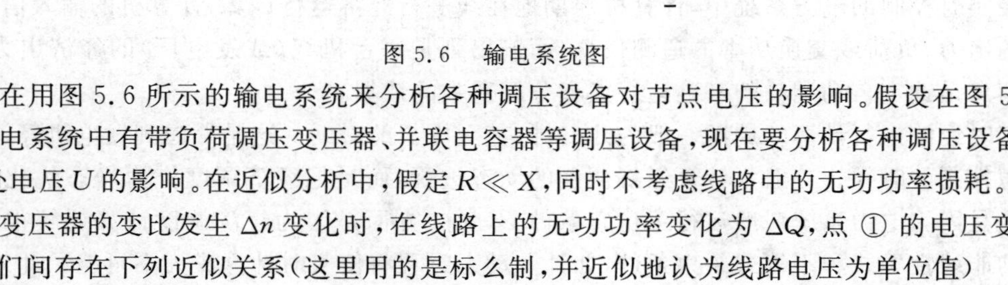

图 5.6 输电系统图

现在用图 5.6 所示的输电系统来分析各种调压设备对节点电压的影响。假设在图 5.6 所示的输电系统中有带负荷调压变压器、并联电容器等调压设备，现在要分析各种调压设备对节点 ① 处电压U的影响。在近似分析中，假定$R \ll X$，同时不考虑线路中的无功功率损耗。这样，当调压变压器的变比发生Δn变化时，在线路上的无功功率变化为ΔQ，点 ① 的电压变化为ΔU，它们间存在下列近似关系（这里用的是标么制，并近似地认为线路电压为单位值）

$$\Delta U = X_2 \Delta Q \tag{5.56}$$

$$\Delta n = X_1 \Delta Q + X_2 \Delta Q \tag{5.57}$$

所以

$$\frac{\Delta U}{\Delta n} = \frac{X_2}{X_1 + X_2} \tag{5.58}$$

$$\frac{\Delta Q}{\Delta n} = \frac{1}{X_1 + X_2} \tag{5.59}$$

当并联电容器的无功功率发生 Δq 变化时，可得下列关系

$$-X_1 \Delta Q = \Delta U \tag{5.60}$$

$$X_2(\Delta q + \Delta Q) = \Delta U \tag{5.61}$$

所以

$$\frac{\Delta U}{\Delta q} = \frac{X_1 X_2}{X_1 + X_2} \tag{5.62}$$

$$\frac{\Delta Q}{\Delta q} = -\frac{X_2}{X_1 + X_2} \tag{5.63}$$

同样地，线路始末两端电压的变化 ΔU_1 和 ΔU_2 对 U 和 Q 的影响分别为

$$\frac{\Delta U}{\Delta U_1} = \frac{X_2}{X_1 + X_2} \tag{5.64}$$

$$\frac{\Delta Q}{\Delta U_1} = \frac{1}{X_1 + X_2} \tag{5.65}$$

$$\frac{\Delta U}{\Delta U_2} = \frac{X_1}{X_1 + X_2} \tag{5.66}$$

$$\frac{\Delta Q}{\Delta U_2} = -\frac{1}{X_1 + X_2} \tag{5.67}$$

所以各种调节因素对电压 U 和线路无功功率的近似调节效应为

$$\Delta U = \frac{X_2}{X_1 + X_2}\Delta n + \frac{X_1 X_2}{X_1 + X_2}\Delta q + \frac{X_2}{X_1 + X_2}\Delta U_1 + \frac{X_1}{X_1 + X_2}\Delta U_2 \tag{5.68}$$

$$\Delta Q = \frac{1}{X_1 + X_2}\Delta n - \frac{X_2}{X_1 + X_2}\Delta q + \frac{1}{X_1 + X_2}\Delta U_1 - \frac{1}{X_1 + X_2}\Delta U_2 \tag{5.69}$$

在一个复杂的电力系统中，类似地可以列出各种调节设备对节点(i)电压及线路无功功率调节作用的近似线性关系式

$$\begin{aligned} \Delta U_i &= \sum_j A_{nij}\Delta n_j + \sum_j A_{qij}\Delta q_j + \sum_j A_{Uij}\Delta U_j \\ \Delta Q_i &= \sum_j B_{nij}\Delta n_j + \sum_j B_{qij}\Delta q_j + \sum_j B_{Uij}\Delta U_j \end{aligned} \tag{5.70}$$

由上面近似的分析可以看出，各种调压手段对各节点电压的调节作用与网络参数有很大的关系。虽然，从广义上来讲，电力系统中任何一种调压设备的动作，对电力系统各点电压均有影响，但是实际上由于受到网络结构和参数以及调压设备的实际配置情况的限制，每个调压设备的调节效应是有限制的。特别是电力系统规模日益扩大，从前那种用手动或自动调节个别发电厂母线电压或用变电所的调压设备来控制全电力系统电压的方法，已不能适应电力系统发展的需要。所以，根据电力系统本身的特点，一般采用地区自动调节电压和集中自动调节电压相结合的方法。对于一个以某个发电厂或变电所为中心的地区网络，可根据地区网络无功功率就地平衡的原则，在调度中心的统一协调下进行地区的电压调节。特别是对开式网络及与其他地区网络联系不紧密的较小电力系统，均可采取地区自动调节电压。而全电力系统的集中调节主要承担对全电力系统有广泛影响的枢纽点电压的控制，以及对环形网络和主干

输电线路的无功功率的控制。集中控制中心应给定枢纽点电压设定值,以便加以监视和控制,并协调各地区的电压水平,控制各重要无功电源和调压设备(如主要发电厂发电机的母线电压、枢纽变电所调压设备的启停和调节)。

在集中控制中心,应对全电力系统的电压和无功功率进行控制,这种控制的基本要求是:

1)电力系统内各重要枢纽点的电压在预先给定的容许变化范围之内,即

$$|\Delta U_i| = |\Delta U_{i0} + \Delta U_{T,i}| = \left|\Delta U_{i0} + \sum_{j=1}^{J} A_{ij}\Delta T_j\right| \leqslant \xi_i \tag{5.71}$$

式中 ΔU_i—— 在调节电压后,电压控制点(i)的电压与目标电压的偏差;

ΔU_{i0}—— 在调节电压前,电压控制点(i)的电压与目标电压的偏差;

$\Delta U_{T,i}$—— 由于电压调节使电压控制点(i)的电压与目标电压的偏差;

ξ_i—— 电压控制点(i)的允许电压偏差;

A_{ij}—— 第 j 台调节设备改变单位操作量时控制点(i)上电压的变化量;

ΔT_j—— 调节设备(第 j 台)的操作量;

J—— 调节设备总数。

2)在被控制的电力系统内使线损达到最小,即

$$P_{L\min} = \min\sum_{k=1}^{L} 3I_k^2 R_k \tag{5.72}$$

式中 $P_{L\min}$—— 最小线损值;

R_k—— 第 k 条线路的电阻;

I_k—— 通过第 k 条线路的电流;

L—— 线路数。

3)可用的电压一无功功率调节设备的状态在运行的许可范围之内,即

$$T_{j\max} \geqslant T_{j0} + \Delta T_j \geqslant T_{j\min} \tag{5.73}$$

式中 $T_{j\max}$ 和 $T_{j\min}$—— 分别为第 j 台调节设备的上、下限值;

T_{j0}—— 调节设备的初始位置。

在调节过程中,应选择调节效果最大的方式,即选择使各电压控制点的电压对目标电压值的偏移为最小的情况,此时可取下列目标函数

$$F = \sum_{i=1}^{I}\left(\frac{\Delta U_i}{\xi_i}\right)^2 \tag{5.74}$$

式中 I—— 电压控制点的总数。

即目标函数为各电压控制点的电压偏移与允许偏移比值的平方和。要使这一目标函数为最小的条件是:目标函数 F 对调节设备操作量 ΔT_j 的偏导数等于零,即

$$\frac{\partial F}{\partial \Delta T_j} = \sum_{i=1}^{I}\frac{2\Delta U_i A_{ij}}{\xi_i^2} = 0 \tag{5.75}$$

但因实际的调节设备受其上、下限的控制,要达到理想极小值是不可能的。所以,一般还是采取调节设备逐一顺序调节的方式,就是首先选择使 F 的减小为最大的调节设备,即取相应 $\frac{\partial F}{\partial \Delta T_j}$ 为最大的第 j 台调节设备进行调节,并根据 $\frac{\partial F}{\partial \Delta T_j}$ 的正负号来决定调节的方向。如 $\frac{\partial F}{\partial \Delta T_j}$ 为正值,即减小 ΔT_j;如 $\frac{\partial F}{\partial \Delta T_j}$ 为负值,则增加 ΔT_j。在调节设备不满足第三个要求时,即超过调

节设备的上、下限时，取$\frac{\partial F}{\partial \Delta T_j}$值仅小于这一调节设备的设备来进行调节。这样按$\frac{\partial F}{\partial \Delta T_j}$的大小顺序进行调节，一直到所有被控制点的电压均在规定偏移范围之内时为止。

然后，再考虑满足第二个要求。式(5.72)可改写为

$$\Delta P_L = \sum_{k=1}^{L}\left\{\frac{P_k^2 + (Q_{k0} + \sum_{j=1}^{J} B_{kj}\Delta T_j)^2}{U_k^2}\right\}R_k \tag{5.76}$$

式中　P_k、Q_{k0}、U_k——分别为通过第 k 条线路的有功和无功功率(调节前)以及线路的平均电压；

$B_{k,j}$——第 j 台调节设备改变单位操作量时，第 k 条线路中无功功率的变化。

如果忽略调节设备对通过线路的有功功率及电压的影响，则与无功功率变化有关的线损(假定 $U_k \approx 1$)为

$$\Delta P'_L = \sum_{k=1}^{L}(Q_{k0} + \sum_{j=1}^{J} B_{kj}\Delta T_j)^2 R_k \tag{5.77}$$

今取 $\Delta P'_L$ 对调节设备操作量 ΔT_j 的偏导数，得

$$\frac{\partial \Delta P'}{\partial \Delta T_j} = 2\sum_{k=1}^{L}(Q_{k0} + \sum_{j=1}^{J} B_{kj}\Delta T_j)B_{kj}R_k \approx 2\sum_{k=1}^{L} Q_{k0}B_{kj}B_k \tag{5.78}$$

同样地，按$\frac{\partial \Delta P'}{\partial \Delta T_j}$大小顺序来选择调节设备，使线损为最小。

上述调节电压和无功功率的计算结果可由调度中心将控制信号传送到相应的调节设备所在的发电厂(或变电所)进行调节。

关于调节电压和无功功率计算的启功方法可以有两种：一种是按控制点电压偏移超过允许偏移范围时自动启动；另一种是周期性地进行校核计算，越限时则自动启动。

第 6 章 能量管理系统简介

6.1 概 述

SCADA 系统为及时准确地获取电力系统的实时信息并对电力系统运行状态进行实时监控提供了可能。20 世纪 70 年代，在原有 SCADA 功能地基础上，又增加了安全分析和安全控制功能以及其他调度管理和计划管理功能，这就是最初的能量管理系统。能量管理系统(EMS)是以计算机为基础的现代电力系统的综合自动化系统，主要针对发电和输电系统（见图 6.1)，用于大区级电网和省级电网的调度中心，根据能量管理系统的技术发展的配电管理系统(DMS)主要针对配电和用电系统。

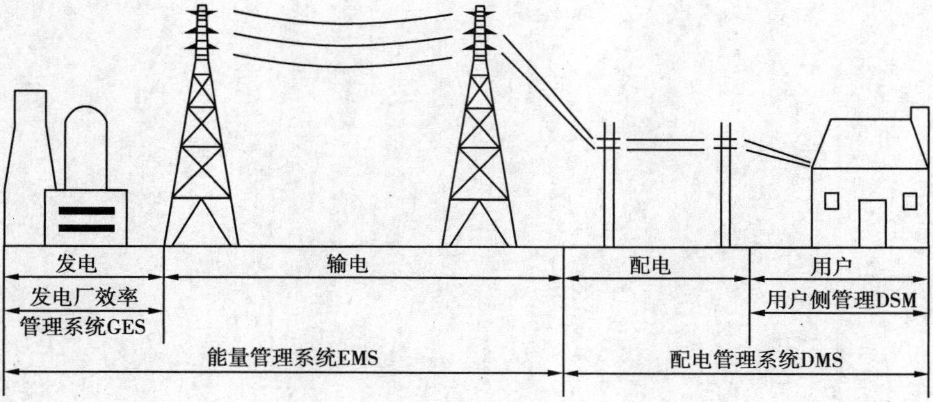

图 6.1 能量管理系统与配电管理系统

电力系统自动化沿着元件自动化—→局部自动化—→单一系统(岛)自动化—→综合自动化(管理系统)的道路发展。“管理系统”指的是对不同自动化系统的综合管理，其特征是以数字计算技术代替模拟计算技术，大部分功能由软件来实现，这是现代电力系统自动化技术上的一次飞跃！

6.1.1　EMS 的技术发展

EMS 技术的发展过程见图 6.2。它的发展主要基于计算机技术和电力系统应用软件技术两方面。

20 世纪 30 年代电力系统虽已建立了调度中心，但调度员面对的是一个固定的系统模拟盘，仅依靠电话与发电厂和变电站相联系，调度员无法及时而全面地知道电网的变化情况，尤其是在事故状态下调度员只能凭经验摸索着处理。

20 世纪 40 年代出现的数据采集与监控系统（SCADA）将电网上各厂站的数据集中显示到电力系统模拟盘上，使整个电力系统运行状态一目了然地展现在调度员面前，它还能将开关变化和数值越限及时报告给调度员，大大减轻了调度员监视电力系统运行状态的负担，增强了调度员对电力系统的感知能力，这是一次重大的技术进步。

20 世纪 50 年代出现的自动发电控制（AGC）包括了负荷频率控制（LFC）和经济调度（EDC）两大部分，将调度员从最频繁的操作中解放出来，增强了他们控制电力系统的能力，这又是一次重大的技术进步。

早期在线分析主要是解决网损修正问题，但 20 世纪 60 年代中期的几次大的系统瓦解事故将安全分析提上了日程。负荷预测、发电计划和预想故障分析为调度员提供了辅助决策工具，增强了他们对电力系统分析与判断的能力，这是一次更深刻的技术进步。

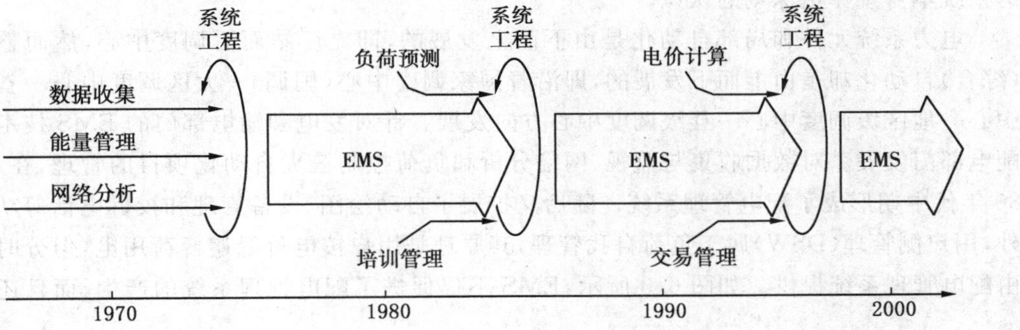

图 6.2　能量管理系统的技术发展

自动化技术在 20 世纪 60 年代到 20 世纪 70 年代经历了一次重要的变化——由模拟技术转向数字技术。整个数据收集过程，包括远程终端（RTU）、通道和发电厂控制器逐步由模拟型发展成数字型，在调度中心用数字计算机代替模拟计算机之后，数据收集、自动发电控制和网络分析等功能均由数字计算机完成。因此，在 20 世纪 70 年代中期，出现了 EMS。

计算机技术的进展表现在计算机硬件和软件两个方面。

电力系统计算与控制用计算机由每秒千次的速度开始，至今已发展到每秒上亿次的速度，提高了大约 5 个数量级；内存容量提高了 8～9 个数量级；电力系统由开始的双机系统发展为多机系统，计算机的数量大约提高了一个数量级，EMS 功能的扩展分担在越来越多的计算机上，而每台计算机的功能却越来越简化。

随着计算机硬件的简化和多机的应用，软件的复杂性和工作量也按数量级急剧增长。公用软件的发展集中表现在数据库、人机界面（MMF）和通信技术几个方面。数据库技术的发展使数据能为更多的应用软件服务，EMS 的公共数据系统使各应用软件成为“有源之水”。人机交互技术由初期以打印机为主改为以显示器（CRT））为主，而显示器又由黑白走向彩色，由字符型走向全图形，响应速度越来越快，画面编辑越来越方便，表现能力越来越强。20 世纪 90 年代发展的视窗、平滑移动、变焦以及三维图形等技术大大方便了调度员使用 EMS，使他们能在调度室的屏幕上形象而直观地观察和控制电力系统，从而缩短了他们与电力系统之间的距离。

EMS 应用软件的进展决定于电力系统需要的急迫性和实现的可能性。

20 世纪 60 年代中期纽约大停电提出了在线安全分析的急迫性，大大促进了 EMS 的诞生，20 世纪 80 年代某些电力系统出现了电压崩溃事故，吸引了各国大批专家研究这一问题；20 世纪 90 年代世界各国走向电力市场，电网管理由垄断走向开放，而 EMS 正在经历着这一技术变化——改造旧的功能增加新的功能。

EMS 的功能除了必要性之外还存在实现的可能性，这种可能性一方面来自于计算机技术的发展，另一方面来自于电力系统模型与算法的发展。20 世纪 70～80 年代是电力系统分析与控制理论发展迅速的年代，在这段时间内完成了由经典电工理论向现代控制理论的飞跃。能量管理系统高级应用软件集中反映了高科技特点，其中用到预测理论、优化理论、稳定性理论和可靠性理论，以及近期出现的人工智能技术。在当前计算机水平的条件下，电力系统静态分析技术已趋成熟，而最优潮流、暂态分析和人工智能等则需要更快的计算机，并有待于对电力系统本身规律更深刻的认识。

电力系统元件和局部自动化是由下而上发展的，即先厂站而后调度中心，然而整个系统（综合）自动化却是由上而下发展的，即沿着国家调度中心（国调）—大区调度中心一省级调度中心一地区级调度中心一县级调度中心方向发展。针对发电和输电部门的 EMS 技术自然向配电部门发展。对数据收集与监视、网络分析和负荷控制三大自动化项目的管理，在 20 世纪 80 年代中期形成了配电管理系统。随后又扩展了自动绘图/设备管理和投诉电话等功能。另外，用户侧管理（DSW）属于负荷自我管理，其原理是用户按电价躲避峰荷用电，但分时电价应由配电管理系统提供。如图 6.3 所示，EMS 不仅促进了配电管理系统的产生，而且还进一步

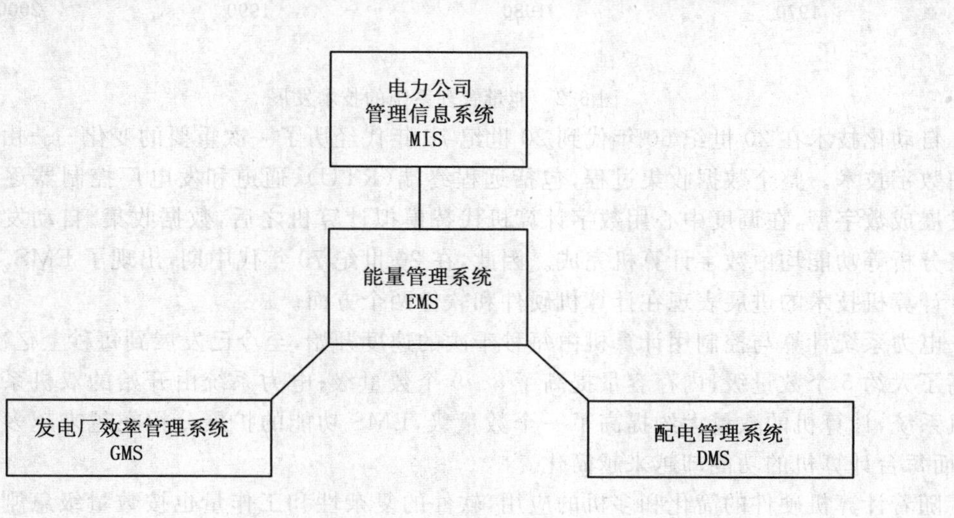

图 6.3　能量管理系统与其他计算机系统的联系

与其相联系，从中获取负荷管理和电压控制等信息，以利于事故处理；EMS 还与发电厂效率管理系统(GEM 见图 6.1)相联系，以便从中取得发电效率信息，用以监督发电厂上网电价和结算电费；EMS 还将与电力公司管理信息系统(MIS)相联系，从中取得许多经营信息用于计算电价，以取得更大范围的效益。

EMS 包含的硬件和软件越来越丰富，这就出现了一个标准化的问题，即要求各部分开放，以利于相互连接。

调度中心的计算机初期选用专用控制型计算机，后来全部采用通用计算机；开始配置的计算机是无软件的裸机，需专门设计控制程序，后来采取了通用操作系统，专门开发数据库和画面编译系统，形成专门的 EMS 支持平台。如今除了实时数据库之外，整个支持系统采用了越来越多的通用商业软件，应用软件的数据库、画面和程序均容易开放，而具体数据接口一时尚难统一，各大应用软件公司均希望将自己产品定为标准。

6.2 EMS 的设计、开发与应用

EMS 总体结构如图 6.4 所示，它主要由六个部分组成。计算机、操作系统、支持系统、数据收集、能量管理(发电控制和发电计划)和网络分析。前三部分，即计算机、操作系统和支持系统好比是运载工具；后三部分，即数据收集、能量管理和网络分析好比是战斗部分。而且，战斗部分又可以再分为两类：仅包括数据收集功能者为"常规武器"；而包括能量管理和网络分析功能者为"核武器"(一般称为高级应用软件)。

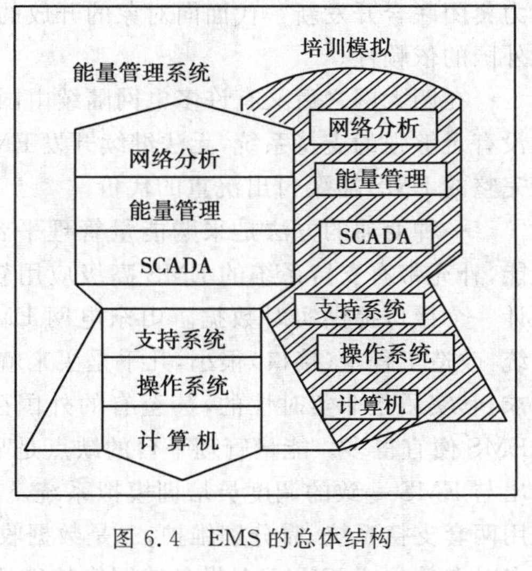

图 6.4 EMS 的总体结构

值得说明的是培训模拟系统可以分两种类型：一类是离线运行的独立系统，另一类则作为在线运行的 EMS 的一部分。后一种类型的调度员培训模拟系统，像镜子一样反映 EMS 基本功能(数据收集、能量管理和网络分析)，图中以虚线表示出来。

由以上可以看出，狭义的能量管理专指发电控制和发电计划；一般 EMS 应包括数据收集、能量管理和网络分析三大功能；广义的 EMS 还应该包括调度员培训系统功能。

从前一节叙述的 EMS 的历史演变过程可以看到，EMS 的出现是自动化技术发展中由量变到质变的一次飞跃，它将各个自动化孤岛连接成为一个有机整体。EMS 概念的建立是在电力系统自动化认识进程中由必然王国到自由王国的升华：由孤立的、静止的、表面的自动化岛的认识水平上升到统一的、动态的、内在联系的管理系统的认识水平。前者是"自下而上"看问题，后者则是"自上而下"看问题；由自发的、盲目的、岛意识的设计水平相应地提高到自觉的、有目的的、整体的设计水平；前者是属于摸着石头过河的开发水平，后者则是全局在胸的开发水平。

EMS 最根本的设计原则是"自上而下"。例如城市自然和盲目发展的结果会造成交通阻

塞、水电供应困难、通信混乱等局面，最后必然会限制城市现代化的发展，从而不得不进行改造和拆除，而地下设施和已有建筑物的改造费用可能大大超过重建的费用，有时甚至会被迫迁都。“自上而下”则相当于对一个城市事先做出规划，做好交通、水、电、热、煤气和通信等设计，先地下后地上、分阶段建成整个城市，从而达到事半功倍的效果。

EMS 设计自上而下是我国几十年电力系统自动化经验的结晶。我国在 20 世纪 60 年代初期开始了离线潮流和经济调度软件的研制，20 世纪 70 年代末期开始在线应用软件的研制，到 20 世纪 80 年代中期，曾把当时国外 EMS 包含的状态估计、潮流、负荷预测、经济调度、故障分析和最优潮流等应用软件全部装到了湖北电网自动化系统之上，当时每一个单项都进行过成功的试验，但却因总体无法正常工作而不能使用，这是一次自下而上设计与开发失败的沉痛教训。

20 世纪 80 年代后半期我国四大电网（华北、东北、华东和华中）调度自动化引进中，最大的技术收获有三点：一是认识了“自上而下”的原则，二是理解了支持软件的重要性，三是明白了商品化应用软件的开发过程。

电力科学研究院按“自上而下”原则重新设计和开发了我国第一套完整的 EMS 应用软件，与开发湖北电网在线应用软件（大约花了一年时间）相比，这次花了八年时间，投入了 200 多人年的工作量，设计了 100 万行以上的程序，开发了 800 多幅画面，编写了 200 万字以上的文档。这一套高级应用软件已用于华中、华北和华东几大电网，并于 1995 年 3 月通过了电力部组织的技术鉴定，同年还获得了电力部科技进步一等奖，1997 年获国家科技进步二等奖。

对支持软件重要性的认识，导致于 90 年代电力工业部下决心由电力科学研究院和东北电力集团联合开发新一代面向对象的开放的自主版权的 EMS 支持系统。只有这样才能摆脱对外国的依赖性。

在四大网之后又有许多电网陆续由国内开发或由国外引进了调度自动化系统，绝大部分没有足够强的支持系统，无法继续开发 EMS 高级应用软件，只能称为 SCADA 系统，欲上升为完整的 EMS 需要付出沉重的代价。

一种变通的方法是采购能量管理平台（EMP），即利用原系统的数据收集和发电控制功能，补充带有支持系统的 EMS 高级应用软件，在原 SCADA/AGC 和新能量管理平台之间设计一个接口提供实时数据。山东电网 EMS 就是一个典型的例子。其优点是充分利用原系统，改造工程量（接口）很小，几乎是买来就能用。这些应用软件对数据的传送速度几乎没有要求，其实质是非实时性的，甚至有的外国公司购置离线软件供给用户，当然其价格比真正的 EMS 便宜得多。能量管理平台的缺点是显而易见的，一是系统的可维护性差，二是无法扩展出与 EMS 一致的调度员培训模拟系统。可维护性差的原因，一是数据收集与能量管理平台用两套支持系统，需分别维护，二是数据收集与能量管理平台数据接口往往用不含物理意义的点对点的方式，SCADA 设备或网络软件的日常变化无法自动根据物理意义相互映射，需由维护人员手工完成，既不方便也不可靠，难以跟上电力系统日常的运行变化。至于调度员培训模拟系统根本无法做到既与 SCADA/AGC 一致，又与能量管理平台一致，其结果是构成三套环境不一致的系统。能量管理平台与 EMS 虽表面功能一致，而内部设计原则是不同的，只能作为独立 SCADA 系统的临时补救措施，而不能作为一种系统的选择，它将不同软件后天地机械包装在一起，而 EMS 是将这些软件作为有机整体先天设计出来的。

独立 SCADA 上升为 EMS 的另一条途径就是废除原有 SCADA/AGC，更换新的完整的

EMS,其优点是性能优越,由 SCADA/AGC 到 EMS 高级应用软件(包括调度员培训模拟系统)协调一致,缺点是浪费了原有 SCADA/AGC,但费用不一定高,因为硬件大概也到了退役的年龄了。而如果购置能量管理平台的用户欲升级为 EMS,一般也只能采取弃旧图新的方式,因为将能量管理平台接入新系统构成的仍然是能量管理平台,只有一开始就按"自上而下"原则设计的软件,才能实现 EMS 的完整性能。

"自上而下"设计的另一个教训是调度员培训模拟系统,如果它与 EMS 分离开发,其后果是:

①难以取得数据(实时、将来和过去),成为无源之水。

②不可能使调度员面对实际工作环境培训,造成培训与实际环境的混乱,不利于实际处理事故。

③一次投资和维护费用高,需购置两套系统,安排两套维护人员,而若将调度员培训模拟作为 EMS 的一个子系统,大部分软件(SCADA、AGC 和潮流等)可直接采用 EMS 的应用软件,事半功倍。

值得指出的是配电系统自动化启动较晚,大部分还没建立配电管理系统概念,已开发的 SCADA、管理信息系统、检修、营业(报装、购电、查询)、规划、设计、负荷管理、电价、财务、设备管理等功能,大多为自动化孤岛,数据、信息和功能重复而无联系。耗资金、费人力、低效率,妨碍配电自动化的实现。

用户实现 EMS 应先有总体规划,包括计算机硬件、支持系统和高级应用软件,并尽可能考虑与配电管理系统、管理信息系统和厂站自动化系统联系。最好选择大的 EMS 厂商提供功能完善并有实际经验的产品。

在 EMS 的实现过程中,用户方需要做大量的协调、验收、试运行、维护和培训工作:

1)技术数据的协调

为了建立 EMS 的模型和数据库,首先要在目前调度、运行方式和自动化等专业技术人员间进行协调,以统一模型(负荷预测模型、机组调整模型、网络结线模型、变压器抽头模型等)、统一设备名称(机组名、变压器名、电容器名、线路名、负荷名等)、统一地名(地区名、电厂名、变电站名等),并确定观察与计算的范围。事实上,各专业有自己的名称与计算范围,甚至不同的技术数据,若无事先的协调,以后补救是比较麻烦的。

2)应用软件的验收

验收分为资料验收、试验室验收和现场验收三步。资料应包括各个应用软件(或功能块)的用户手册、技术报告及有关的论文和出版物等;试验室验收指在卖方的试验室中利用买方近期运行方式按双方协商的测试大纲逐项进行检查,不通过试验室验收的软件不能安装到现场;当应用软件安装到现场并与现场运行同步调试(状态估计、发电计划、负荷预测等开始眼踪运行)之后,双方进行现场验收。

3)试运行

通过现场验收的软件即开始试运行,用户开始维护数据库、画面和程序参数。量测设备和电力系统的扩充与可用状态的变化、系统运行方式的改变等均可能需要设专门人员逐日维护。这是因为数据库中还有一部分非量测数据,并且机组调整方式和母线负荷层次模型在实际运行中会发生突变或渐变,只有按时检查和维护才能保证 EMS 的运行质量,保证一线调度员使用 EMS 时数据可靠。同时 EMS 维护人员在试运行期间应尽量收集使用中出现的各种问题。

将其反映给开发单位进行改进。

4)人员培训

为了实际应用EMS高级应用软件，用户必须完成以下几个层次的人员培训：

①用户级(培训至每位调度员)；

②维护级(日常数据维护人员)；

③专家级(理论和软件达到一定水平，维护和修改软件)。

EMS真正的验收标准应该是看调度员在值班时能不能得心应手地使用高级应用软件分析与处理实际问题，只有实现了这一目标，调度员水平才能由经验型上升为分析型。EMS的培训实际上是为国家准备21世纪的调度人才。

6.3 EMS概貌

EMS应用软件分为三级：数据收集级、能量管理级和网络分析级，进一步还可以加上培训模拟级，如图6.5所示。这些软件的工作方式分为实时型和研究型(或计划型)两种模式。

1)数据收集级

这一级的任务是实时收集电力系统数据并监视其状态。

数据收集是EMS与电力系统联系的总接口，它向能量管理级和网络分析级提供实时数据；EMS通过它向电力系统发送控制信号；网络分析可以向它返回量测质量信息。

2)能量管理级

能量管理级的特点是利用电力系统总体信息(频率、时差、机组功率、联络线功率等)进行调度决策，主要目标是提高控制质量和改善运行的经济性。能量管理级的实时型应用软件是实时发电控制，主要实现AGC功能。

能量管理级的计划型应用软件分为短期和中长期，包括负荷、机组、发电、交换、燃料、水库、检修等方面的预测和计划。

能量管理级从SCADA级取频率、时差、机组功率和联络线功率等实时数据，向SCADA级送机组的控制信息；能量管理级向网络分析级送系统负荷和发电计划，取回机组和联络线交接功率点的网损修正系数及机组考虑线路功率约束的安全限制值。

3)网络分析级

网络分析级的特点是利用电力系统全面信息(母线电压和角度)进行分析与决策，主要目标是提高运行的安全性。这一级应用软件使EMS的决策能做到安全性与经济性的统一。网络分析级实时型的核心应用软件是实时网络状态分析，研究型的核心应用软件是潮流，它们分别向故障分析、安全约束调度、最优潮流、短路电流计算、稳定分析等应用软件提供实时方式和假想方式数据。

网络分析级从SCADA级取实时量测值和开关状态信息，向SCADA级送量测质量信息；网络分析级从能量管理级取负荷预测值和发电计划值，向能量管理级送网络修正系数和机组安全限制值。

调度员培训模拟也属网络分析级研究型高级应用软件，它以研究方式或实时方式数据为出发点，按照规定的教案(事件序列)培训调度员。

它是在已有的数据收集、发电控制和潮流应用软件基础上增加动态模拟和教案系统而形成的，除培训外，也可作为分析工具使用。

以下针对电力科学研究院开发的我国第一套完整的EMS，介绍能量管理级和网络分析级高级应用软件的概况。

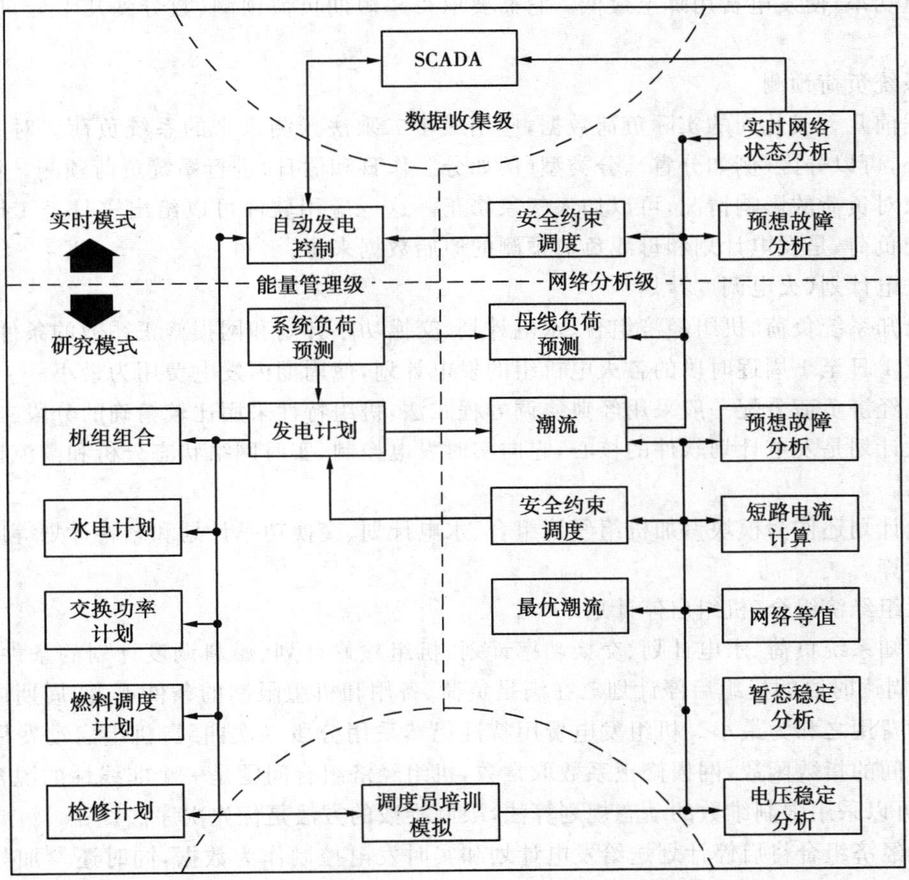

图6.5 EMS的应用软件

6.4 能量管理软件

能量管理级应用软件包括发电控制和发电计划两大类，发电控制只有在发电计划的支持下才能工作得更好。发电计划由一系列的应用软件：系统负荷预测、发电计划、机组经济组合、水电计划、交换功率计划和燃料调度计划等组成。

发电控制运行周期是分秒级的。短期发电计划是日周级的，这取决于电力系统负荷变化的周期性和水库调节能力，如果星期日和工作日负荷曲线没有什么变化，周期可取日，否则应取周；如果只按日和年调节水库，周期可取日；按周调节水库时，应取周。

此外还有中长期发电计划(图6.5中未表示),如年负荷预测、年水库来水预测、年检修计划、年水库调度计划、年交换功率计划和年燃料计划等。

1)实时发电控制

主要实现AGC功能,在考虑频率、时差、交换功率和旋转备用等各种约束的条件下,调整机组发电功率,使发电费用降至最低。它需要取得超短期负荷预测(数分到几十分)应用软件的支持。

2)系统负荷预测

根据前几天或几周的实际负荷数据,应用最小二乘法预测未来的系统负荷。对一个大网调度中心,可以分区(例如分省)、分类型(例如分工作日和假日)进行系统负荷预测。针对具体系统气象对负荷的影响情况,可以加入气象修正。这一应用软件可以给出1日至1周的逐时段的系统负荷,是发电计划和母线负荷预测的原始数据来源。

3)发电计划(火电调度计划)

在已知系统负荷、机组经济组合、水电计划、交换功率计划和网损修正系数的条件下,确定某时刻或1日至1周逐时段的各火电机组的发电计划,使周期内发电费用为最小。

火电经济负荷分配一般采用经典协调方程式法,机组特性采用比较精确的分段二次曲线。

发电计划是发电计划软件的核心,它向实时发电控制、实时网络状态分析和潮流提供发电计划数据。

发电计划还作为模块参加机组经济组合、水电计划、交换功率计划和燃料计划等应用软件的协调计算。

4)机组经济组合(机组启停计划)

在已知系统负荷、水电计划、交换功率计划、机组检修计划、燃料调度计划的条件下,确定1日至1周逐时段的机组启停计划。在满足负荷、备用和机组限制的条件下,使周期内发电费用和启动费用之和为最小。机组发电费用特性仍然采用分段二次曲线,机组启动费用特性采用停机时间的指数函数,网损修正系数取常数,机组经济组合问题是一个非线性的混合整数规划问题,可以采用限制维数的动态规划算法,限制维数的方法是优先次序法。

机组经济组合将启停计划送给发电计划和实时发电控制作为数据,同时还参加与水电计划、交换功率计划的协调,使发电计划在更大的范围内取得最优结果。

5)水电计划(水火电协调计划)

在已知系统负荷、发电用水(或来水)、火电发电费用特性、交换功率计划等条件下,编制1日至1周逐时段的水电计划,使周期内发电费用最少。

这里火电发电费用特性是按机组组合分时段拟合的二次曲线,网损修正可以采用B系数或常数。水电站的特性随类型不同而不同,其类型一般可分为:定水头水电站、变水头水电站、梯级水电站、抽水蓄能水电站等,甚至还可以包括规定发电量或规定发电燃料量的火电厂。

水电计划是具有复杂约束条件的非线性规划问题,网络流规划法对此最为有效,其特点是可靠而快速。

水电计划可以与机组组合及交换功率进行协调优化。

6)交换功率计划

在已知系统负荷、机组组合、水电计划和交换功率限制的条件下,编制短期内逐时段的区域间交换功率计划,使周期内联合系统发电费用最少。

这是一个非线性规划问题，可以采用网络流规划法计算，并可与机组经济组合及水电计划进行协调迭代，以取得更大范围的经济效益。

7)燃料调度计划

在已知系统负荷、水电计划、交换功率计划、机组组合的条件下，编制短期内逐时段的燃料调度计划。

燃料计划考虑燃料产地价格和供应量限制、运输费用和运输限制、电厂贮煤、混煤和用煤限制及发电费用等因素，使全系统发电燃料总费用在规定的周期内降至最低。

燃料调度计划是一个大型的线性规划问题，采用网络流规划非常有效。

6.5 网络分析软件

网络分析是EMS中的最高级应用软件，有两种工作模式：实时型和研究型。前者直接使用实时方式(SCADA或状态估计)的数据，并自动工作(按周期或其他条件)；后者主要使用假想方式，人工启动。

1)网络结线分析

网络结线分析也称为网络拓扑或拓扑逻辑，按开关状态和网络元件状态将网络物理结点模型化为计算用母线模型，并将有电气联系的母线集合化为岛。所有的网络分析都是在岛范围内的母线模型基础上建立网络方程进行求解的。

网络结线分析是一个公用模块，被实时网络状态分析、潮流、预想故障分析、最优潮流和调度员培训模拟系统等应用软件调用。

2)实时网络状态分析

由SCADA量测数据确定实时网络结线(拓扑)及运行状态，其功能包括：结线分析、状态估计、不良数据检测与辨识、母线负荷预测模型的维护、变压器抽头估计、量测误差估计、网络状态监视和网损修正系数计算等。

实时网络状态分析从SCADA取实时量测数据，从发电计划、系统负荷预测和母线负荷预测、电压调节计划等取伪量测数据；实时网络状态分析向SCADA送量测质量信息，向母线负荷预测送预测误差信息，向实时发电控制提供实时网络修正系数，向故障分析、安全约束调度和潮流提供实时运行方式数据。

状态估计是高维非线性方程的加权最小二乘解问题，正交化算法具有最好的数值稳定性；基于残差灵敏度矩阵可以解决多个不良数据的辨识问题。

3)母线负荷预测

将系统负荷(预测值或实测值)按对应的时点化为各母线负荷预测值，用于补充实时网络状态分析量测之不足，为潮流提供假想运行方式的负荷数据。

采用自上而下的分层树状负荷模型，对不同的时点规定不同的分配系数(预测计划)。对有量测的负荷，由实时网络状态分析自动维护母线负荷预测模型；对于没有量测的部分负荷可根据潮流人工记录数据来维护。

4)潮流

潮流是网络分析最基本的应用软件，设计目标是可靠(收敛)和方便，使调度人员能在单线图上像交流计算台一样调整运行方式，使专家能灵活地分析本系统的潮流计算特性。

潮流可以从保存方式中取得历史数据，或从实时网络状态分析取实时方式数据，或从发电计划和负荷预测取计划方式数据；可以按规定的时间变化负荷和发电数据；可以在单线图上或元件表上修改数据。用户可以在单线图上控制潮流调整过程，也可以在专家画面上分析潮流特性。

潮流的主要功能有：结线分析、母线负荷预测、潮流计算、网络状态监视、网损修正系数和灵敏度计算等。其调整方式包括：联合调整有功功率、联合调整无功功率和电压、调整区域间交换功率、调整线路组功率之和等。

潮流向预想故障分析、安全约束调度、最优潮流、短路电流计算、电压稳定性计算、暂态分析和调度员培训模拟等应用软件提供假想运行方式。

5)网损修正计算

针对某一运行方式计算发电机和联络线交换功率点的网损微增率，供经济调度做网损修正用。这是两个公用模块：一个是用雅可比矩阵直接计算网损罚因子；另一个是针对某一潮流方式计算网损修正 B 系数，而利用 B 系数可以计算不同发电功率点的网损及修正值。这两个模块由实时网络状态分析和潮流应用软件调用。

6)网络状态监视

建立并维护监视标准组，对不同地区和元件按不同标准监视网络元件的功率、电压和角度差，并根据越限的程度发出对应的信号(反背景、闪光或音响)。

此模块由实时网络状态分析、潮流、预想故障分析、安全约束调度、最优潮流和调度员培训模拟等应用软件调用。

7)预想故障分析

采用灵活而直观的故障表和故障组的方式定义故障，对故障进行评估。第一步对故障快速扫描筛选出危险故障，第二步对危险故障用交流潮流进行精确计算，确定越限程度。

预想故障分析按两种模式运行：实时型和研究型。用于提高调度人员预见故障和了解故障后果的能力。

8)安全约束调度

当实时网络状态分析、潮流、预想故障分析等应用软件检查出支路过负荷时，启动安全约束调度模块，调整各机组发电功率，解除过负荷，严重者考虑切除相关的负荷。

安全约束调度按两种模式调用：实时型和研究型。实时安全约束调度是在实时网络状态分析监视到支路越限时自动启动，确定解除越限的发电机功率调整量，提供给调度员参考或送往自动发电控制执行。在实时或研究型的预想故障分析发现支路功率越限时，提出解除过负荷的预防对策。

安全约束调度采用基于灵敏度矩阵的线性规划模型，一般适合处理有功功率问题。

9)最优潮流

最优潮流包括经济调度和潮流两方面的功能，它可针对不同的约束集合采用不同的控制变量使不同的目标函数达到最小。

最优潮流可以代替有功安全约束调度，也可用来做无功/电压优化调度等。最优潮流是一个多约束的非线性方程组问题，采用牛顿法和基于线性规划原理处理函数不等式约束的方法。

10)短路电流计算

计算假想方式下的各种形态的短路电流,用于校核开关切断容量和调整继电保护定值。

11)电压稳定性分析

针对某一运行方式分析临界电压和裕度,以监视电压稳定性。

12)暂态分析

针对假想方式进行电力系统暂态稳定分析,供分析故障和安排运行方式参考。

13)调度员培训模拟

这是一个大型应用软件,包括控制中心模型、电力系统模型和教练员系统等部分。调度员培训模拟以现实的环境培养电力系统操作人员掌握能量管理系统各项功能和熟悉实际系统,并可以做电力系统的分析与规划工具。

6.6　配电管理系统概述

供电和配电业务处在电力系统的末端,如果说 EMS 管理的是人体主动脉的话,那么配电管理系统管理的则是小血管和毛细血管。前者集中,后者分散。后者的技术思想来源于前者,但又有其特点。

1)配电管理系统与 EMS 的相同点

①采集电力系统数据的内容和方式基本相同,都来自于远程量测终端或计算机转发;

②均用显示器做人机交互手段进行监视和操作;

③均配置网络分析软件,帮助调度员分析当前状态,指导未来运行;

④均可保留当前系统状态(方式),供以后恢复和分析;

⑤均与其他系统连接,共享数据与分析成果。

2)配电管理系统与 EMS 的不同点

①配电多为放射形或少环网,输电系统为多环网;

②配电设备(如分段器、重合开关和电容器等)沿线分散配置,输电设备多集中在变电站;

③配电系统远程终端数量大,每个远程终端采集量少,但总采集量大,输电系统相反;

④配电系统许多野外设备由人工操作,输电系统则多为远程操作;

⑤配电系统非预想(如交通事故引起)结线变化多于输电系统,配电系统设备扩展频繁,检修工作量大;

⑥配电系统自动化比输电系统晚,水平相对低。

按照我国当前配电自动化的水平,配电管理系统主要是针对 10kV 的网络,其应用功能示意于图 6.6。

图的上半部表示数据源部分:SCADA、负荷预测、网络建模、状态估计和设备管理等,并且与能量管理系统及管理信息系统交换数据。这一部分软件可提供配电网现在、未来和过去各种运行方式的数据。

图的下半部列举了各种应用功能:网络分析(结线分析、网络监视、潮流分析、短路计算和无功功率-电压优化等)、命令票系统和操作模拟、故障处理系统(检测、隔离和恢复)、投诉电话处理、负荷管理-控制、配电网规划、用户管理、自动计费、实时电价、电压质量记录和合同管理等。

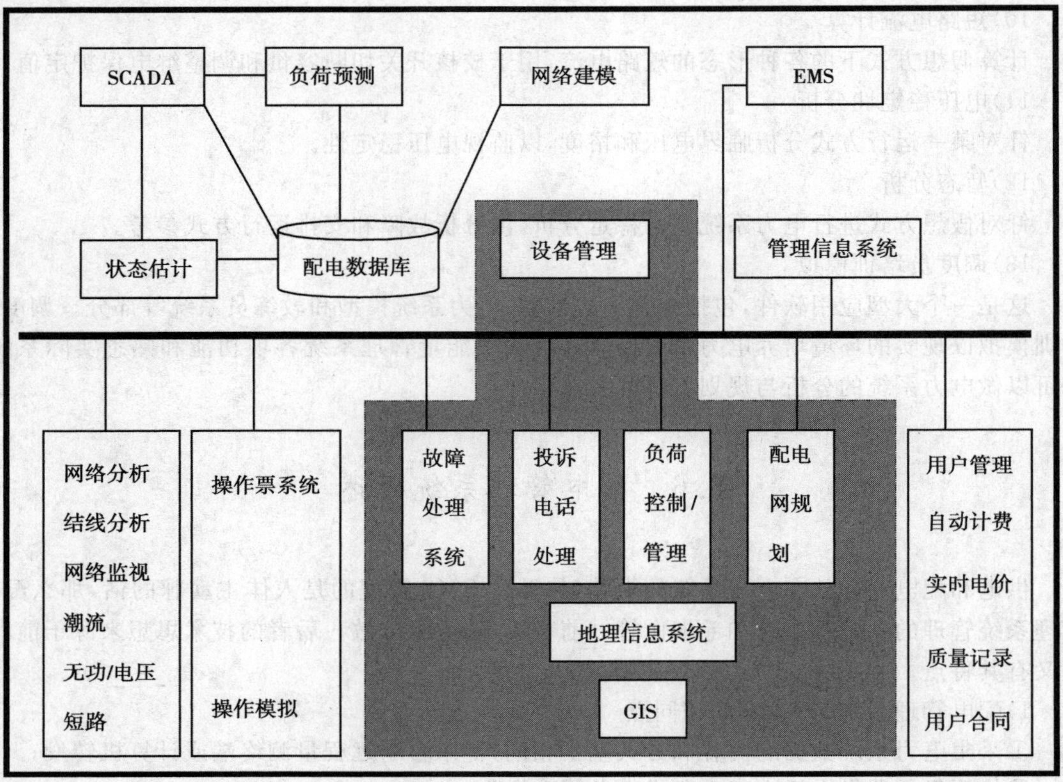

图 6.6　配电管理系统的应用功能

配电管理系统的许多应用软件需要在地理图形上输入输出。电力系统软件公司在自己开发的支持平台上开发配电管理系统，并在支持平台上扩展出简单的地理信息系统功能或配置连接现有通用地理信息系统的接口。通用的地理信息系统软件公司则鼓励用户在他们的系统上开发全部配电管理系统，因为目前配电管理系统对快速性要求不高，有的软件公司直接采用商业数据库开发配电管理系统取得较好的开放性。

10kV 网络基本是三相平衡运行的，而处理 380/220V 的配电线路需考虑三相不平衡问题。三相分析原理不难，但取得完整的三相模型的参数较难。

各个配电公司职能不完全相同，应根据自己的实际需要选取配电管理系统的应用软件。

参考文献

[1] 韩祯祥. 电力系统自动监视与控制[M]. 北京:水利电力出版社，1989.

[2] 诸俊伟. 电力系统分析(上册)[M]. 北京:水利电力出版社，1995.

[3] 夏道止. 电力系统分析(下册)[M]. 北京:水利电力出版社，1995.

[4] 于尔铿. 能量管理系统(EMS)[M]. 北京:科学出版社，1998.

[5] HANDSCHIN E. Real-time control of electric power systems[M]. New York: Elsevier, 1972.

[6] 吴文传，张伯明，孙宏斌. 电力系统调度自动化[M]. 北京:清华大学出版社，2011.

[7] 王士政. 电力系统控制与调度自动化[M]. 北京:中国电力出版社，2012.

[8] 王清亮. 电力系统自动化原理及应用[M]. 2 版. 北京:中国电力出版社，2014.

[9] ABUR A , EXPOSITO A G . Power system state estimation: theory and implementation[M]. New York: Marcel Dekker, 2004.

[10] WU F F, MOSLEHI K, BOSE A. Power system control centers: past, present, and future[J]. Proceedings of the IEEE, 2005, 93(11):1890-1908.